ASP. NET Core 应用开发项目实战

周志刚　编著

北京航空航天大学出版社

内容简介

本书假设读者已经熟悉C#和ASP.NET Core的开发，并且对Entity Framework Core框架和关系型数据库有所了解。

本书通过开发一个经过简化的物流管理信息系统（TPLMS），介绍使用ASP.NET Core MVC应用程序框架的开发技术。MVC将一个Web应用分解为Model、View和Controller，有助于管理复杂的应用程序，简化分组开发，使得复杂项目更易维护。全书共分11章，以符合初学者的思维方式，同时结合实际项目详细介绍如何基于ASP.NET Core MVC来构建管理信息系统，以及完成开发、测试、部署等各个工作环节。书中的系统主要采用三层结构并结合DDD进行开发。本书的重点是ASP.NET Core MVC和EasyUI的编程技巧，即功能代码的实现过程。通过本书的学习，读者可以掌握ASP.NET Core MVC、EasyUI和EF Core的开发技术。

本书适合ASP.NET Core MVC开发初学者阅读，也适合有一定基础的ASP.NET Core MVC开发人员进行经验积累，同时还适合作为社会相关领域培训班的教材。

图书在版编目(CIP)数据

ASP.NET Core应用开发项目实战 / 周志刚编著. --
北京 ：北京航空航天大学出版社，2020.1

ISBN 978-7-5124-3183-6

Ⅰ. ①A… Ⅱ. ①周… Ⅲ. ①网页制作工具—程序设计 Ⅳ. ①TP393.092.2

中国版本图书馆CIP数据核字(2019)第254122号

ASP.NET Core应用开发项目实战

周志刚　编著

责任编辑　宋淑娟

*

北京航空航天大学出版社出版发行

北京市海淀区学院路37号(邮编100191)　http://www.buaapress.com.cn

发行部电话：(010)82317024　传真：(010)82328026

读者信箱：emsbook@buaacm.com.cn　邮购电话：(010)82316936

涿州市新华印刷有限公司印装　各地书店经销

*

开本：710×1 000　1/16　印张：23　字数：490千字

2020年1月第1版　2020年1月第1次印刷　印数：3 000册

ISBN 978-7-5124-3183-6　定价：79.00元

前　言

自2000年6月微软公司提出.NET战略，经过16年的推广之后，在2016年推出了升级版.NET Core。

ASP.NET Core是微软公司推出的一个开源跨平台框架，用于构建Web应用、IoT应用和移动后端应用。ASP.NET Core应用程序可以运行于.NET Core和完整的.NET Framework之上。ASP.NET Core应用程序可以在Windows、Mac和Linux上跨平台地开发和运行。

目前，使用.NET开发Web应用程序应当首推ASP.NET Core，ASP.NET Core技术已成为Web应用开发的主流技术之一，受到广大Web开发人员的喜爱。ASP.NET Core全面支持面向对象的设计思想，并提供了一个功能强大的Web应用程序开发模式，使Web应用程序开发变得更加直观、简单和高效。基于ASP.NET Core进行Web项目开发需要综合应用服务器标记语言(Razor)、数据库技术(如SQL Server)和软件工程等领域的知识和技能，并且需要经过不断的项目开发实践，才能持续提升项目开发能力和对软件开发的理论认识。

本书通过一个简化的物流管理信息系统(TPLMS)，并按照软件项目管理的基本流程展开介绍。不过，由于本书只定位于是一本编程指南，所以并没有把重点放在项目管理上，而是侧重于开发环节中各个主要功能的实现。当然，读者学习编程不仅仅是为了编出一个个独立的小功能、小页面，而是为了日后能够参与到具体的项目开发中。本书按照项目管理的思路展开论述，给读者提供了一个试验环境，读者通过学习此完整的项目示例，可以更快地融入项目开发成员这一角色中，与笔者一起思考，共同推动项目的进展。

全书共分11章。

第1章介绍项目背景，说明为什么需要物流管理信息系统，这个管理系统面向什么用户，需要提供哪些功能等基本问题，并通过绘制流程图来分析物流管理信息系统的各个主要功能模块。

第2～10章分为构建TPLMS管理系统、用户管理、模块管理、权限管理、订单管理、货物管理、送货单管理、入库单管理、出库单管理几大功能模块进行介绍。由于本项目为一简化的物流管理信息系统，功能相对简单，且无须考虑扩展性，因此对数据校验不太严谨。系统主要使用 SQL Server 作为数据源，并应用了 DDD 的部分设计思路。

第 11 章介绍日志记录与项目部署中的一些注意事项。本章详细介绍了如何在 ASP. NET Core 应用程序中集成第三方的日志组件(NLog)，在 ASP. NET Core 应用程序开发完成之后的独立部署发布，以及如何部署至 Linux 系统和 IIS 上。

本书的目的是让读者掌握快速、正确编写 EF Core 与 ASP. NET Core MVC 相结合，同时以 EasyUI 为前端界面的应用程序。由于笔者能力有限，本书只能抛砖引玉，希望读者在做项目时不要一头钻进编程中，前期的调研、系统设计和后期的项目实施都是非常重要甚至是决定项目成败的关键。由于作者水平有限，书中疏漏之处在所难免，希望读者海涵并提出宝贵意见，以期共同进步。

作　者

2019 年 2 月

目 录

第 1 章

项目实战 TPLMS 介绍

下面以一个虚拟公司——JST 物流公司的开发项目为实例，对 TPLMS 物流管理信息系统进行介绍。

JST 是一家专门从事国内公路运输、海运运输和航空运输代理的公司。JST 公司以高速公路和国家高等级公路为依托，与科学的货运模式、灵活的经营方式、先进的货运装备和现代化的信息技术相配套，发展建成了以上海、深圳、武汉、天津为中枢的全国性货运体系。JST 公司总部在上海，在全国共有四大转运中心，服务全国 20 个省、市、自治区的 200 多个城市，自有营运车辆 1 200 余台，全国转运中心面积超 50 万平方米，日吞吐货量近 10 000 吨。JST 公司的服务区域图如图 1.1 所示。

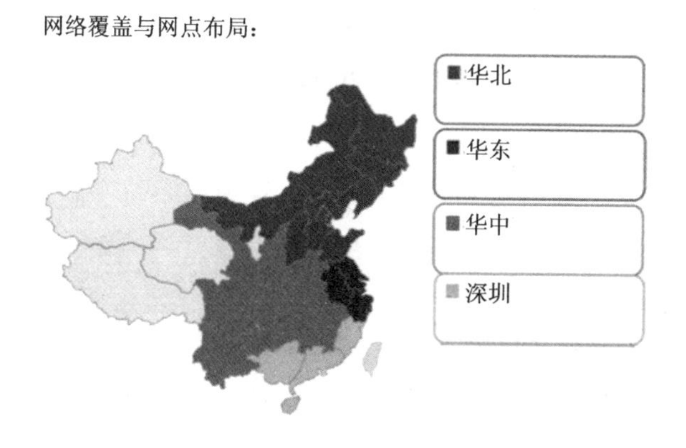

图 1.1　JST 公司的服务区域图

现代物流的核心是信息技术，正是信息技术把原来割裂开来的供应链的各个物流环节整合在一起，突出表现出现代物流的整合化特征。物流为满足人们对物资流通高效、廉价的要求，借助于信息网络技术，最大限度地将原先在实现物资空间位移中所进行的运输、仓储、包装、装卸、加工以及配送等多个环节整合在一起，以一个整体面对社会的需求。物流信息系统是企业管理信息系统的一个重要的子系统，通过对物流相关信息进行加工处理，可实现对物流的有效管理与控制。物流信息系统是提高物流运作效率、降低物流总成本的重要基础设施。TPLMS 物流管理信息系统的功能如图 1.2 所示。

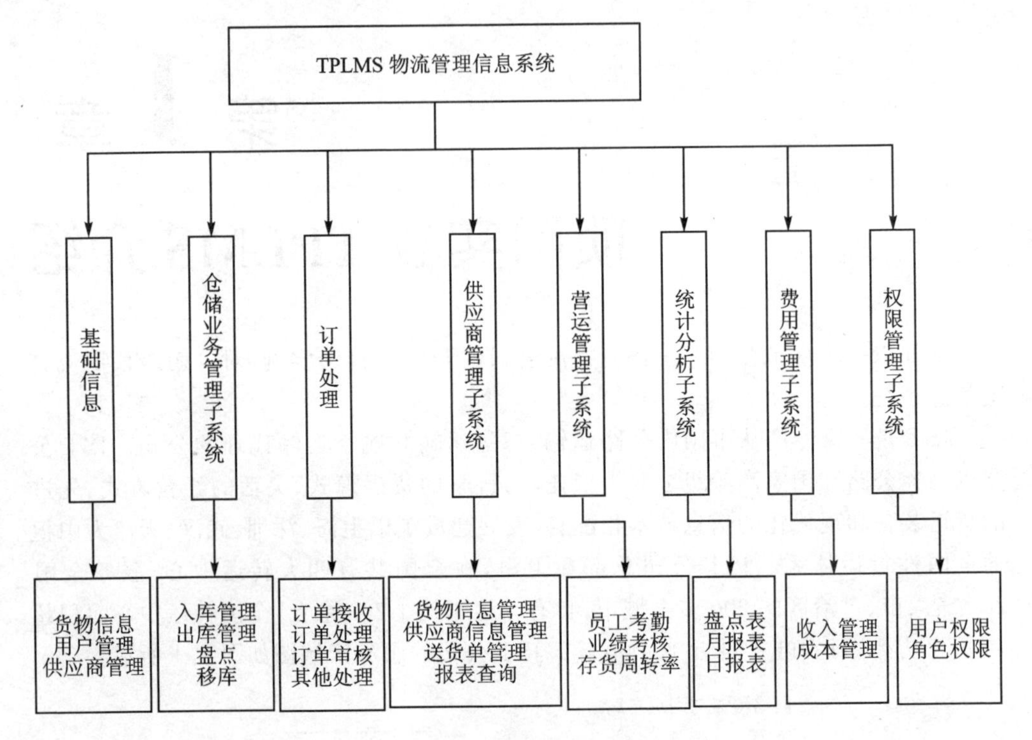

图 1.2　TPLMS 功能图

物流管理信息系统由基础信息、仓储业务管理子系统、订单处理、供应商管理子系统、营运管理子系统、统计分析子系统、费用管理子系统和权限管理子系统共同组成。

1. 基础信息

基础信息是整个系统的核心，是维持整个系统运行的支柱，需要工作人员自行维护，基础信息的使用周期是最长的，说一句不太准确的话，就是换了系统，也不可能更换大部分的基础信息。

2. 仓储业务管理子系统

本系统主要管理仓库中的货物流转情况，着重在管“物”，包括货物的到达、装卸、入库、码放、发货、移库、退货等货物变动情况的管理，具体以单据和决策分析统计报表来体现。

(1) 仓库信息

仓库基本信息包括公司所有仓库的名称、位置、容量、库龄、责任人等一些基本情况，同时还可以把现有的仓库视频监控接到系统中。

(2) 库内分区

根据实际需求对每一库区按业务要求分区，并进行库内分区统一编码。库内各分区间可以根据存量的需求变化在面积与空间上进行重新定义。

(3) 仓库库位

库位用五维坐标定义,这是因为在五维坐标定位系统中,库位在整个物流系统中具有唯一性。

3. 订单处理

公司的业务交易起始于订单(PO)的接收。订单数据处理子系统主要包括以下功能:订单接收、确认,送货单输入、审核。订单处理子系统要保证所接收的订单是合法的(合法客户、合理货物及数量、订单信息正确等)。子系统还有支持多种订单输入方式的能力,既能接收其他信息系统传过来的批量订单数据,也能接收手工录入的订单。

(1) 订单接收

订单接收是系统运行的起始点。订单接收部分主要指一些针对客户需求进行的接收及指令下达的模块,该模块关系到系统的拓展性及其管理范围,是十分重要的一环。订单取得的方式及传送的方法可以不止一种,可以由客户的信息系统与本系统对接之后直接导入,或者通过上传文件导入,或者直接手工输入。

(2) 订单审核

订单输入之后,需要由系统查核在客户指定的出货日期是否能按订单如期出货,所进行的查核可以包括读取库存资料、拣货能力、包装能力、运输设备能力和人力资源等。订单一经确认即被接收,即可转入待送货列表中。当查核结果表明无法依订单如期出货时,可由销售人员与客户协调,后由销售人员按协调结果将订单进行修正。

4. 供应商管理子系统

订单审核通过后,供应商可通过 Internet 访问公司的物流信息管理系统,并以 Web 页面的形式提供给用户,供应商根据订单对各自的送货单和货物信息进行录入、修改、删除、提交,同时提供库存汇总报表和商品出货报表。

5. 营运管理子系统

该子系统的功能包括:员工考勤管理、业务人员管理、客户管理、订单处理绩效报表、存货周转率评估、缺货金额损失管理报表、拣货绩效管理报表、包装绩效管理报表、入他作业绩效管理报表、装车作业绩效管理报表、车辆使用率评估报表、月台使用率评估报表、人员使用绩效报表、机器设备使用率评估报表、仓库使用率评估报表和货物保管率报表。

6. 统计分析子系统

该子系统主要是根据需求从各个子系统数据中统计出以下信息:盘点表、入库月报表、出库月报表、入库日报表、出库日报表等报表。

7. 费用管理子系统

费用管理子系统是从基础作业层到财务核算层的转换，是一个中间环节，完成业务与财务的结合。根据业务运作数据和客户及供应商签订的合同，进行成本和收入的计算，进行收款和付款管理，并对费用和备用金进行管理。这个子系统包括客户管理、收入管理、成本管理、费用管理和备用金管理五个模块。此子系统要与企业的财务系统进行对接。

8. 权限管理子系统

权限管理是每一个系统的重要组成部分，主要用于控制功能和流程，以满足不同系统用户的需求，提高系统的安全性.该系统已成为应用系统不可缺少的一部分。

物流业务功能如图 1.3 所示。

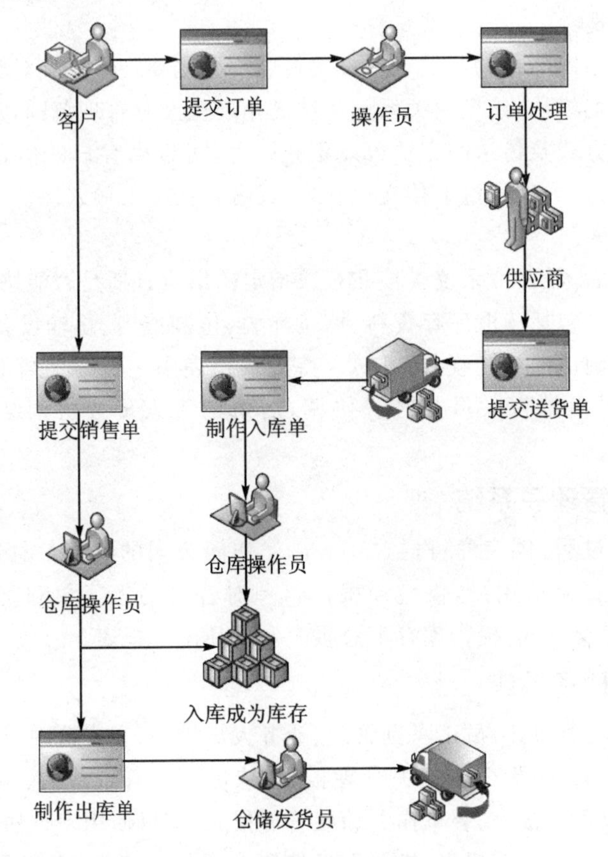

图 1.3　物流业务功能

要开发的物流管理信息系统应提供以下功能：

① 将用户发来的格式为 XML 的订单导入到系统中，或是提供一个接口供用户调用。

② 供应商根据用户的订单生成送货单并提交，通过审核后，供应商可自行送货

或等待物流公司去接收。

③ 当货物送来后，进行货车登记，生成接收单，然后卸货、货物扫描入仓，并对货物进行初步分拣，分区域存放。

④ 根据用户发来的销售单出货，销售单格式为 XML，需要导入到系统中，或是提供一个接口供用户调用。

⑤ 根据销售单进行库存匹配，生成出库单，然后进行装箱配载，分区域、分地点装箱，以保证车辆的利用率，节约成本。

⑥ 装箱完成后，配送中心发出配送计划，调度员获得出库提货单，由审核员核对单证，进行车辆安排，发出运输指令。

⑦ 根据出库提货单，生成报关建议书，由报关员进行报关。

由于此系统是对外开放的，所以要有一个权限控制系统。JST 公司的物流管理信息系统架构如图 1.4 所示。

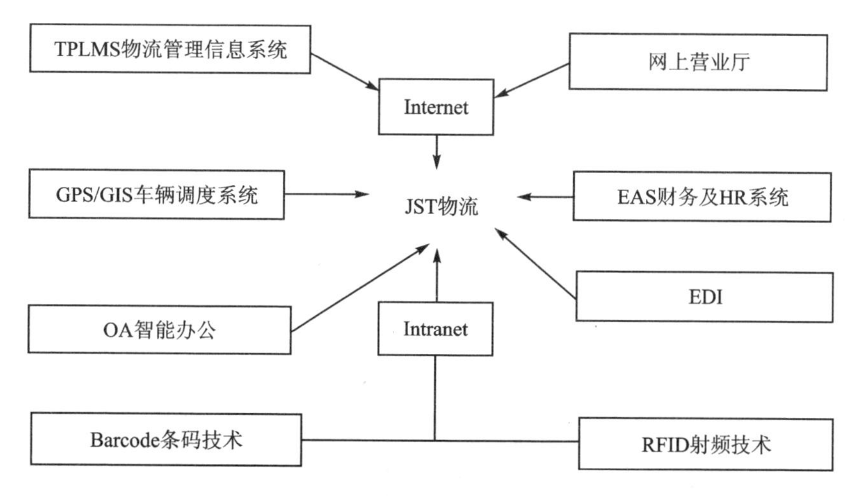

图 1.4　物流管理信息系统架构图

JST 公司的物流管理信息系统技术架构设计如图 1.5 所示。

JST 公司的仓库位于自贸区内，结合自贸区的实际情况，公司的物流管理信息系统物理架构如图 1.6 所示。

本系统的设计原则是，最大程度地降低电脑操作员的门槛，最大程度地降低学习使用系统的成本；具有直观而人性化的界面和所见即所得的各类查询功能，使得系统操作简单方便，节省学习时间。

系统采用大型数据库 SQL SERVER，开发工具采用 ASP. NET Core，系统采用 B/S 模式。

在系统架构方面，本系统基本采用现代主流的 ASP. NET Core 平台的 B/S 结构，在用户端上只须安装一个浏览器如 Internet Explorer 或 Firefox 等；数据库服务器安装 ORACEL、SQL server 或 MySQL 等数据库。浏览器通过 Web Server 与数据

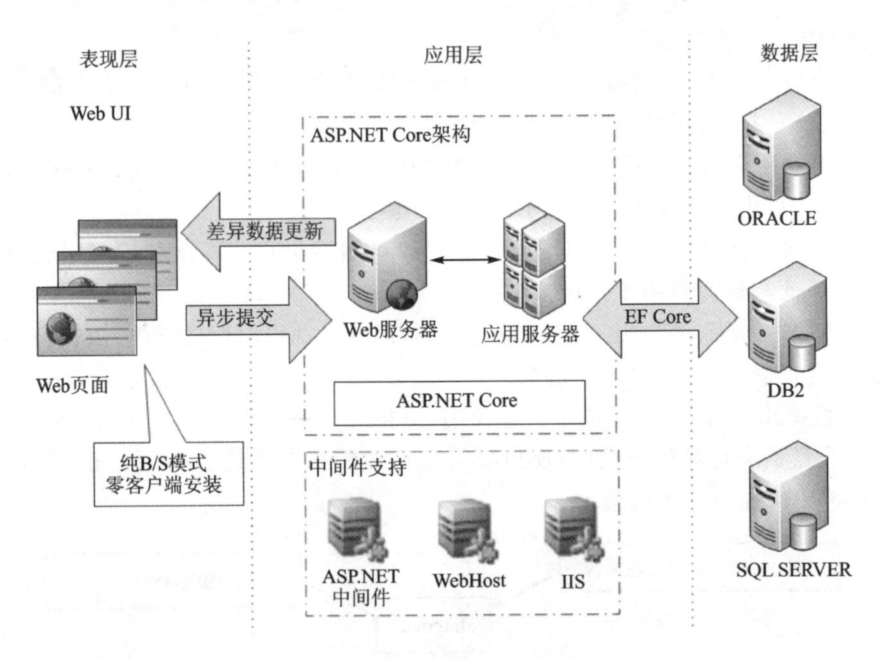

图 1.5　物流管理信息系统技术架构

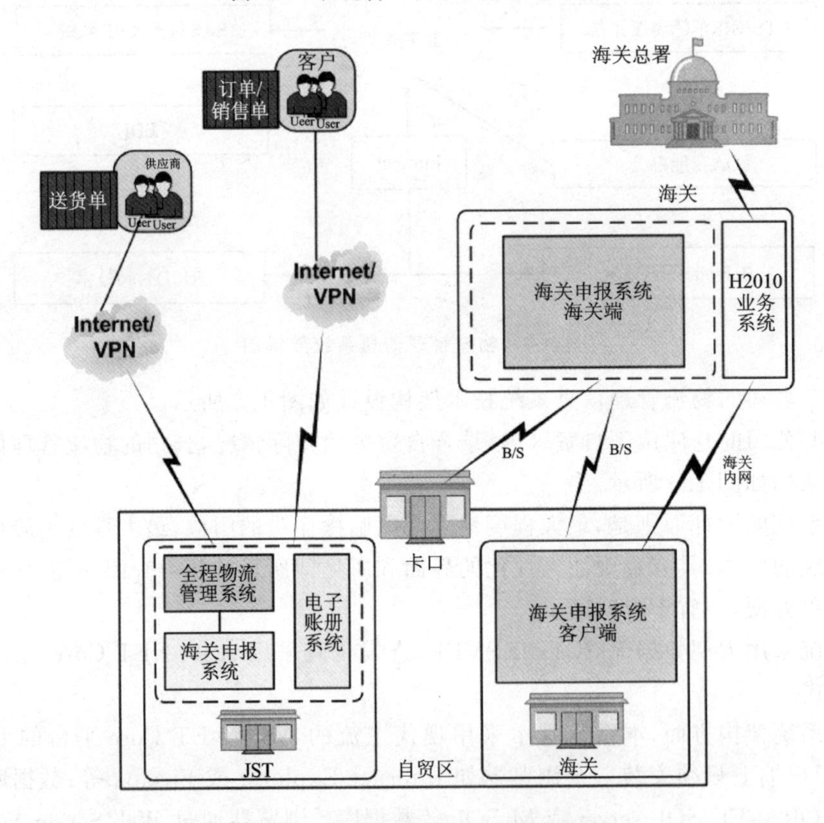

图 1.6　物流管理信息系统物理架构

库进行数据交互，这样从公司内部和外部都能访问本系统，从而满足公司的发展需要，可以快速方便地把系统部署到云服务器上，为企业的远程办公提供很好的支持。由于采用了云服务器，因此可以很好地保证企业的数据安全性。

同时，由于采用 MVC 架构，因此缩短了系统的开发周期，节省了管理费用，有利于实现信息数据的集中管理、统一维护和分类有序存放，也使得系统维护、升级、扩充更为方便。

服务提供者和服务使用者的松散耦合关系及对开发标准的采用使得维护更加简单。

本系统通过用户身份认证来控制哪些用户可以访问哪些资源。用户通过指定的用户名和密码向服务器发出请求，只有登录成功的用户才能访问相应的子系统。物流管理信息系统安全认证架构如图 1.7 所示。

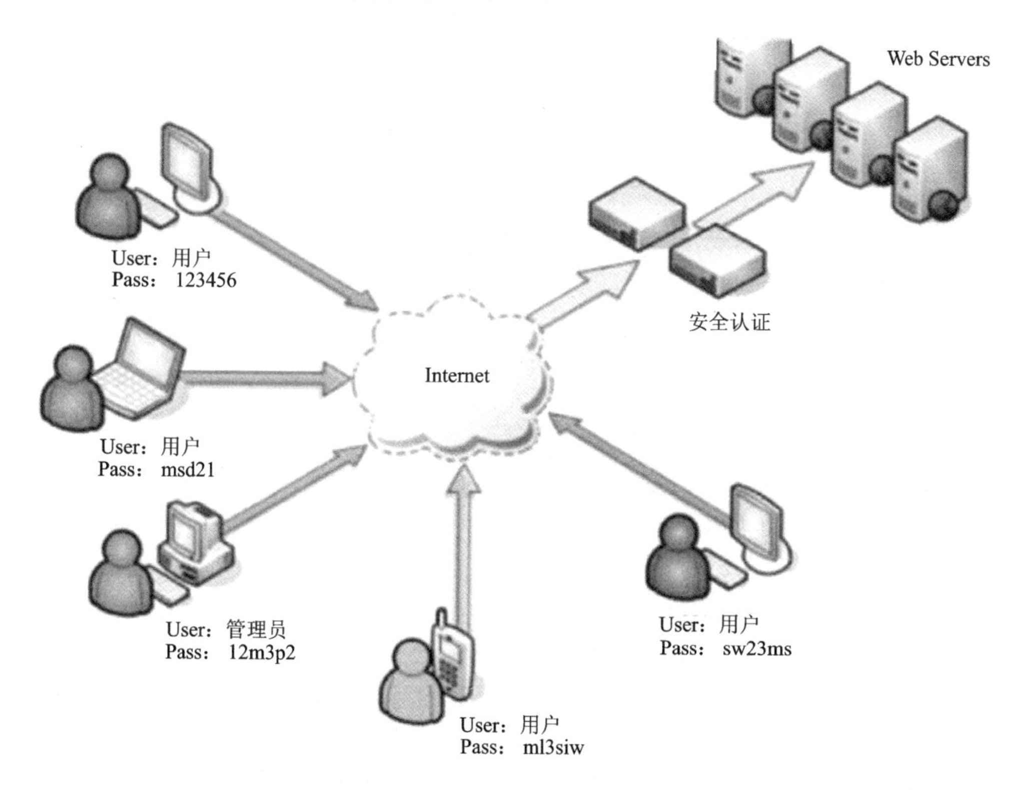

图 1.7 物流管理信息系统安全认证架构

第 2 章

构建 TPLMS 管理系统

2.1 基础准备

第 1 章分析了 TPLMS 物流管理信息系统的功能，从本章开始就来实现该系统的一些主要功能。

本章主要介绍 TPLMS 系统的登录功能。

2.1.1 开发环境要求

开发环境要求如下：

- 操作系统：Windows 7/8/10；
- 开发工具：Visual Studio 2017；
- SDK：安装.NET Core 2.1 及以上；
- 数据库：SQL Server 2008 R2 及以上。

2.1.2 搭建 TPLMS 项目

首先创建一个数据库。在创建数据库之前要有数据库软件，本系统使用 SQL Server 2012 Express。当然也可以使用 SQL Server 2012 的其他版本，或者 SQL Server 2014 或 SQL Server 2016。创建步骤如下：

① 打开 SQL Server Management Studio，在“对象资源管理器”中右击“数据库”，在弹出的快捷菜单中选择“新建数据库”。

② 在“新建数据库”对话框的“数据库名称”文本框中输入“TPLMS”，然后单击“确定”按钮，如图 2.1 所示。

③ 打开 Visual Studio 2017 创建一个 ASP.NET Core Web 应用程序项目，输入项目名称“JST.TPLMS.Web”，解决方案名称“JST.TPLMS”，然后单击“确定”按钮，如图 2.2 所示。

④ 在弹出的“新建 ASP.NET Core Web 应用程序”对话框中，将两个下拉列表框分别选择为“.NET Core”和“ASP.NET Core 2.1”，在项目模板列表中选择“Web 应用程序(模型视图控制器)”，然后单击“确定”按钮，如图 2.3 所示。

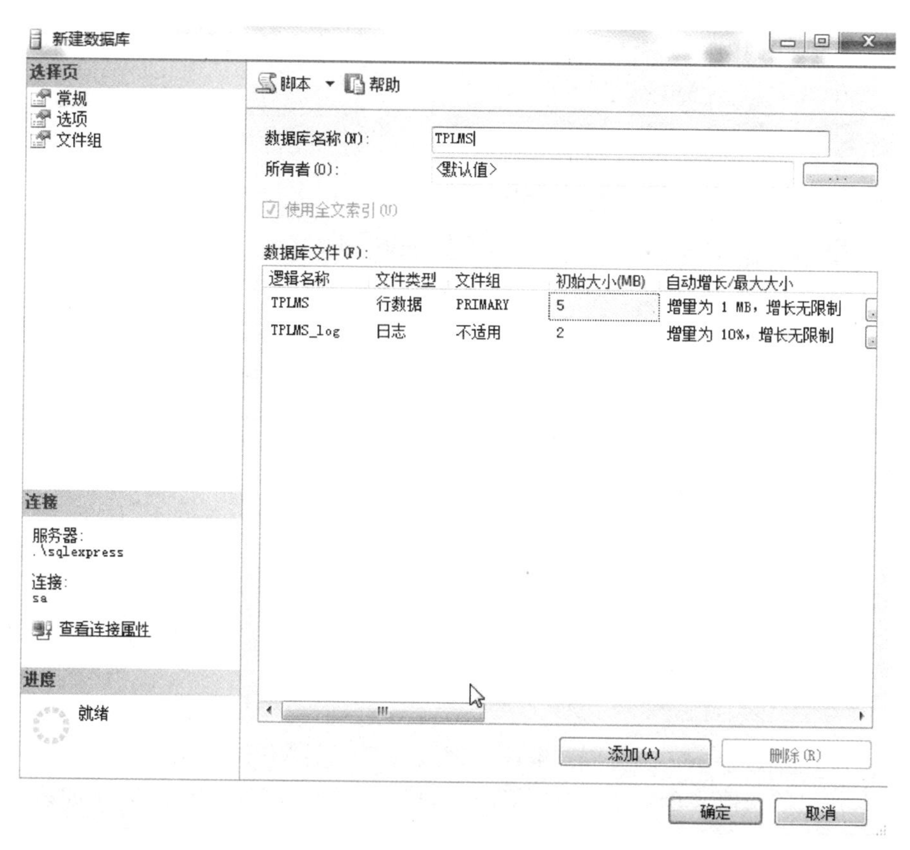

图 2.1　创建数据库

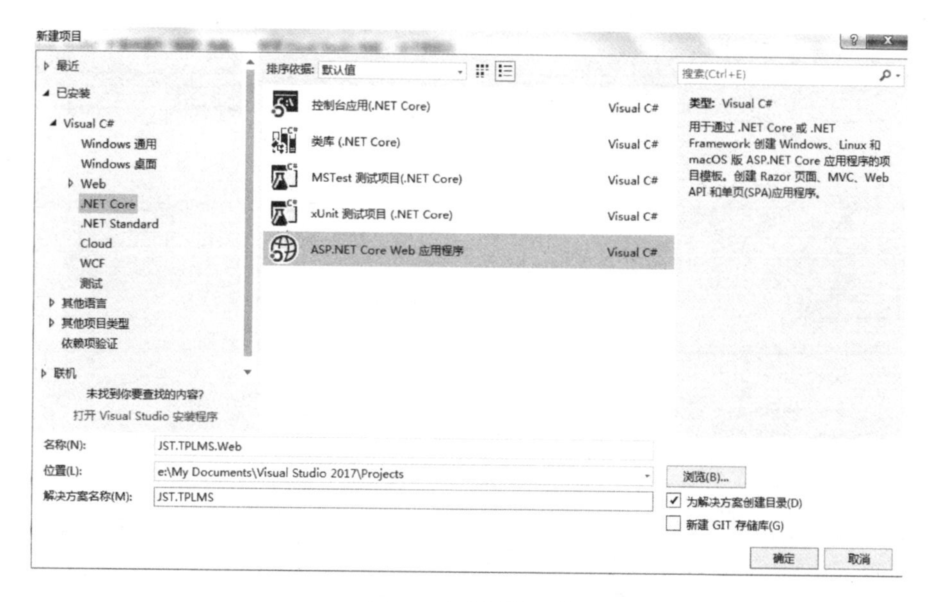

图 2.2　创建解决方案

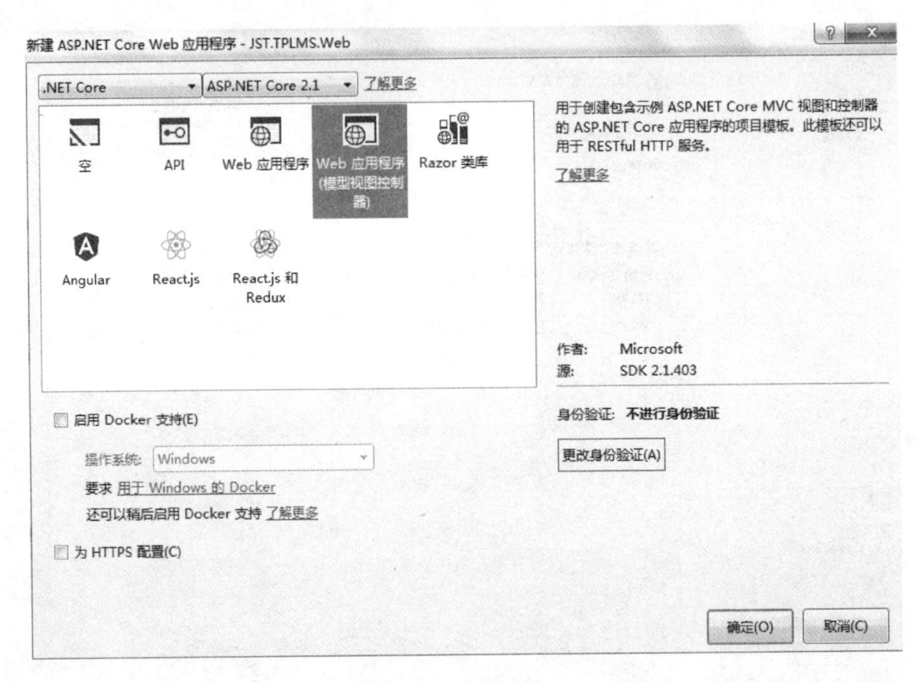

图 2.3　新建 ASP.NET Core Web 应用程序

⑤ 在 Visual Studio 2017 的"解决方案资源管理器"中右击"JST. TPLMS"解决方案，在弹出的快捷菜单中选择"添加"→"新建项目"菜单项，在弹出的"添加新项目"对话框中选择"类库(. NET Core)"，在"名称"文本框中输入"JST. TPLMS. Core"，然后单击"确定"按钮，如图 2.4 所示。

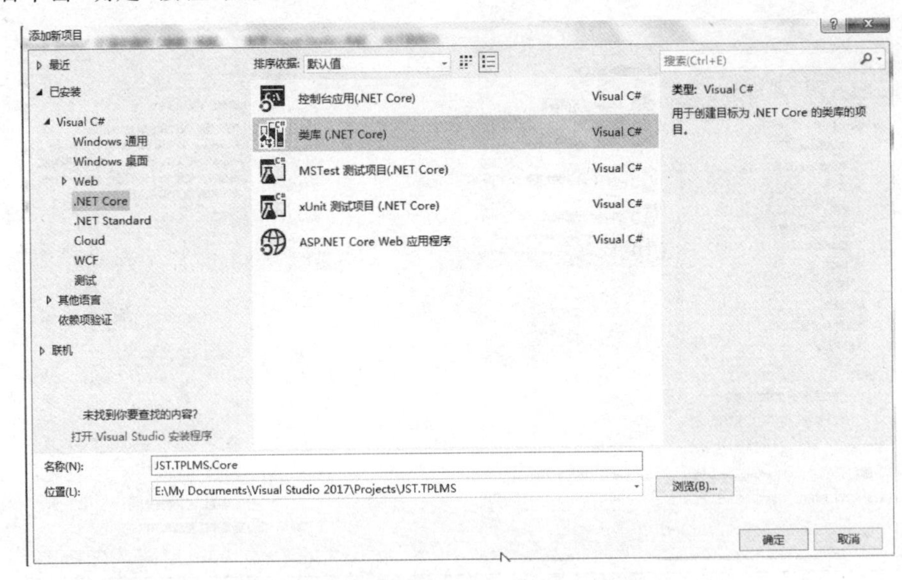

图 2.4　创建 JST. TPLMS. Core

⑥ 按照第③步，依次创建其他项目，最后的结果如图 2.5 所示。

图 2.5　解决方案结构

⑦ 在 Visual Studio 2017 中选择"工具"→"NuGet 包管理器"→"程序包管理器控制台"菜单项，在程序包管理器控制台的默认项目中选择"JST. TPLMS. DataBase"。

⑧ 在程序包管理器控制台中依次输入以下三条指令，安装 NuGet 包。

```
Install - Package Microsoft.EntityFrameworkCore  - version 2.1.4
Install - Package Microsoft.EntityFrameworkCore.SqlServer  - version 2.1.4
Install - Package Microsoft.EntityFrameworkCore.Tools  - version 2.1.4
```

⑨ 在 Visual Studio 2017 的"解决方案资源管理器"的"JST. TPLMS. DataBase"项目中添加"TPLMSDbContext"类，该类必须继承于"System. Data. Entity. DbContext"类以赋予其数据操作能力，代码如下：

```
using System;
using Microsoft.EntityFrameworkCore;
using Microsoft.EntityFrameworkCore.Metadata;

namespace RazorMvcBooks.Models
{
    public partial class EFCoreDemoContext: DbContext
    {
        public virtual DbSet<User> User { get; set; }
        public virtual DbSet<Role> Role { get; set; }
        public virtual DbSet<Organization> Organization { get; set; }

        public EFCoreDemoContext (DbContextOptions <EFCoreDemoContext> options):
base(options)
        {
        }
        protected override void OnConfiguring(DbContextOptionsBuilder optionsBuilder)
```

```
        {
        }
        protected override void OnModelCreating(ModelBuilder modelBuilder)
        {
            //省略
        }
    }
}
```

⑩ 在“JST. TPLMS. Entitys”项目中添加一个类“User”,代码如下:

```
using System;
using System.Collections.Generic;
using System.ComponentModel.DataAnnotations;
using System.ComponentModel.DataAnnotations.Schema;
using System.Text;

namespace JST.TPLMS.Entitys
{
    public class User
    {
            [DatabaseGeneratedAttribute(DatabaseGeneratedOption.Identity)]
        public int Id { get; set; }
            [MaxLength(150), Required]
        public string UserId { get; set; }
            [MaxLength(250), Required]
        public string Password { get; set; }
            [MaxLength(100), Required]
        public string Name { get; set; }
        public int Sex { get; set; }
        public int Status { get; set; }
        public int Type { get; set; }
            [MaxLength(100)]
        public string BizCode { get; set; }
        public DateTime CreateTime { get; set; }
        public int CreateId { get; set; }
            [MaxLength(250)]
        public string Address { get; set; }
            [MaxLength(50)]
        public string Mobile { get; set; }
            [MaxLength(150)]
        public string Email { get; set; }
    }
}
```

⑪ 在 Visual Studio 2017 的"解决方案资源管理器"中找到 appsettings. json 文件并双击打开，在文件中添加一个连接字符串，代码如下：

```
{
    "Logging": {
        "IncludeScopes": false,
        "LogLevel": {
            "Default": "Warning",
            "Microsoft": "Warning"
        }
    },
    "ConnectionStrings": {
        " TPLMSDbContext": "Server = .\\sqlexpress;Database = TPLMS;Trusted_Connec-
tion = True;MultipleActiveResultSets = true"
    }
}
```

⑫ 在 Visual Studio 2017 的"解决方案资源管理器"中找到 startup. cs 文件并双击打开，在其中 ConfigureServices 方法中写入依赖注入容器注册数据库上下文的代码，代码如下：

```
public void ConfigureServices(IServiceCollection services)
{
    services.AddDbContext<TPLMSDbContext>(options  = > options.UseSqlServer(Configu-
ration.GetConnectionString("TPLMSDbContext")));
    services.AddMvc();
}
```

⑬ 定义了初始实体类后，就可以通过添加初始迁移来创建数据库了。在程序包管理器控制台上依次执行以下命令：

```
//其中 Initial 是版本名称
Add - Migration Initial
```

然后执行以下命令，将迁移应用到数据库以创建架构和更新数据库：

```
Update - Database
```

执行完以上命令后，数据库就创建成功了。

2.1.3 给数据库添加初始数据

给数据库添加初始数据的操作是：

① 在 Visual Studio 2017 的"解决方案资源管理器"中右击 Models 文件，在弹出的快捷菜单中选择创建一个新的类文件，并命名为 SeedData. cs，如图 2.6 所示。

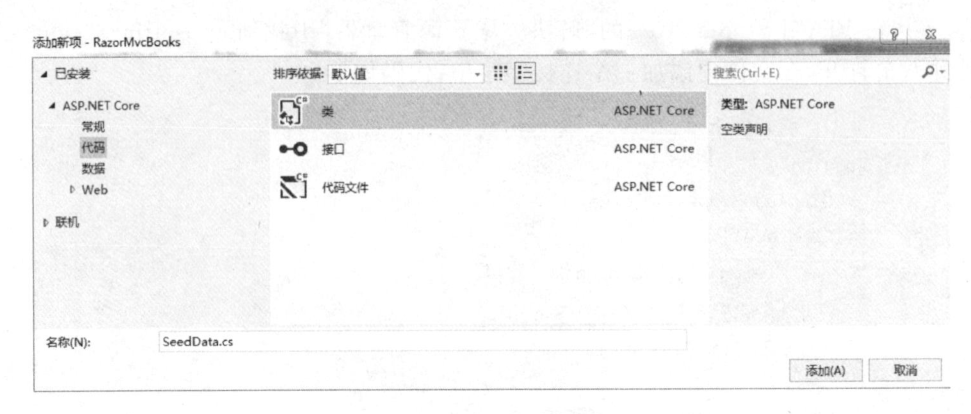

图 2.6　SeedData 类

② 用下面的代码替换生成的代码：

```
using JST.TPLMS.DataBase;
using JST.TPLMS.Entitys;
using System;
using System.Collections.Generic;
using System.Linq;
using System.Threading.Tasks;

namespace JST.TPLMS.Web.Models
{
    public class SeedData
    {
        public static void Initialize(IServiceProvider serviceProvider)
        {
            using (var context = new TPLMSDbContext(serviceProvider.GetRequired-
Service<DbContextOptions<TPLMSDbContext>>()))
            {
                // Look for any User.
                if (context.User.Any())
                {
                    return;   // DB has been seeded
                }
                context.User.AddRange(
                    new User
                    {
                        UserId = "admin",
                        Password = "admin",
                        Name = "管理员",
```

```
        Sex = 1,
        Status = 1,
        Type = 0,
        BizCode = string.Empty,
        CreateId = 0,
        CreateTime = DateTime.Now,
        Address = string.Empty,
        Mobile = string.Empty,
        Email = string.Empty
    },
    new User
    {
        UserId = "test",
        Password = "test",
        Name = "Test",
        Sex = 0,
        Status = 1,
        Type = 0,
        BizCode = string.Empty,
        CreateId = 0,
        CreateTime = DateTime.Now,
        Address = "上海黄浦",
        Mobile = "58805505",
        Email = string.Empty
    },
    new User
    {
        UserId = "wang",
        Password = "wang",
        Name = "王五",
        Sex = 1,
        Status = 1,
        Type = 0,
        BizCode = string.Empty,
        CreateId = 0,
        CreateTime = DateTime.Now,
        Address = "上海松江",
        Mobile = "13358805505",
        Email = string.Empty
    },
    new User
    {
```

```
                    UserId = "shOper",
                    Password = "shoper",
                    Name = "张三",
                    Sex = 0,
                    Status = 1,
                    Type = 0,
                    BizCode = string.Empty,
                    CreateId = 0,
                    CreateTime = DateTime.Now,
                    Address = "上海奉贤",
                    Mobile = "13900805505",
                    Email = string.Empty
                },
                new User
                {
                    UserId = "10001",
                    Password = "10001",
                    Name = "西门庆",
                    Sex = 1,
                    Status = 1,
                    Type = 0,
                    BizCode = string.Empty,
                    CreateId = 0,
                    CreateTime = DateTime.Now,
                    Address = "北京朝阳",
                    Mobile = "18900804444",
                    Email = string.Empty
                }
            );
            context.SaveChanges();
        }
    }
  }
}
```

③ 在 Visual Studio 2017 的“解决方案资源管理器”中打开 Program. cs 文件，找到 Main 方法，在该方法的最后添加 SeedData. Initialize()方法，代码如下：

```
using System;
using System.Collections.Generic;
using System.IO;
using System.Linq;
```

```
using System.Threading.Tasks;
using JST.TPLMS.DataBase;
using JST.TPLMS.Web.Models;
using Microsoft.AspNetCore;
using Microsoft.AspNetCore.Hosting;
using Microsoft.EntityFrameworkCore;
using Microsoft.Extensions.Configuration;
using Microsoft.Extensions.DependencyInjection;
using Microsoft.Extensions.Logging;

namespace JST.TPLMS.Web
{
    public class Program
    {
        public static void Main(string[] args)
        {

            var host = CreateWebHostBuilder(args).Build();
            using (var scope = host.Services.CreateScope())
            {
                var services = scope.ServiceProvider;
                try
                {
                    var context = services.GetRequiredService<TPLMSDbContext>();
                    // requires using Microsoft.EntityFrameworkCore;
                    context.Database.Migrate();
                    // Requires using JST.TPLMS.Web.Models;
                    SeedData.Initialize(services);
                }
                catch (Exception ex)
                {
                    var logger = services.GetRequiredService<ILogger<Program>>();
                    logger.LogError(ex, "数据库数据初始化错误.");
                }
            }
            host.Run();
        }
        public static IWebHostBuilder CreateWebHostBuilder(string[] args) =>
            WebHost.CreateDefaultBuilder(args)
                .UseStartup<Startup>();
    }
}
```

④ 先在 SQL Server Management Studio 中查看 User 表，此时没有数据，如图 2.7 所示。

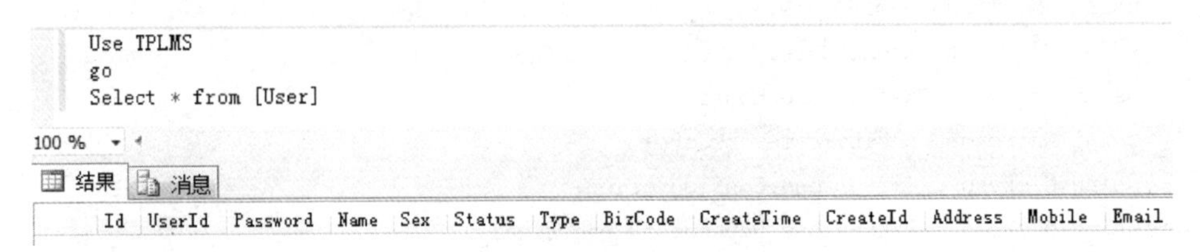

图 2.7 查看 User 表(无数据)

⑤ 强制应用程序初始化(调用 Startup 类中的方法)，这样 SeedData 方法就能正常运行了。如果要强制初始化，则必须先停止 IIS，然后再重新启动，操作方法是：

ⓐ 在通知区域中右击 IIS Express 系统托盘图标，在弹出的快捷菜单中选择“退出”或“停止站点”，如图 2.8 所示。

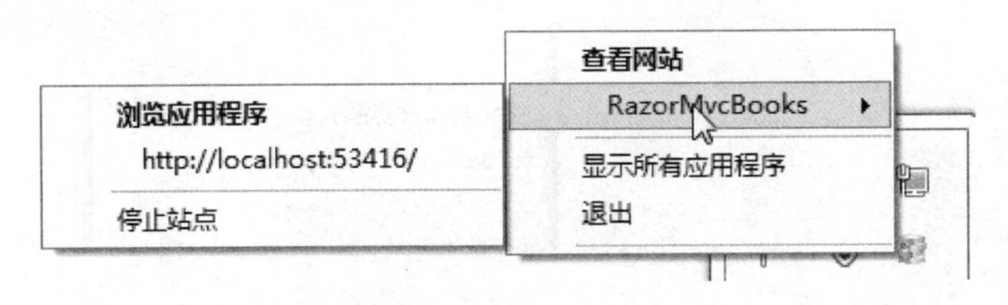

图 2.8 停止站点

ⓑ 如果是在非调试模式下运行 Visual Studio 2017，则按 F5 键以在调试模式下运行。

ⓒ 如果是在调试模式下运行 Visual Studio 2017，则先停止调试程序，再按 F5 键。

⑥ 再次在 SQL Server Management Studio 中查看 User 表，可以看到，在代码中编写的初始数据已经写入数据库中，如图 2.9 所示。

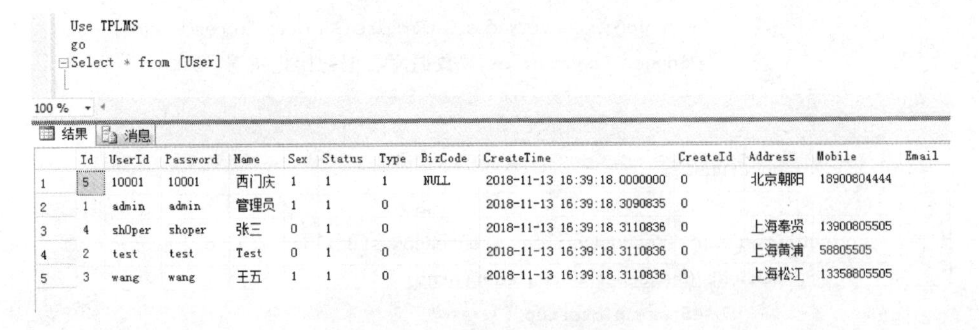

	Id	UserId	Password	Name	Sex	Status	Type	BizCode	CreateTime	CreateId	Address	Mobile	Email
1	5	10001	10001	西门庆	1	1	1	NULL	2018-11-13 16:39:18.0000000	0	北京朝阳	18900804444	
2	1	admin	admin	管理员	1	1	0		2018-11-13 16:39:18.3090835	0			
3	4	shOper	shoper	张三	0	1	0		2018-11-13 16:39:18.3110836	0	上海奉贤	13900805505	
4	2	test	test	Test	0	1	0		2018-11-13 16:39:18.3110836	0	上海黄浦	58805505	
5	3	wang	wang	王五	1	1	0		2018-11-13 16:39:18.3110836	0	上海松江	13358805505	

图 2.9 查看 User 表(有数据)

经过上面的准备工作之后，就可以对数据进行增加、删除、修改、查询操作了，如图 2.10 所示。

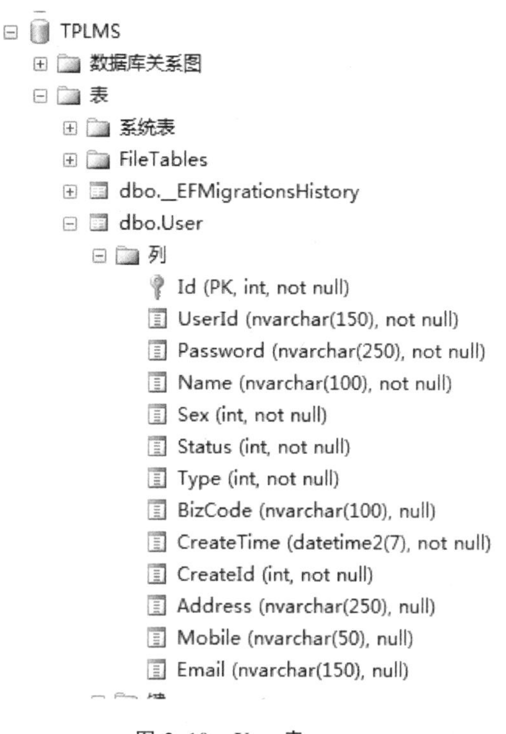

图 2.10　User 表

2.1.4　用 Autofac 替换内置的 DI 框架

用 Autofac 替换内置的 DI 框架的操作是：

① 在 Visual Studio 2017 中选择"工具"→"NuGet 包管理器"→"管理解决方案的 NuGet 程序包"菜单项。在"程序包管理器控制台"的默认项目中选择"JST. TPLMS. Web"。

② 在程序包管理器控制台中依次输入以下两条指令，安装 NuGet 包。

```
Install-PackageAutofac  -version 4.8.1
Install-PackageAutofac.Extensions.DependencyInjection  -version 4.3.1
```

③ 把 Startup 类中的 ConfigureService 方法的返回值从 void 改为 IServiceProvider，然后编写一个新方法 RegisterAutofac 把创建容器的代码放入其中，代码如下：

```
using System;
using System.Collections.Generic;
```

```
using System.Linq;
using System.Threading.Tasks;
using Autofac;
using Autofac.Extensions.DependencyInjection;
using JST.TPLMS.DataBase;
using Microsoft.AspNetCore.Builder;
using Microsoft.AspNetCore.Hosting;
using Microsoft.AspNetCore.Http;
using Microsoft.AspNetCore.Mvc;
using Microsoft.EntityFrameworkCore;
using Microsoft.Extensions.Configuration;
using Microsoft.Extensions.DependencyInjection;

namespace JST.TPLMS.Web
{
    public class Startup
    {
        public Startup(IConfiguration configuration)
        {
            Configuration = configuration;
        }
        public IConfiguration Configuration { get; }
        // This method gets called by the runtime. Use this method to add services to the
//container.
        public IServiceProvider ConfigureServices(IServiceCollection services)
        {
            services.Configure<CookiePolicyOptions>(options =>
            {
                // This lambda determines whether user consent for non-essential
//cookies is needed for a given request.
                options.CheckConsentNeeded = context =>true;
                options.MinimumSameSitePolicy = SameSiteMode.None;
            });
            services.AddDbContext<TPLMSDbContext>(options =>
                options.UseSqlServer(Configuration.GetConnectionString("TPLMSDb-
Context")));
            services.AddMvc().SetCompatibilityVersion(CompatibilityVersion.Version_2_1);
            return RegisterAutofac(services);//注册 Autofac
        }
        // This method gets called by the runtime. Use this method to configure the
        //HTTP request pipeline.
        public void Configure(IApplicationBuilder app, IHostingEnvironment env)
```

```
{
    if (env.IsDevelopment())
    {
        app.UseDeveloperExceptionPage();
    }
    else
    {
        app.UseExceptionHandler("/Home/Error");
    }
    app.UseStaticFiles();
    app.UseCookiePolicy();
    app.UseMvc(routes =>
    {
        routes.MapRoute(
            name: "default",
            template: "{controller=Home}/{action=login}/{id?}");
    });
}
private IServiceProvider RegisterAutofac(IServiceCollection services)
{
    //实例化 Autofac 容器
    var builder = new ContainerBuilder();
    //将 Services 中的服务填充到 Autofac 中
    builder.Populate(services);
    //新模块组件注册
    builder.RegisterModule<AutofacDI>();
    //首先注册 options,供 DbContext 服务初始化使用
    builder.Register(c =>
    {
        var optionsBuilder = new DbContextOptionsBuilder<TPLMSDbContext>();
        optionsBuilder. UseSqlServer ( Configuration. GetConnectionString
("TPLMSDbContext"));
        return optionsBuilder.Options;
    }).InstancePerLifetimeScope();
    //注册 DbContext
    builder.RegisterType<TPLMSDbContext>()
        .AsSelf()
        .InstancePerLifetimeScope();
    //创建容器
    var Container = builder.Build();
    //第三方 IoC 接管 Core 内置 DI 容器
    return new AutofacServiceProvider(Container);
```

```
            }
        }
    }
```

④ 新建一个 AutofacDI 类继承 Autofac 的 Module，然后重写 Module 的 Load 方法来存放新组件的注入代码，代码如下：

```
using Autofac;
using JST.TPLMS.DataBase;
using JST.TPLMS.Service;
using Microsoft.EntityFrameworkCore;
using System;
using System.Collections.Generic;
using System.Linq;
using System.Reflection;
using System.Threading.Tasks;
using Microsoft.Extensions.Configuration;

namespace JST.TPLMS.Web
{
    public class AutofacDI:Autofac.Module
    {
        //重写 Autofac 管道的 Load 方法，在这里注册注入
        protected override void Load(ContainerBuilder builder)
        {
        //注册服务的对象，这里以命名空间名称中含有 JST.TPLMS.Service 和 Repository
        //字符串为标志，否则注册失败
            builder.RegisterAssemblyTypes(Assembly.GetAssembly(typeof(Authorise-
Service)))
                .Where(u => u.Namespace == "JST.TPLMS.Service");
            builder.RegisterAssemblyTypes(GetAssemblyByName("JST.TPLMS.Repository")).
Where(a => a.Namespace.EndsWith("Repository")).AsImplementedInterfaces();
        }
    ///<summary>
    ///根据程序集名称获取程序集
    ///</summary>
    ///<param name="AssemblyName">程序集名称</param>
    ///<returns></returns>
        public static Assembly GetAssemblyByName(String AssemblyName)
        {
            return Assembly.Load(AssemblyName);
        }
    }
}
```

2.2 项目组织结构

图 2.11 是本架构的设计图，纵向中间一列为架构主体部分，两边的小列为周边的依赖项，如果横向有交集，则说明主体部分对周边存在依赖，这些内容将在后面的总体架构介绍中详细说明。

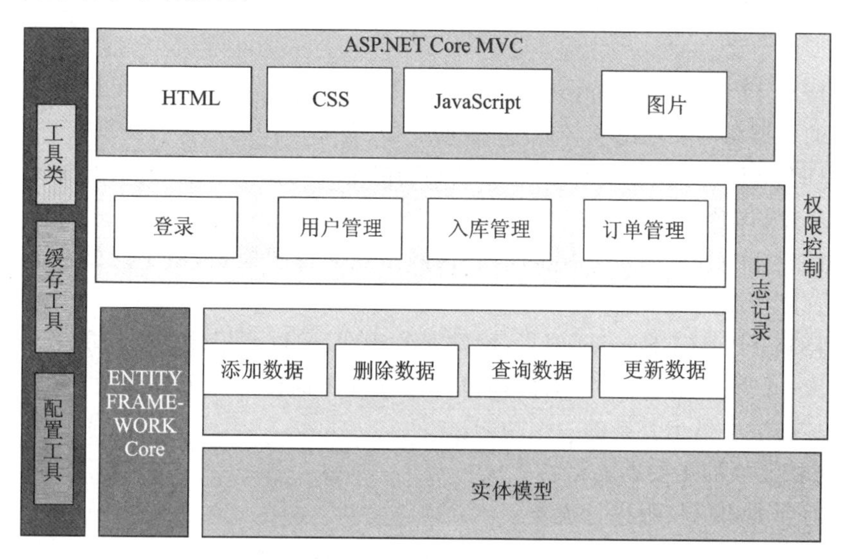

图 2.11 架构设计图

2.2.1 总体架构

从图 2.11 可以看出，TPLMS 项目的整体建设内容应当包含架构的搭建、应用功能的开发和资源管理。TPLMS 系统的设计分为基础设施层、业务核心层和展现层三个层级，下面分别进行说明。

1. 基础设施层

基础设施层提供系统中与业务无关的基础设施功能。此层为最底层，可以为其余所有层服务，主要提供了项目开发所需的各种帮助类。这些丰富的类库为开发人员提供了开发中常用的功能，为快速开发提供了强有力的保障。

基础设施层包括以下组件：

- JST. TPLMS. Util 项目：工具组件，提供通用辅助操作功能、扩展方法、异常定义、日志记录定义与实现等功能。
- JST. TPLMS. DataBase 项目：数据组件，提供与业务无关的 EF 数据上下文、单元操作、仓储操作、EF 二级缓存等功能的定义与实现。

2. 业务核心层

业务核心层提供与业务实体密切相关的业务功能。此层主要是对数据库操作CRUD的简单封装，以Entity Framework Core为核心，采用设计模式，使开发人员进行CRUD只需极为简单的代码即可完成。

业务核心层包括以下功能：

- JST. TPLMS. Entitys项目：业务实体模型，用于系统核心业务实现的数据模型的定义。
- JST. TPLMS. Repository项目：业务数据访问定义与实现，提供与业务相关的数据访问功能的实体映射、数据迁移、仓储操作的定义与实现。
- JST. TPLMS. Core项目：业务核心功能定义与实现，提供与客户端无关的业务逻辑的实现。
- JST. TPLMS. Web. Models项目：网站业务视图模型，用于网站业务实现的视图模型的定义。
- JST. TPLMS. Service项目：网站业务实现，通过调用数据仓储层来操作数据库，并为应用层提供所需的接口和处理具体操作的业务逻辑，可以说是业务核心层中最为复杂的一个功能。

业务核心层的主要职能是：

① 对业务执行权限进行检查；

② 把从网站接收的业务视图实体转换为核心业务模型，传给业务核心层进行业务处理；

③ 处理与HTTP密切相关的数据(Session、Cookie等)，并将其处理成与HTTP状态无关后再交由核心层进行处理。

3. 展现层

展现层提供应用系统的展现方式，TPLMS系统的功能将通过网站的方式进行展现，拥有不同权限的用户通过登录系统可以实现相关的功能操作。展现层包含的JST. TPLMS. Web项目是一个ASP. NET MVC Core网站，负责TPLMS系统功能的实现，主要功能是：

- JST. TPLMS. Web项目：主要负责终端用户与系统交互，接收用户的输入并通过控制器转交给业务核心层处理，根据业务核心层的处理结果选择要使用的模型的类型和要呈现的视图，以及对用户交互操作予以响应。
- 其他功能：包括对Action的执行权限进行检查，以及记录功能操作日志和异常日志。

2.2.2 前端框架

项目的前端框架如图2.12所示，包括：

① 基于 Bootstrap 的模板；
② ASP.NET MVC Core 2.1：基于 EF Core 2.1 的 CRUD 操作；
③ EasyUI 1.5：提供丰富的前端 UI 界面组件；
④ 上传控件：WebUploader 使用实例；
⑤ JQuery：提供富文本编辑器、标签、JS 曲线图等实例。

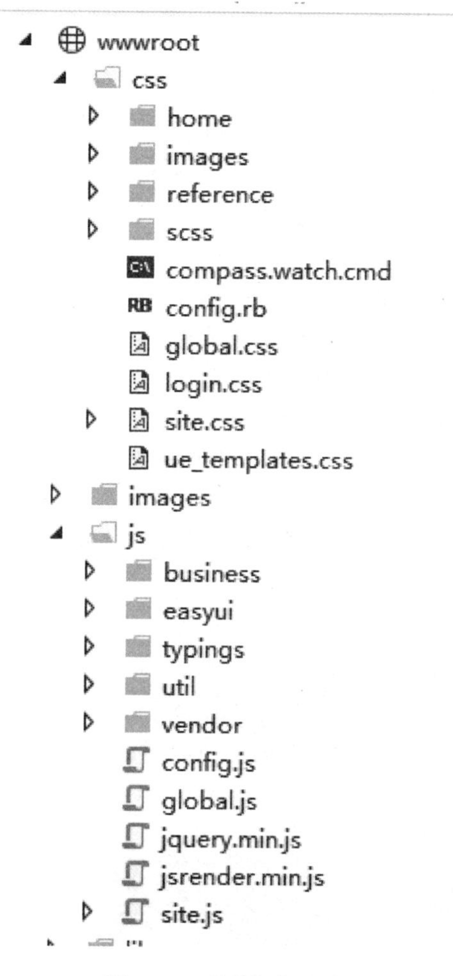

图 2.12　前端框架及实现

2.3　公共类设计

对于一个操作性业务功能（如添加、修改、删除），通常处理返回值的做法是使用简单类型，包括如下几种方案：

① 直接返回 void，即什么也不返回，在操作过程中抛出异常，只要没有异常抛

出，就认为是操作成功了。

② 返回是否操作成功的 bool 类型的返回值。

③ 返回操作变更后的新数据信息。

④ 返回表示各种结果的状态码的返回值。

⑤ 返回一个用自定义枚举来表示操作的各种结果。

但是以上做法也有不妥之处，现在逐条分析如下：

方案一，靠抛出异常的方式来终止系统的运行，由于异常是沿着调用堆栈逐层向上抛出的，因此会造成很大的性能问题。

方案二，bool 值太死板，无法表示出业务操作中的各种情况

方案三，返回变更后的数据后，还要与原始数据对比才能判断操作是否成功。

方案四，虽然用状态码解决了 bool 值返回太死板的问题，但各种状态码的维护成本会非常高。

方案五，用枚举值时需要把枚举值翻译成各种情况的文字描述。

综上，到底需要一个怎样的业务操作结果呢？

对于理想的返回值，要能够实现以下几点：

① 能表示操作的成功与失败。

② 能快速表示各种操作场景（如参数错误、查询数据不存在、数据状态不满足操作要求等）。

③ 能返回附加的返回信息（如更新成功后有后续操作，或者需要使用更新后的新值）。

④ 在调用时方能使用统一的代码进行返回值处理。

⑤ 能自定义返回的文字描述信息。

⑥ 能把返回给用户的信息与日志记录的信息分开。

要想实现以上功能，显然简单类型的返回值满足不了需求，因此需要定义一个专门用来封装返回值信息的返回值类，具体定义如下。

2.3.1 返回值类

返回值类的定义代码如下：

```
using System.ComponentModel;

namespace JST.TPLMS.Util
{
    ///<summary>
    ///Ajax请求结果
    ///</summary>
    public class AjaxResult
    {
```

```
        /// <summary>
        ///是否成功
        /// </summary>
        public bool Success { get; set; }
        /// <summary>
        ///返回消息
        /// </summary>
        public string Msg { get; set; }
        /// <summary>
        ///返回数据
        /// </summary>
        public object Data { get; set; }
        /// <summary>
        ///表示业务操作结果的枚举
        /// </summary>
        publicOperationResultType ResultType { get; set; }
    }
}
```

2.3.2 业务操作的接口

业务操作的接口代码如下：

```
using System;
using System.Collections.Generic;
using System.Linq;
using System.Linq.Expressions;
using System.Data.SqlClient;

namespace JST.TPLMS.Contract
{
    public interface IRepository<T>where T : class
    {
        T FindSingle(Expression<Func<T, bool>> exp = null);
        bool IsExist(Expression<Func<T, bool>> exp);
        IQueryable<T> Find(Expression<Func<T, bool>> exp = null);
        IQueryable<T> Find(int pageindex = 1, int pagesize = 10,Expression<Func<T,
bool>> exp = null);
        int GetCount(Expression<Func<T, bool>> exp = null);
        void Add(T entity);
        void BatchAdd(T[] entities);
        ///<summary>
```

```
        ///更新一个实体的所有属性
        ///</summary>
        void Update(T entity);
        void Delete(T entity);
        void Save();
        string GetNo(string name, int OrgId);
        int ExecProcedure(string sp, params SqlParameter[] parameters);
    }
}
```

2.3.3 基本数据库操作类

基本数据库操作类的代码如下：

```
using System;
using System.Linq;
using System.Linq.Expressions;
using System.Data;
using System.Data.SqlClient;
using JST.TPLMS.DataBase;
using JST.TPLMS.Contract;
using Microsoft.EntityFrameworkCore;
using Microsoft.Extensions.Configuration;

namespace JST.TPLMS.Repository
{
    public class BaseRepository<T>:IRepository<T> where T:class
    {
        protected TPLMSDbContext Context ;

        public BaseRepository(TPLMSDbContext m_Context)
        {
            Context = m_Context;
        }
        ///<summary>
        ///根据过滤条件获取记录
        ///</summary>
        ///<param name = "exp">The exp.</param>
        public IQueryable<T> Find(Expression<Func<T, bool>> exp = null)
        {
            return Filter(exp);
        }
```

```
public bool IsExist(Expression<Func<T, bool>> exp)
{
    return Context.Set<T>().Any(exp);
}
///<summary>
///查找单个对象
///</summary>
public T FindSingle(Expression<Func<T, bool>> exp)
{
    return Context.Set<T>().AsNoTracking().FirstOrDefault(exp);
}
///<summary>
///得到分页记录
///</summary>
///<param name = "pageindex">The pageindex.</param>
///<param name = "pagesize">The pagesize.</param>
public IQueryable<T> Find(int pageindex, int pagesize, Expression<Func<T,
bool>> exp = null)
{
    if (pageindex<1) pageindex = 1;
    return Filter(exp).Skip(pagesize * (pageindex - 1)).Take(pagesize);
}
///<summary>
///根据过滤条件获取记录数
///</summary>
publicint GetCount(Expression<Func<T, bool>> exp = null)
{
    return Filter(exp).Count();
}
public void Add(T entity)
{
    Context.Set<T>().Add(entity);
    Save();
}
///<summary>
///批量添加
///</summary>
///<param name = "entities">The entities.</param>
public void BatchAdd(T[] entities)
{
    Context.Set<T>().AddRange(entities);
    Save();
```

```
}
public void Update(T entity)
{
    var entry = this.Context.Entry(entity);
    //todo:如果状态没有任何更改,则会报错
    //注释,使用下面的方式
    entry.State = EntityState.Modified;
    Save();
}
public void Delete(T entity)
{
    Context.Set<T>().Remove(entity);
    Save();
}
public void Save()
{
    Context.SaveChanges();
}
public virtual void Delete(object [] entitys)
{
    Context.RemoveRange(entitys);
    Save();
}
private IQueryable<T> Filter(Expression<Func<T, bool>> exp)
{
    var dbSet = Context.Set<T>().AsQueryable();
    if (exp != null)
        dbSet = dbSet.Where(exp);
    return dbSet;
}
public virtual string GetNo(string name,int OrgId)
{
    SqlParameter[] parameters = {
        new System.Data.SqlClient.SqlParameter("@Name",System.Data.SqlDb-
Type.NVarChar,10),
        new System.Data.SqlClient.SqlParameter("@BH", System.Data.SqlDb-
Type.NVarChar,30)
    };
    parameters[0].Value = name;
    parameters[1].Direction = System.Data.ParameterDirection.Output;
    int numdata = Context.ExecuteNonQueryAsync("P_NextBH", parameters);
    string no = parameters[1].Value.ToString();
```

```
            if (numdata < 0)
            {
                no = string.Empty;
            }
            return no;
        }
        ///<summary>
        ///执行存储过程
        ///</summary>
        ///<param name="sp"></param>
        ///<param name="parameters">new SqlParameter() </param>
        ///<returns></returns>
        public virtual int ExecProcedure(string sp, params SqlParameter[] param)
        {
            int flag;
            try
            {
                flag= this.Context.Database.ExecuteSqlCommand(sp, param);
            }
            catch (Exception ex)
            {
                throw ex;
            }
            return flag;
        }
    }
}
```

2.3.4 控制器基类

控制器基类的代码如下：

```
using JST.TPLMS.Util;
using Microsoft.AspNetCore.Authentication.Cookies;
using Microsoft.AspNetCore.Http;
using Microsoft.AspNetCore.Mvc;
using Microsoft.AspNetCore.Mvc.Filters;
using System;
using System.Collections.Generic;
using System.Text;

namespace JST.TPLMS.Web
```

```
{
    public class BaseController:Controller
    {
        public override void OnActionExecuting(ActionExecutingContext filterContext)
        {
            #region 登录用户验证
            var result = GetSession(UserInfoKey.UserName.ToString());
            base.OnActionExecuting(filterContext);
            //1.判断 Session 对象是否存在
            if (filterContext.HttpContext.Session == null)
            {
                filterContext.HttpContext.Response.WriteAsync("<script type='text/
javascript'> alert('~登录已过期,请重新登录');window.top.location='/';</script>");
                filterContext.Result = new EmptyResult();
                return;
            }
            //2.登录验证
            if (string.IsNullOrEmpty(result))
            {
                var name = filterContext.ActionDescriptor.DisplayName;
                bool islogin = name.Contains(".Login") || name.Contains(".SubmitLogin");
                if (!islogin)
                {
                    filterContext.HttpContext.Response.WriteAsync("<script type=
'text/javascript'> alert('登录已过期,请重新登录'); window.top.location='/';</script>");
                    filterContext.Result = new RedirectResult("/Home/Login");
                    return;
                }
            }
            #endregion
        }
        /// <summary>
        /// 返回成功
        /// </summary>
        /// <returns></returns>
        public AjaxResult Success()
        {
            AjaxResult res = new AjaxResult
            {
                Success = true,
                Msg = "请求成功!",
                Data = null
            };
            return res;
```

```
}
public AjaxResult Success(string id,string no)
{
    AjaxResult res = new AjaxResult
    {
        Success = true,
        Msg = "请求成功!",
        Data = null,
        Id = id,
        No = no
    };
    return res;
}
/// <summary>
/// 返回错误
/// </summary>
/// <param name = "msg">错误提示</param>
/// <returns></returns>
public AjaxResult Error(string msg)
{
    AjaxResult res = new AjaxResult
    {
        Success = false,
        Msg = msg,
        Data = null
    };
    return res;
}
public string GetLoginKey(string userName)
{
    return string.Format("{0}Login", userName);
}
/// <summary>
/// 设置本地 cookie
/// </summary>
/// <param name = "key">键</param>
/// <param name = "value">值</param>
/// <param name = "minutes">过期时长,单位:分钟</param>
protected void SetCookies(string key, string value, int minutes = 30)
{
    HttpContext.Response.Cookies.Append(key, value, new CookieOptions
    {
        Expires = DateTime.Now.AddMinutes(minutes)
    });
```

```
}
/// <summary>
/// 删除指定的 Cookie
/// </summary>
/// <param name="key">键</param>
protected void DeleteCookies(string key)
{
    HttpContext.Response.Cookies.Delete(key);
}
/// <summary>
/// 获取 cookies
/// </summary>
/// <param name="key">键</param>
/// <returns>返回对应的值</returns>
protected string GetCookies(string key)
{
    HttpContext.Request.Cookies.TryGetValue(key, out string value);
    if (string.IsNullOrEmpty(value))
        value = string.Empty;
    return value;
}
/// <summary>
/// 设置 Session
/// </summary>
/// <param name="key">键</param>
/// <param name="value">值</param>
protected void SetSession(string key, string value)
{
    HttpContext.Session.SetString(key, value);
}
/// <summary>
/// 获取 Session
/// </summary>
/// <param name="key">键</param>
/// <returns>返回对应的值</returns>
protected string GetSession(string key)
{
    string value = HttpContext.Session.GetString(key);
    if (string.IsNullOrEmpty(value))
        value = string.Empty;
    return value;
}
public enum UserInfoKey
{
```

```
            UserName = 1,
            UserInfo,
            UserRole
        }
    }
}
```

2.4 网站首页设计

传统行业的商家极为重视门面的装潢，因为一个好的门面可以聚集人气，招揽更多的顾客。古代大户人家院子门口的石狮子或其他摆件的摆放极为讲究，除了要遵循一定的风水学说外，更要能彰显大户人家的身份地位。由此可见，“门面”就如人的脸面之于人的形象一样重要，而 Web 的登录页面就相当于传统的“门面”。

登录页面是信息管理类系统必有的一个页面，其功能是防止非法用户进入系统。一个出彩的登录界面将提升产品的品质，赋予产品独特的气质；登录页面也是一个发挥情感设计，提升用户体验，拉近与用户距离的重要阵地。

2.5 网站首页概述

登录页面的登录框，一是要求用户的操作区域和导向明确，无用功能少；二是要求视觉体验绝佳，既优雅大方，又简洁流畅；三是要求利用视觉手段凸显“登录”按钮，如图 2.13 所示。

图 2.13 首 页

2.6 网站首页流程分析

TPLMS 系统的登录流程如图 2.14 所示。

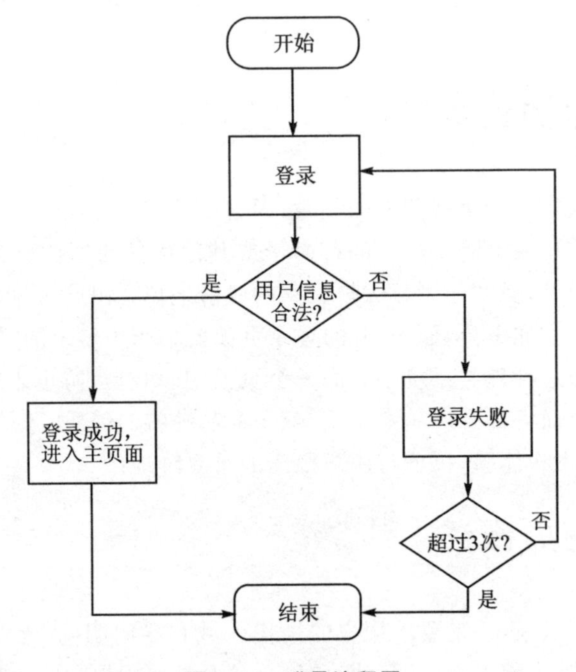

图 2.14 登录流程图

2.7 网站首页实现过程

登录页面主要使用了 Ajax 技术，把用户名和密码提交到后台进行验证。

2.7.1 Login.cshmtl 页面

Login.cshmtl 页面的代码如下：

```
@{
    Layout = null;
}
<!DOCTYPEhtml>
<html>
<head>
<meta name = "viewport" content = "width = device - width,initial - scale = 1" />
<meta http - equiv = "X - UA - Compatible" content = "IE = edge,chrome = 1" />
```

```
    <title>TPLMS 物流管理信息系统</title>
    <link href = "~/css/login.css" rel = "stylesheet" />
    </head>
    <body>
        <div class = "wrapper">
            <div class = "title">
                <b class = "text">TPLMS 物流管理信息系统</b>
            </div>
            <div class = "box">
                <form method = "post">
                    <div class = "field_panel">
                        <div class = "field_wrap">
                            <i class = "icon icon_un"></i>
                            <input type = "text" id = "username" name = "username" max-
length = "50" class = "text" placeholder = "账号" />
                        </div>
                        <div class = "field_wrap">
                            <i class = "icon icon_pw"></i>
                            <input type = "password" id = "password" name = "password"
maxlength = "50" class = "text" placeholder = "密码" />
                        </div>
                    </div>
                    <div class = "tip" id = "tip"></div>
                    <div class = "btn_panel">
                        <a href = "javascript:" id = "btnSubmit" title = "点击登录" class =
"btn">登录</a>
                    </div>
                </form>
            </div>
        </div>
        <input type = "hidden" id = "return_url" value = "/" />
        <script src = "~/js/jquery.min.js"></script>
        <script src = "~/js/util/util.js"></script>
        <script type = "text/javascript">
            var rootUrl = '@Url.Content("~/")';
            var Login = function () {
                var o = {
                    tip: $ ('#tip'),
                    account: $ ("#username"),
                    pwd: $ ("#password")
                };
                function init() {
```

```
                o.pwd.keydown(function (e) {
                    var n = "which" in e ? e.which : e.keyCode;
                    13 == n && $("#btnSubmit").trigger("click");
                });
                $("#btnSubmit").click(function () {
                    var n = $.trim(o.account.val()) || "",
                        t = $.trim(o.pwd.val()) || "";
                    return 0 == n.length ? (tip("你还没有输入账号!"), void o.
account.focus()) : 0 == t.length ? (tip("你还没有输入密码!"),
                        void o.pwd.focus()) : void submit(n, t);
                });
            }
            function tip(msg) {
                o.tip.text(msg);
            }
            function submit(username, pwd) {
                $.postJSON(rootUrl + 'Home/SubmitLogin',{userName: username, password:
pwd}, function (resJson) {
                    if (resJson.Success)
                        window.location.href = rootUrl + 'Home/Index';
                    else
                        tip(resJson.Msg);
                });
            }
            return o.account.focus(), {
                "init": init
            };
        }();
        $(function () {
            Login.init();
        });
    </script>
</body>
</html>
```

2.7.2 接口 IUserRepository

在 Visual Studio 2017 的“解决方案资源管理器”中选中 JST.TPLMS.Contract 项目，添加一个新的接口 IUserRepository，UserRepository 类继承此接口来实现相应的功能，代码如下：

```
using JST.TPLMS.Entitys;
```

```
using System;
using System.Collections.Generic;
using System.Text;

namespace JST.TPLMS.Contract
{
    public interface IUserRepository: IRepository<User>
    {
        IEnumerable<User> LoadUsers(int pageindex, int pagesize);
        User GetUser(String userName);
        bool Delete(string ids);
    }
}
```

2.7.3 UserRepository 类

在 Visual Studio 2017 的"解决方案资源管理器"中选中 JST.TPLMS.Repository 项目,添加一个新的类 UserRepository,主要用来实现用户表的操作,代码如下:

```
using JST.TPLMS.Contract;
using JST.TPLMS.DataBase;
using JST.TPLMS.Entitys;
using System;
using System.Collections.Generic;
using System.Globalization;
using System.Linq;
using System.Text;
using System.Transactions;

namespace JST.TPLMS.Repository
{
    public class UserRepository:BaseRepository<User>, IUserRepository
    {
        public UserRepository(TPLMSDbContext m_Context):base(m_Context)
        {
        }
        public IEnumerable<User> LoadUsers(int pageindex, int pagesize)
        {
            return Context.User.OrderBy(u => u.Id).Skip((pageindex - 1) * page-
size).Take(pagesize);
        }
        public User GetUser(string userName)
```

```
            {
                return FindSingle(u => u.UserId == userName);
            }
        }
    }
```

2.7.4 登录服务 AuthoriseService

在 Visual Studio 2017 的“解决方案资源管理器”中选中 JST.TPLMS.Service 项目，添加一个新的类 AuthoriseService，用于实现用户登录的操作，代码如下：

```
using JST.TPLMS.Contract;
using JST.TPLMS.Core;
using JST.TPLMS.Entitys;
using JST.TPLMS.Repository;
using JST.TPLMS.Util.Helpers;
using System;
using System.Collections.Generic;
using System.Linq;
using System.Text;

namespace JST.TPLMS.Service
{
    ///<summary>
    /// 登录服务
    ///<para>用户授权服务</para>
    ///</summary>
    public class AuthoriseService
    {
        private IUserRepository _loginUser;
        private ModuleService _moduleSvr;

        private IRoleRepository _roleMgr;
        private User _user;
        private List<Module> _modules;    //用户可访问的模块
        private List<Role> _roles;
        public AuthoriseService(IUserRepository login, ModuleService msvr, IRole-
Repository role)
        {
            _loginUser = login;
            _moduleSvr = msvr;
            _roleMgr = role;
        }
        public List<Module> Modules
        {
```

```
    get { return _modules; }
}
public List<Role> Role
{
    get { return _roles; }
}
public User User
{
    get { return _user; }
}
public bool Check(string userName, string password)
{
    var _user = _loginUser.FindSingle(u => u.UserId == userName);
    if (_user == null)
    {
        //throw new Exception("用户账号不存在");
        return false;
    }
    bool flag = CheckPassword(_user,password);
    return flag;
}
public bool CheckPassword(User u,string password)
{
    if (u.Password == password)
    {
        return true;
    }
    return false;
}
/// <summary>
/// 设置开发者账号
/// </summary>
public void SetSysUser()
{
    _user = new User
    {
        UserId = "System"
    };
}
public bool IsRole(string roleName)
{
    if (Role.Exists(r => r.Name == roleName))
    {
        return true;
    }
```

```
                return false;
            }
            public void GetUserAccessed(string name)
            {
                if (name == "System")
                {
                    _modules = _moduleSvr.GetModules(1, 1000);
                }
                else
                {
                    _user = _loginUser.FindSingle(u => u.UserId == name);
                    if (_user != null)
                    {
                        _modules = _moduleSvr.LoadForUser(_user.Id);
                    }
                    ////用户角色
                    _roles = _roleMgr.GetRoles(name).ToList();
                }
            }
        }
    }
```

2.7.5 HomeController 类

在 Visual Studio 2017 的“解决方案资源管理器”中选中 JST.TPLMS.Web 项目，打开 Controllers 目录下的 HomeController 类添加 Login、Logout、SubmitLogin 三个方法，代码如下：

```
using System;
using System.Collections.Generic;
using System.Diagnostics;
using System.Linq;
using System.Threading.Tasks;
using Microsoft.AspNetCore.Mvc;
using JST.TPLMS.Web.Models;
using JST.TPLMS.Util;
using JST.TPLMS.Service;

namespace JST.TPLMS.Web.Controllers
{
    public class HomeController: BaseController
    {
        AuthoriseService auth;
        public HomeController(AuthoriseService authorise)
```

```
            { auth = authorise; }
            public IActionResult Index()
            {
                return View();
            }
            public IActionResult About()
            {
                ViewData["Message"] = "Your application description page.";
                return View();
            }
            public IActionResult Contact()
            {
                ViewData["Message"] = "Your contact page.";
                return View();
            }
            public IActionResult Privacy()
            {
                return View();
            }
            [ResponseCache(Duration = 0, Location = ResponseCacheLocation.None, No-
Store = true)]
            public IActionResult Error()
            {
                return View(new ErrorViewModel { RequestId = Activity.Current?.Id ??
HttpContext.TraceIdentifier });
            }
            //[IgnoreLogin]
            public IActionResult Login()
            {
                return View();
            }
            #region 登录与登出
            // [IgnoreLogin]
            public ActionResult SubmitLogin(string userName, string password)
            {
                MemoryCacheHelper memHelper = new MemoryCacheHelper();

                int count = 0;
                AjaxResult res = null;
                if (string.IsNullOrEmpty(userName) || string.IsNullOrEmpty(password))
                    res = Error("账号或密码不能为空!");
                var obj = memHelper.Get(userName);
```

```
    if (!(obj is null))
    {
        int.TryParse(obj.ToString(), out count);
    }
    if (count > 3)
    {
        res = Error("你已经登录三次出错了,请在一小时之后再试!");
    }
    else
    {
        //password = password.ToMD5String();
        bool theUser = auth.Check(userName, password);
        if (theUser)
        {
            res = Success();
        }
        else
            res = Error("账号或密码不正确!");
        memHelper.Add(userName, count + 1);
    }
    return Content(res.ToJson());
}
/// <summary>
/// 注销
/// </summary>
public AjaxResult Logout()
{
    return Success("注销成功!");
}
#endregion
/// <summary>
/// 返回成功
/// </summary>
/// <param name = "msg">消息</param>
/// <returns></returns>
public AjaxResult Success(string msg)
{
    AjaxResult res = new AjaxResult
    {
        Success = true,
        Msg = msg,
        Data = null
```

```
            };
            return res;
        }
    }
}
```

在 Visual Studio 2017 的“解决方案资源管理器”中按 F5 键运行应用程序，如果没有输入用户名和密码就单击“登录”按钮，则会出现“你还没有输入账号！”的提示信息，如图 2.15 所示。

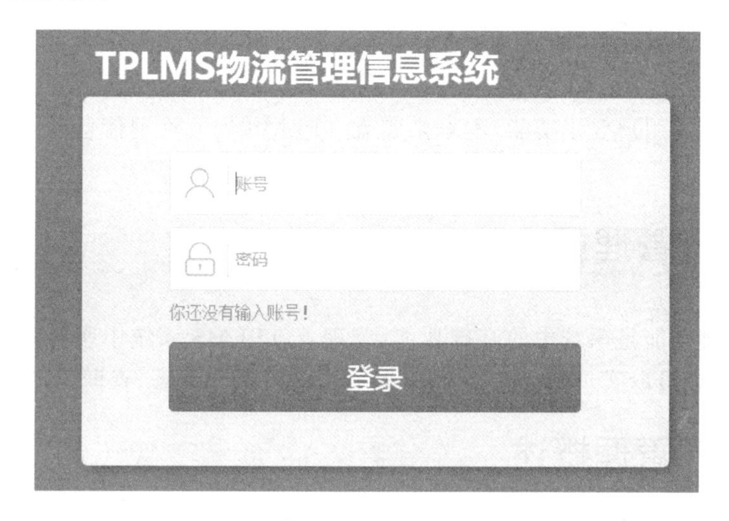

图 2.15　登　录

如果输入的用户名和密码正确，则会自动转到 Index 页面，如图 2.16 所示。

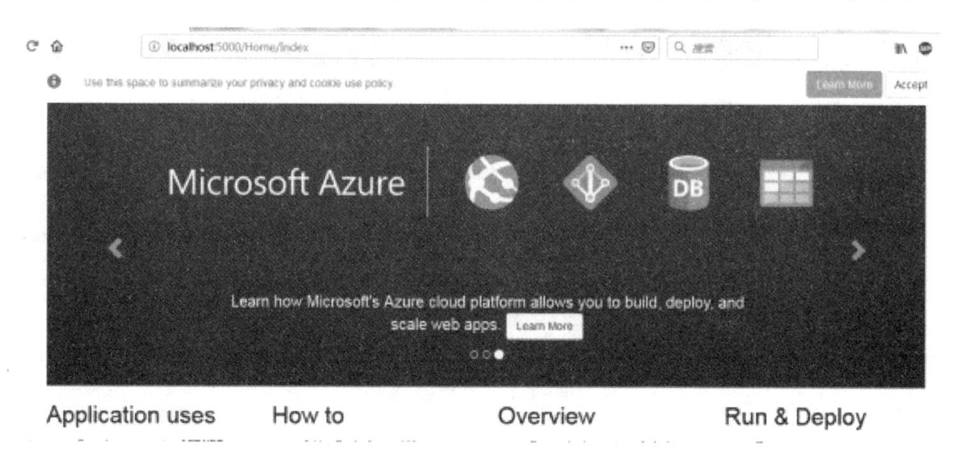

图 2.16　登录成功

第3章

用户管理

3.1 基础准备

前面介绍了用户登录功能，本章来实现 TPLMS 物流管理信息系统中的用户管理功能。

3.2 用户管理页设计

用户管理功能是系统中的基础功能，管理着 TPLMS 系统中所有相关用户的数据，通过此功能可以实现新建或删除用户信息、改变用户状态、查询用户相关信息等。

3.3 用户管理概述

TPLMS 用户管理功能界面的效果如图 3.1 所示，在“用户管理”表格的顶端有“添加”“删除”“修改”“刷新”四个功能按钮。

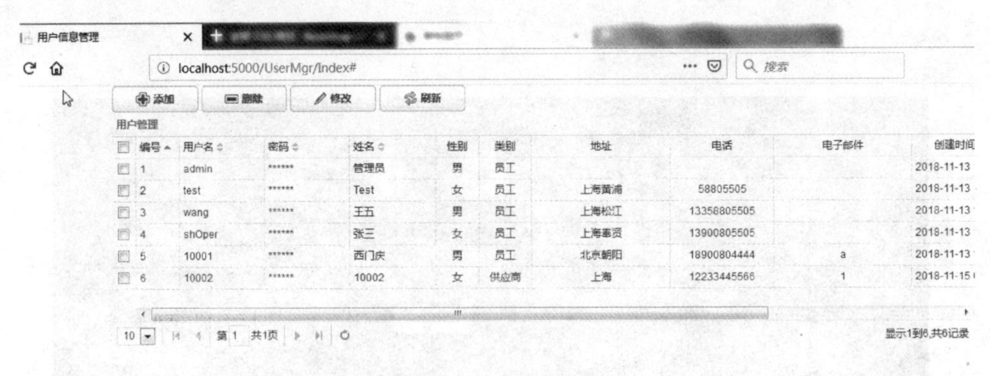

图 3.1　用户管理

3.4 用户管理流程分析

用户管理流程分析框图如图 3.2 所示。

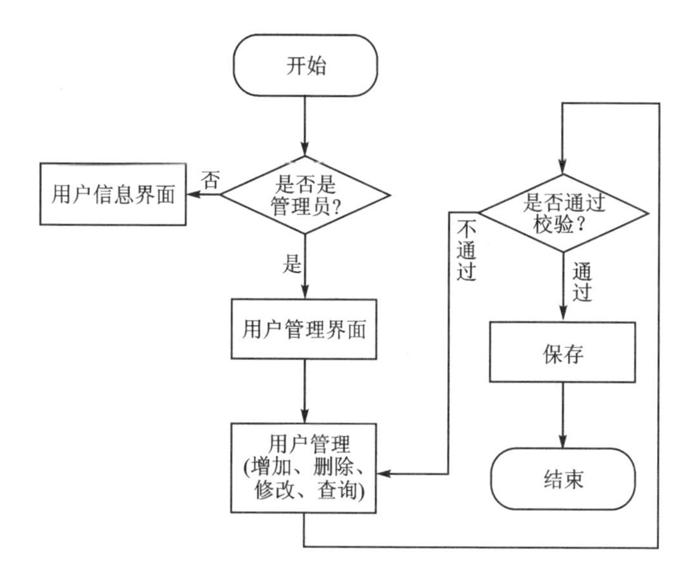

图 3.2 用户管理流程分析框图

3.5 用户管理实现过程

用户管理页面主要使用了 EasyUI 作为用户界面,后台把用户信息组织成 JSON,通过 Ajax 技术把用户信息传递给前端的 EasyUI。

3.5.1 Index.cshmtl 页面

在 Visual Studio 2017 的"解决方案资源管理器"中右击"JST.TPLMS.Web"项目中的 Views 目录,在弹出的快捷菜单中选择"添加"→"新建文件夹"菜单项,将新建文件夹命名为"UserMgr"并右击,在弹出的快捷菜单中选择"添加"→"新建项"菜单项,弹出"添加新项-JST.TPLMS.Web"对话框,在对话框中选择"Razor 视图",在"名称"文本框中输入"Index.cshmtl"文件名,并在该文件中添加如下代码:

```
@model IEnumerable<JST.TPLMS.Entitys.User>

@{
    Layout = null;
}
<!DOCTYPE html>
<html>
<head>
<meta name = "viewport" content = "width = device - width" />
<link href = "~/lib/bootstrap/dist/css/bootstrap.min.css" rel = "stylesheet" />
```

```
<script src = "~/lib/bootstrap/dist/js/bootstrap.js"></script>
<script src = "~/js/jquery.min.js"></script>
<script src = "~/js/easyui/jquery.easyui.min.js"></script>
<link href = "~/js/easyui/themes/bootstrap/easyui.css" rel = "stylesheet" />
<link href = "~/js/easyui/themes/icon.css" rel = "stylesheet" />
<script src = "~/js/easyui/locale/easyui-lang-zh_CN.js"></script>
<script src = "~/js/business/usermgr.js"></script>
<title>用户信息管理</title>
</head>
<body>
<div data-options = "region:'center'" style = "overflow: hidden;">
<div id = "containter" style = "width: 1000px; height: auto; margin: 0px auto;">
<!-- toolbar -->
<div style = "margin-bottom:1px;font-weight:bold;">
<a href = "#" id = "add" class = "easyui-linkbutton" data-options = "iconCls:'icon-add'" style = "width:100px; height:30px; background-color: #0993D3;">添加</a>
<a href = "#" id = "del" class = "easyui-linkbutton" data-options = "iconCls:'icon-remove'" style = "width:100px; height:30px; background-color: #0993D3;">删除</a>
<a href = "#" id = "edit" class = "easyui-linkbutton" data-options = "iconCls:'icon-edit'" style = "width:100px; height:30px; background-color: #0993D3;">修改</a>
<a href = "#" id = "reload" class = "easyui-linkbutton" data-options = "iconCls:'icon-reload'" style = "width:100px; height:30px; background-color: #0993D3;">刷新</a>
</div>
<!-- panel -->
<div data-options = "region:'center',split:false" style = "height:500px;">
<!-- 表格 -->
<table id = "dgUser"></table>
</div>
</div>
</div>
<!--------------------右键菜单(暂时未用)-------------------->
<div id = "menu" class = "easyui-menu" style = "width: 120px; display: none">
<div onclick = "" iconcls = "icon-add">
        添加
</div>
<div onclick = "" iconcls = "icon-remove">
        删除
</div>
<div onclick = "editorMethod();" iconcls = "icon-edit">
        修改
</div>
</div>
```

```
<! --------------------修改用户信息 ----------------------->
<div id = "divUpdateUser" class = "easyui - dialog" closed = "true">
<table>
<tr>
<td><input type = "hidden" name = "ID" id = "IDUpdate" /></td>
</tr>
<tr>
<td> 用户名:</td>
<td><input type = "text" id = "UpdUserId" name = "UUserId" class = "form - control
input - sm" /></td>
</tr>
<tr>
<td> 姓名:</td>
<td><input type = "text" id = "UpdName" name = "UName" class = "form - control input - sm"
/></td>
</tr>
<tr>
<td>密码:</td>
<td><input type = "password" name = "Password" id = "PwdUpdate" class = "form - control
input - sm" /></td>
</tr>
<tr>
<td>状态:</td>
<td>
<select id = "StatusUpdate" name = "Status" class = "easyui - combobox" panelHeight =
'auto'>
<option value = "0">审核拒绝</option>
<option value = "1">审核通过</option>
</select>
</td>
</tr>
<tr>
<td>性别:</td>
<td>
<select id = "SexUpdate" name = "Sex" class = "easyui - combobox" panelHeight = 'auto'>
<option value = "0">男</option>
<option value = "1">女</option>
</select>
</td>
</tr>
<tr>
<td>类别:</td>
```

```
〈td〉
〈select id = "TypeUpdate" name = "Type" class = "easyui - combobox" panelHeight = 'auto'〉
〈option value = "0"〉员工〈/option〉
〈option value = "1"〉供应商〈/option〉
〈option value = "2"〉客户〈/option〉
〈/select〉
〈/td〉
〈/tr〉
〈tr〉
〈td〉电话:〈/td〉
〈td〉〈input type = "text" name = "Mobile" id = "MobileUpdate" class = "form - control
input - sm" /〉〈/td〉
〈/tr〉
〈tr〉
〈td〉地址:〈/td〉
〈td〉〈input type = "text" name = "Address" id = "AddressUpdate" class = "form - control
input - sm" /〉〈/td〉
〈/tr〉
〈tr〉
〈td〉代码:〈/td〉
〈td〉〈input type = "text" name = "BizCode" id = "BizCodeUpdate" class = "form - control
input - sm" /〉〈/td〉
〈/tr〉
〈tr〉
〈td〉电子邮件:〈/td〉
〈td〉〈input type = "text" name = "Email" id = "EmailUpdate" class = "form - control
input - sm" /〉〈/td〉
〈/tr〉
〈tr〉
〈td〉创建时间:〈/td〉
〈td〉〈input type = "text" name = "CreateTime" id = "CreateTimeUpdate" class = "form - control
input - sm" /〉〈/td〉
〈/tr〉
〈tr〉
〈td colspan = "2"〉
〈input type = "submit" id = "btnUpdate" value = "修改" class = "btn btn - primary" /〉
〈/td〉
〈/tr〉
〈/table〉
〈/div〉
〈! ----------------------添加用户信息 -------------------------〉
〈div id = "divAddUser" class = "easyui - dialog" closed = "true"〉
```

```
<table>
<tr>
<td> 用户名:</td>
<td><input type = "text" id = "AddUserId" name = "AUserId" class = "form - control
input - sm" /></td>
</tr>
<tr>
<td> 姓名:</td>
<td><input type = "text" id = "AddName" name = "AName" class = "form - control input - sm" />
</td>
</tr>
<tr>
<td>密码:</td>
<td><input type = "password" name = "Password" id = "PwdAdd" class = "form - control
input - sm" /></td>
</tr>
<tr>
<td>状态:</td>
<td>
<select id = "StatusAdd" name = "Status" class = "easyui - combobox" panelHeight =
'auto'>
<option value = "0">审核拒绝</option>
<option value = "1">审核通过</option>
</select>
</td>
</tr>
<tr>
<td>性别:</td>
<td>
<select id = "SexAdd" name = "Sex" class = "easyui - combobox" panelHeight = 'auto'>
<option value = "0">男</option>
<option value = "1">女</option>
</select>
</td>
</tr>
<tr>
<td>类别:</td>
<td>
<select id = "TypeAdd" name = "Type" class = "easyui - combobox" panelHeight = 'auto'>
<option value = "0">员工</option>
<option value = "1">供应商</option>
<option value = "2">客户</option>
```

```
    </select>
    </td>
    </tr>
    <tr>
    <td>电话:</td>
    <td><input type="text" name="Mobile" id="MobileAdd" class="form-control input-sm" /></td>
    </tr>
    <tr>
    <td>地址:</td>
    <td><input type="text" name="Address" id="AddressAdd" class="form-control input-sm" /></td>
    </tr>
    <tr>
    <td>代码:</td>
    <td><input type="text" name="BizCode" id="BizCodeAdd" class="form-control input-sm" /></td>
    </tr>
    <tr>
    <td>电子邮件:</td>
    <td><input type="text" name="Email" id="EmailAdd" class="form-control input-sm" /></td>
    </tr>
    <tr>
    <td>创建时间:</td>
    <td><input type="text" name="CreateTime" id="CreateTimeAdd" class="form-control input-sm" /></td>
    </tr>
    <tr>
    <td colspan="2">
    <input type="submit" id="btnAdd" value="保存" class="btn btn-primary" />
    </td>
    </tr>
    </table>
    </div>
    <script type="text/javascript">
        $(function () {
            initable();
            reloaded();
            updUserInfo();
            showCreateUserDialog();
            deleteUser();
```

```
    });
</script>
</body>
</html>
```

3.5.2 用户管理前端功能

在 Visual Studio 2017 的"解决方案资源管理器"中选中"JST. TPLMS. Web"项目,在"wwwroot\js\business"目录下添加一个新的脚本文件 usermgr. js,代码如下:

```
//---------------------系统管理-->用户管理---------------------//
//刷新数据
function initable() {
    $("#dgUser").datagrid({
        url: "/UserMgr/List",
        title: "用户管理",
        pagination: true,
        pageSize: 10,
        pageList: [10, 20, 30],
        fit: true,
        fitColumns: false,
        loadMsg: "正在加载用户的信息...",
        nowarp: false,
        border: false,
        idField: "Id",
        sortName: "Id",
        sortOrder: "asc",
        frozenColumns: [[//冻结列
            { field: "ck", checkbox: true, align: "left", width: 50 }
        ]],
        columns: [[
            { title: "编号", field: "Id", width: 50, sortable: true },
            { title: "用户名", field: "UserId", width: 100, sortable: true },
            { title: "密码", field: "Password", width: 100, sortable: true, formatter:
function (value, rowData, rowIndex) { return "******"; } },
            { title: "姓名", field: "Name", width: 100, sortable: true },
            { field: 'Sex', title: '性别', width: 50, align: 'center', formatter:
function (value, row, index)
                {
                    if (row.Sex == "1")
                        return '男';
                    else
```

```
                        return '女';
                    }
                },
                { field: 'Type', title: '类别', width: 60, align: 'center', formatter:
function (value, row, index)
                    {
                        if (row.Type == "1")
                            return '供应商';
                        else if (row.Type == "2")
                            return '客户';
                        else
                            return '员工';
                    }
                },
                { field: 'Address', title: '地址', width: 160, align: 'center' },
                { field: 'Mobile', title: '电话', width: 120, align: 'center' },
                { field: 'Email', title: '电子邮件', width: 160, align: 'center' },
                { field: 'CreateTime', title: '创建时间', width: 100, align: 'center' },
                { field: 'CreateId', title: '创建者', width: 100, align: 'center' },
                { field: 'Status', title: '状态', width: 60, align: 'center', formatter:
function (value, row, index)
                    {
                        if (row.Status == "0")
                            return '审核拒绝';
                        else if (row.Status == "1")
                            return '审核通过';
                        else
                            return '审核拒绝';
                    }
                },
                { title: "操作", field: "BizCode", width: 70, formatter: function (value,
row, index)
                    {
                        var str = '';
                        str += "<a>" + row.Id + "</a>";
                        /*对列进行自定义处理,例如改为如下内容,这一列变成编辑操作按钮
                        str += "<img src='/js/easyui/themes/icons/edit.png' title=
\"编辑\" onclick='updateUserInfo(&apos;" + row.Id + "&apos;)'>" + "</img>"; */
                        return str;
                    }
                }
            ]]
```

```
    });
}
function reloaded() {    //reload
    $("#reload").click(function () {
        $('#dgUser').datagrid('reload');
    });
}
//修改单击按钮事件
function updUserInfo() {
    $("#edit").click(function () {
        //判断选中行
        var row = $("#dgUser").datagrid('getSelected');
        if (row) {
            $.messager.confirm('编辑', '您想要编辑吗?', function (r) {
                if (r) {
                    //先绑定
                    $("#IDUpdate").val(row.Id);
                    $("#UpdUserId").val(row.UserId);
                    $("#UpdName").val(row.Name);
                    $("#PwdUpdate").val( row.Password);
                    $("#BizCodeUpdate").val(row.BizCode);
                    $("#MobileUpdate").val( row.Mobile);
                    $("#AddressUpdate").val( row.Address);
                    $("#EmailUpdate").val( row.Email);
                    $("#CreateTimeUpdate").val(row.CreateTime);
                    $("#TypeUpdate").combobox('setValue', row.Type);
                    $("#SexUpdate").combobox('setValue', row.Sex);
                    $("#StatusUpdate").combobox('setValue', row.Status);
                    //打开对话框编辑
                    $("#divUpdateUser").dialog({
                        closed: false,
                        title: "修改用户",
                        modal: true,
                        width: 300,
                        height: 400,
                        collapsible: true,
                        minimizable: true,
                        maximizable: true,
                        resizable: true,
                    });
                }
            });
```

```
            } else {
                $.messager.alert('提示','请选择要编辑的行!','warning');
            }
        });
        $("#btnUpdate").click(function () {
            //更新
            //验证
            $.messager.confirm('确认','您确认要更新吗?', function (r) {
                if (r) {
                    var obj_userid = $("#UpdUserId").val();
                    var obj_userpassword = $("#PwdUpdate").val();
                    var obj_address = $("#AddressUpdate").val();
                    var obj_email = $("#EmailUpdate").val();
                    var obj_type = $("#TypeUpdate").combobox('getValue');
                    var obj_status = $("#StatusUpdate").combobox('getValue');
                    var obj_sex = $("#SexUpdate").combobox('getValue');
                    var obj_fullname = $("#UpdName").val();
                    var obj_createtime = $("#CreateTimeUpdate").val();
                    var obj_mobile = $("#MobileUpdate").val();
                    var obj_code = $("#BizCodeUpdate").val();
                    if (obj_userid == "" || obj_userpassword == ""|| obj_fullname == "" ||
obj_email == "" || obj_mobile == "") {
                        $.messager.alert('提示','请填写相关必填项!','warning');
                        return;
                    }
                    var postData = {
                        "id": $("#IDUpdate").val(),
                        "Name": obj_fullname,
                        "Password": obj_userpassword,
                        "Email": obj_email,
                        "Type": obj_type,
                        "UserId": obj_userid,
                        "Address": obj_address,
                        "Mobile": obj_mobile,
                        "Status": obj_status,
                        "Sex": obj_sex,
                        "BizCode":obj_code,
                        "CreateTime": obj_createtime
                    };
                    $.post("/UserMgr/Update", postData, function (data) {
                        if (data == "OK") {
                            $("#divUpdateUser").dialog("close");
```

```
                            $.messager.alert("提示","修改成功!");
                            initable();
                        }
                        else if (data == "NO") {
                            $.messager.alert("提示","密码不能为空!");
                            return;
                        }
                    });
                }
            })
        });
    }
    //删除用户
    function deleteUser() {
        $("#del").click(function () {
            var rows = $("#dgUser").datagrid("getSelections");
            if (rows.length > 0) {
                $.messager.confirm("提示","确定要删除吗?", function (res) {
                    if (res) {
                        var codes = []; //此处需要注意,是使用中括号,而不是大括号{}
                        for (var i = 0; i < rows.length; i++) {
                            codes.push(rows[i].Id);
                        }
                        $.post("/UserMgr/Delete", { "ids": codes.join(',') }, function
(data) {
                            if (data == "OK") {
                                $.messager.alert("提示","删除成功!");
                                $("#dgUser").datagrid("load", {});
                            }
                            else if (data == "NO") {
                                $.messager.alert("提示","删除失败!");
                                return;
                            }
                        });
                    }
                });
            }
        })
    }
    //修改用户信息
    function updateUserInfo() {
        var rows = $("#dgUser").datagrid("getSelections");
```

```
    if (rows.length != 1) {
        $.messager.alert("提示", "请选择一条数据!");
        return;
    }
    else {
        //处理修改:弹出修改的对话框
        $("#IDUpdate").val(rows[0].ID);
        $("#UpdName").val(rows[0].Name);
        $("#PwdUpdate").val(rows[0].Password);
        $("#EmailUpdate").val(rows[0].Email);
        $("#divUpdateUser").dialog({
            closed: false,
            title: "修改用户",
            modal: true,
            width: 300,
            height: 300,
            collapsible: true,
            minimizable: true,
            maximizable: true,
            resizable: true,
        });
    }
}
//清空文本框
function clearAll() {
    $("#AddUserId").val("");
    $("#PwdAdd").val("");
    $("#AddressAdd").val("");
    $("#EmailAdd").val("");
    $("#TypeAdd").combobox('setValue','0');
    $("#StatusAdd").combobox('setValue','0');
    $("#SexAdd").combobox('setValue','0');
    $("#AddName").val("");
    $("#CreateTimeAdd").val(getNowFormatDate());
    $("#MobileAdd").val("");
    $("#BizCodeAdd").val("");
}
//获取当前时间,格式 YYYY-MM-DD
function getNowFormatDate() {
    var date = new Date();
    var seperator1 = "-";
    var year = date.getFullYear();
```

```
    var month = date.getMonth() + 1;
    var strDate = date.getDate();
    if (month >= 1 && month <= 9) {
        month = "0" + month;
    }
    if (strDate >= 0 && strDate <= 9) {
        strDate = "0" + strDate;
    }
    var currentdate = year + seperator1 + month + seperator1 + strDate;
    return currentdate;
}
//弹出添加用户的对话框
function showCreateUserDialog() {
    $("#add").click(function () {
        clearAll();
        $("#divAddUser").dialog({
            closed: false,
            title: "添加用户",
            modal: true,
            width: 300,
            height: 400,
            collapsible: true,
            minimizable: true,
            maximizable: true,
            resizable: true
        });
    });
    $("#btnAdd").click(function () {
        //保存
        //验证
        $.messager.confirm('确认', '您确认要保存吗？', function (r) {
            if (r) {
                var obj_userid = $("#AddUserId").val();
                var obj_userpassword = $("#PwdAdd").val();
                var obj_address = $("#AddressAdd").val();
                var obj_email = $("#EmailAdd").val();
                var obj_type = $("#TypeAdd").combobox('getValue');
                var obj_status = $("#StatusAdd").combobox('getValue');
                var obj_sex = $("#SexAdd").combobox('getValue');
                var obj_fullname = $("#AddName").val();
                var obj_createtime = $("#CreateTimeAdd").val();
                var obj_mobile = $("#MobileAdd").val();
```

```
                        var obj_code =  $("#BizCodeAdd").val();
                        if (obj_userid == "" || obj_userpassword == ""|| obj_fullname == "" ||
obj_email == "" || obj_mobile == "") {
                            $.messager.alert(' 提示 ', ' 请填写相关必填项! ', 'warning');
                            return;
                        }
                        var postData = {
                            "id": "",
                            "Name": obj_fullname,
                            "Password": obj_userpassword,
                            "Email": obj_email,
                            "Type": obj_type,
                            "UserId": obj_userid,
                            "Address": obj_address,
                            "Mobile": obj_mobile,
                            "Status": obj_status,
                            "Sex": obj_sex,
                            "BizCode": obj_code,
                            "CreateTime": obj_createtime
                        };
                         $.post("/UserMgr/Add", postData, function (data) {
                            if (data == "OK") {
                                $("#divAddUser").dialog("close");
                                $.messager.alert("提示","保存成功!");
                                initable();
                            }
                            else if (data == "NO") {
                                $.messager.alert("提示","保存失败!");
                                return;
                            }
                        });
                    }
                })
            });
        }
        //----------------系统管理-->用户管理结束-----------------//
```

3.5.3 UserRepository 类

在 Visual Studio 2017 的"解决方案资源管理器"中选中"JST.TPLMS.Repository"项目,添加一个新的类 UserRepository,主要用来实现用户表的操作。细心的读者会发现,UserRepository 类中所需要的 IUserRepository 接口和 User 类在书中并没有给出，读者可根据 UserRepository 类自行创建 IUserRepository 接口，或者参考 4.5.5 小节内容自行创建 IUserRepository 接口。关于 User 类的创建，可以参考表 5.4 中的字段定义。UserRepository 类的代码如下：

```
using JST.TPLMS.Contract;
using JST.TPLMS.DataBase;
using JST.TPLMS.Entitys;
using System;
using System.Collections.Generic;
using System.Globalization;
using System.Linq;
using System.Text;
using System.Transactions;

namespace JST.TPLMS.Repository
{
    public class UserRepository:BaseRepository<User>, IUserRepository
    {
        public UserRepository(TPLMSDbContext m_Context):base(m_Context)
        {
        }
        public IEnumerable<User> LoadUsers(int pageindex, int pagesize)
        {
            return Context.User.OrderBy(u => u.Id).Skip((pageindex - 1) * pagesize).
Take(pagesize);
        }
        public User GetUser(string userName)
        {
            return FindSingle(u => u.UserId == userName);
        }
        public bool Delete(string ids)
        {
            var idList = ids.Split(',');
            var userList = Context.User.Where(u => idList.Contains(u.Id.ToString()));
            bool result = true;
            Delete(userList.ToArray());
            return result;
        }
    }
}
```

3.5.4 用户服务类 UserService

在 Visual Studio 2017 的“解决方案资源管理器”中选中“JST.TPLMS.Service”项目，添加一个新的用户服务类 UserService，实现用户管理中的“添加”“删除”“修改”“刷新”操作，代码如下：

```
using JST.TPLMS.Contract;
using JST.TPLMS.Entitys;
using System;
using System.Collections.Generic;
using System.Linq.Expressions;
using System.Text;

namespace JST.TPLMS.Service
{
    public class UserService
    {
        private IUserRepository _UserMgr;
        private User _user;
        private List<User> _users;    //用户列表
        public UserService(IUserRepository userMgr)
        {
            _UserMgr = userMgr;
        }
        public dynamic LoadUsers(int pageindex, int pagesize)
        {
            //查询用户表
            Expression<Func<User, bool>> exp = u => u.Id > 0;
            var users = _UserMgr.Find(pageindex, pagesize, exp);
            int total = _UserMgr.GetCount(exp);
            List<User> list = new List<User>();
            foreach (var item in users)
            {
                list.Add(item);
            }
            return new
            {
                total = total,
                rows = list
            };
        }
```

```
        public string Save(User u)
        {
            try
            {
                //更新用户
                _UserMgr.Update(u);
            }
            catch (Exception ex)
            {
                throw ex;
            }
            return "OK";
        }
        public string Add(User u)
        {
            try
            {
                //添加用户
                _UserMgr.Add(u);
            }
            catch (Exception ex)
            {
                throw ex;
            }
            return "OK";
        }
        public string Delete(string ids)
        {
            try
            {
                //删除用户
                _UserMgr.Delete(ids);
            }
            catch (Exception ex)
            {
                throw ex;
            }
            return "OK";
        }
    }
}
```

3.5.5 UserMgrController 类

在 Visual Studio 2017 的“解决方案资源管理器”中选中“JST. TPLMS. Web”项目，打开“Controllers”目录下的“UserMgrController”类，添加“List”“Update”“Add”“Delete”四个方法，代码如下：

```
using System;
using System.Collections.Generic;
using System.Linq;
using System.Threading.Tasks;
using JST.TPLMS.Service;
using Microsoft.AspNetCore.Http;
using Microsoft.AspNetCore.Mvc;
using JST.TPLMS.Util.Helpers;

namespace JST.TPLMS.Web.Controllers
{
    public class UserMgrController: BaseController
    {
        UserService users;
        public UserMgrController(UserService user)
        { users = user; }
        // GET: UserMgr
        public ActionResult Index()
        {
            return View();
        }
        public string List()
        {
            var page = Request.Query["page"].FirstOrDefault();
            var size = Request.Query["rows"].FirstOrDefault();
            int pageIndex = page == null ? 1 : int.Parse(page);
            int pageSize = size == null ? 20 : int.Parse(size);
            var userList = users.LoadUsers(pageIndex, pageSize);
            var json = JsonHelper.Instance.Serialize(userList);
            return json;
        }
        public ActionResult Update(Entitys.User u)
        {
            string result = "NO";
            try
            {
                // TODO: Add update logic here
                result = users.Save(u);
```

```
        }
        catch
        {
        }
        return Content(result);
    }
    public ActionResult Add(Entitys.User u)
    {
        string result = "NO";
        try
        {
            // TODO: Add logic here
            result = users.Add(u);
        }
        catch
        {
        }
        return Content(result);
    }
    public ActionResult Delete(string ids)
    {
        string result = "NO";
        try
        {
            // TODO: Add Delete logic here
            result = users.Delete(ids);
        }
        catch
        {
        }
        return Content(result);
    }
  }
}
```

3.6 测试用户管理功能

测试用户管理功能的步骤是：

① 在 Visual Studio 2017 的"解决方案资源管理器"中按 F5 键运行应用程序。

② 在浏览器的地址栏中输入"http://localhost:5000/UserMgr/Index"，浏览器中呈现一个用户信息列表和四个按钮，如图 3.1 所示。

③ 新增加一个用户。单击"添加"按钮，弹出一个"添加用户"的操作界面，按图 3.3 中所示填写数据。

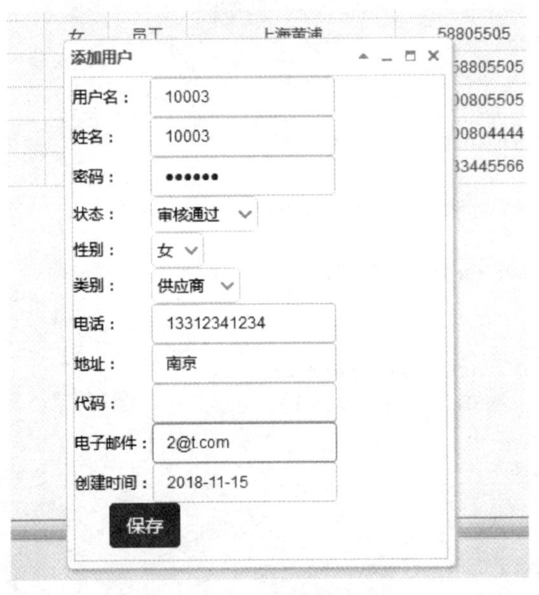

图 3.3　新增用户

④ 在新增用户的过程中，用户基础信息中的五项是必填内容：用户名、密码、姓名、电话和电子邮件。其中用户登录账号除不能为空外，在平台中还具有物理和逻辑状态唯一性，可以指定用户状态（是否禁用）和用户类型。

⑤ 单击“保存”按钮，如图 3.4 所示，在弹出的“确认”对话框中单击“确定”按钮。

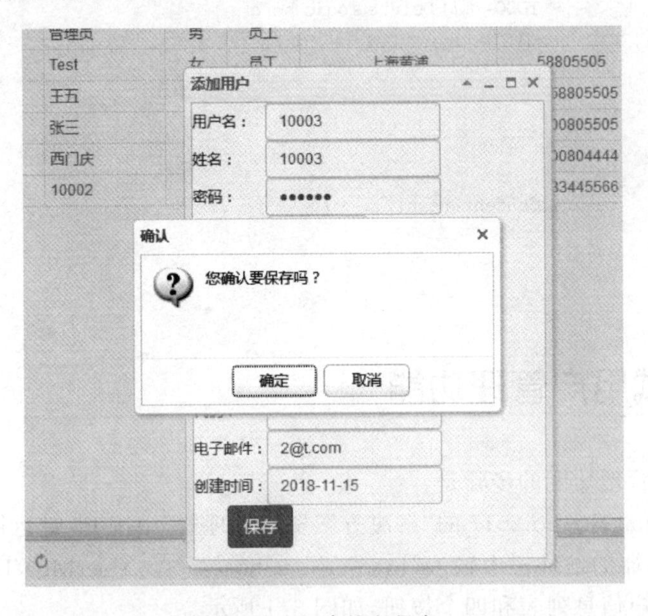

图 3.4　用户信息保存

⑥ 在弹出的“提示”对话框中单击“确定”按钮确认保存成功，如图 3.5 所示。

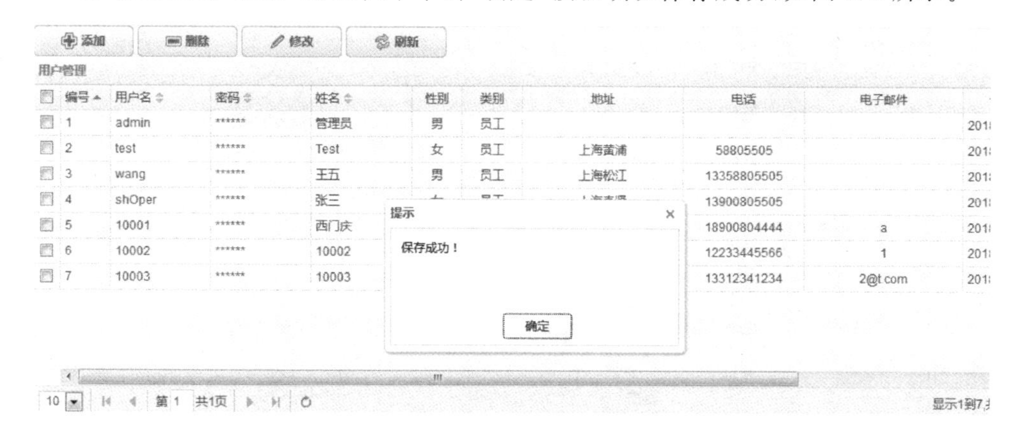

图 3.5　保存成功

⑦ 对用户信息进行编辑。这里涉及在需要修改用户的基本信息、调整用户的状态、修改电话等情况时进行的编辑操作。

⑧ 选中用户列表中用户名为“10001”的用户信息后单击“修改”按钮，弹出一个“编辑”确认对话框，如图 3.6 所示。

图 3.6　编辑用户

⑨ 单击“确定”按钮即可编辑或修改具体的用户信息，编辑操作界面如图 3.7 所示。

⑩ 在修改用户信息界面中将“类别”选项修改为“供应商”，然后单击“修改”按钮，弹出一个“确认”对话框以确认是否要更新，如图 3.8 所示。

⑪ 单击对话框中的“确定”按钮。如果修改成功，则会显示“修改成功”的提示信息，同时“用户管理”列表中该用户的“类别”列数据变更为修改后的数据，如图 3.9 所示。

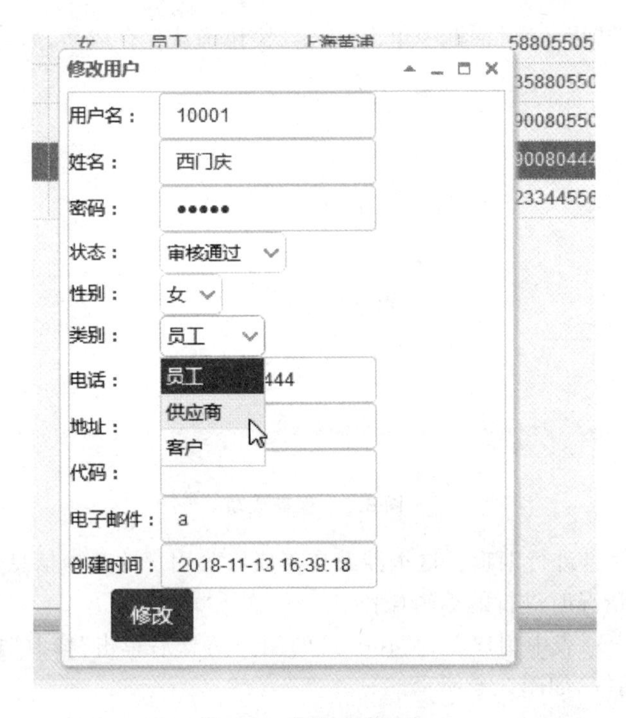

图 3.7　修改用户信息

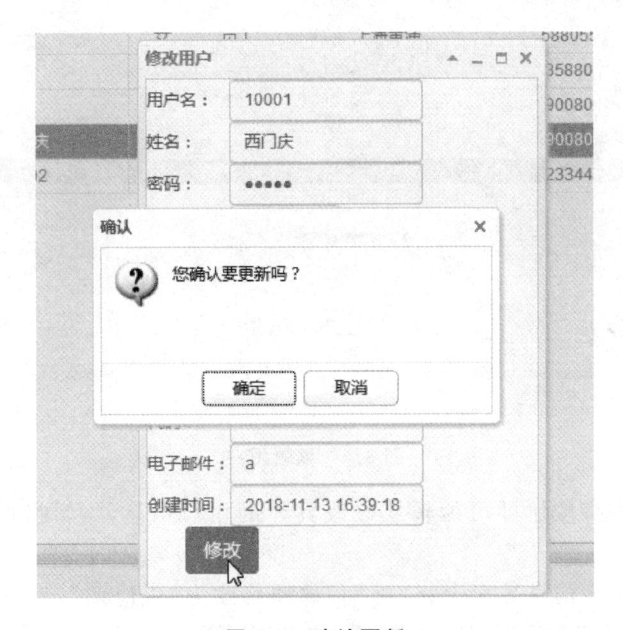

图 3.8　确认更新

⑫ 删除用户。如果需要对系统里的用户进行删除，则在“用户管理”列表中选中需要删除的用户后单击“删除”按钮，则会显示删除用户操作的“提示”对话框界面，如

图 3.10 所示。

图 3.9　修改成功

图 3.10　删除用户

⑬ 单击对话框中的“确定”按钮。如果删除成功，则会显示“删除成功”的提示信息，同时“用户管理”列表中刚才选中的两行数据会消失，如图 3.11 所示。

图 3.11　删除成功

第 4 章

模块管理

4.1 模块管理页设计

模块管理功能是一个系统中的核心功能，管理着 TPLMS 系统中所有相关的模块数据，整个平台内的各个功能模块都是在模块管理中进行配置的。

4.2 模块管理的主要功能

模块管理的主要功能包括：

① 对整个平台的各个功能模块进行增加、修改、删除、分类和移动。

② 对整个平台模块的启用和停用。

③ 对整个平台进行状态的设置和模块的排序。

所有的模块配置信息都保存在数据库中，模块管理是数据库的操作窗口，犹如开关箱外面的开关一样。

4.3 模块管理概述

TPLMS 模块管理功能界面的效果如图 4.1 所示，在模块管理表格顶端有“添加”“删除”“修改”“刷新”四个功能按钮。

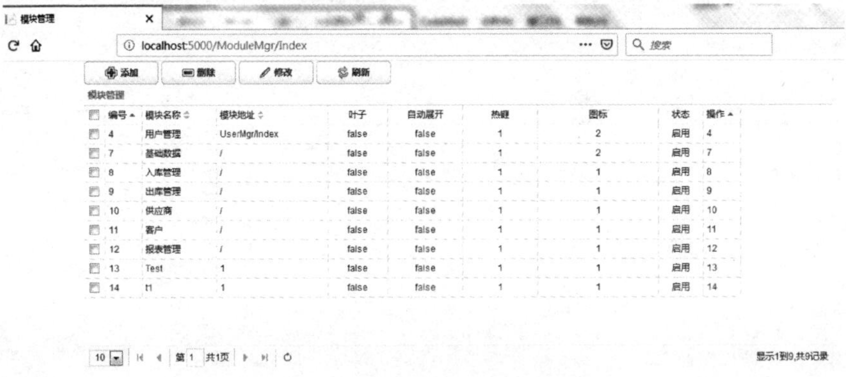
模块管理
localhost:5000/ModuleMgr/Index
搜索
添加
删除
修改
刷新
模块管理
编号 模块名称 模块地址 叶子 自动展开 热键 图标 状态 操作
4 用户管理 UserMgr/Index false false 1 2 启用 4
7 基础数据 / false false 1 2 启用 7
8 入库管理 / false false 1 1 启用 8
9 出库管理 / false false 1 1 启用 9
10 供应商 / false false 1 1 启用 10
11 客户 / false false 1 1 启用 11
12 报表管理 / false false 1 1 启用 12
13 Test 1 false false 1 1 启用 13
14 t1 1 false false 1 1 启用 14
第 1 共1页
显示1到9,共9记录

图 4.1 模块管理

4.4 模块管理流程分析

模块管理流程分析框图如图 4.2 所示。

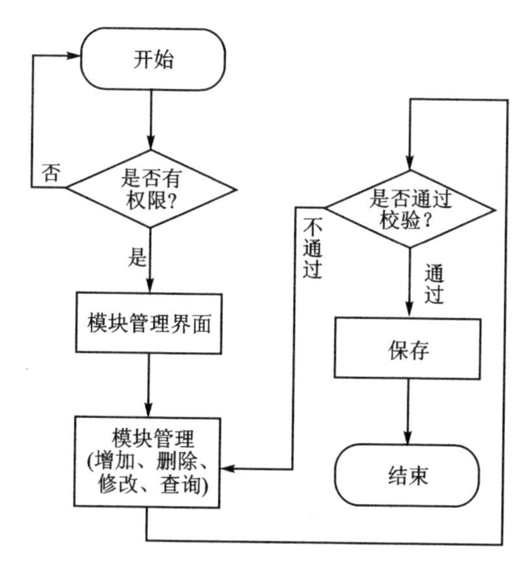

图 4.2 模块管理流程分析框图

4.5 模块管理实现过程

模块管理页面主要使用了 EasyUI 作为模块界面，后台把模块信息组织成 JSON，通过 Ajax 技术把模块信息传递给前端 EasyUI。

4.5.1 Index. cshmtl 页面

在 Visual Studio 2017 的“解决方案资源管理器”中右击“JST. TPLMS. Web”项目中的 Views 目录，在弹出的快捷菜单中选择“添加”→“新建文件夹”菜单项，将文件夹命名为“ModuleMgr”。右击“ModuleMgr”文件夹，在弹出的快捷菜单中选择“添加”→ “新建项”菜单项，在弹出的“添加新项- JST. TPLMS. Web”对话框中选择“Razor 视图”，在“名称”文本框中输入“Index. cshmtl”文件名，在该文件中添加如下代码：

```
@model IEnumerable<JST.TPLMS.Entitys.Module>

@{
    Layout = null;
```

```
}
<!DOCTYPEhtml>
<html>
<head>
<meta name = "viewport" content = "width = device - width" />
    <link href = "~/lib/bootstrap/dist/css/bootstrap.min.css" rel = "stylesheet" />
    <script src = "~/lib/bootstrap/dist/js/bootstrap.js"></script>
    <script src = "~/js/jquery.min.js"></script>
    <script src = "~/js/easyui/jquery.easyui.min.js"></script>
    <link href = "~/js/easyui/themes/bootstrap/easyui.css" rel = "stylesheet" />
    <link href = "~/js/easyui/themes/icon.css" rel = "stylesheet" />
    <script src = "~/js/easyui/locale/easyui - lang - zh_CN.js"></script>
    <script src = "~/js/business/modulemgr.js"></script>
    <title>模块管理</title>
</head>
<body>
<div data - options = "region:'center'" style = "overflow: hidden;">
    <div id = "containter" style = "width: 1000px; height: auto; margin: 0px auto;">
        <! -- toolbar -->
        <div style = "margin - bottom:1px;font - weight:bold;">
            <a href = "#" id = "add" class = "easyui - linkbutton" data - options = 
"iconCls:'icon - add'" style = "width:100px; height:30px; background - color: #0993D3;">
添加</a>
            <a href = "#" id = "del" class = "easyui - linkbutton" data - options = 
"iconCls:'icon - remove'" style = "width:100px; height:30px; background - color: #0993D3;">
删除</a>
            <a href = "#" id = "edit" class = "easyui - linkbutton" data - options = 
"iconCls:'icon - edit'" style = "width:100px; height:30px; background - color: #0993D3;">修
改</a>
            <a href = "#" id = "reload" class = "easyui - linkbutton" data - options = 
"iconCls:'icon - reload'" style = "width:100px; height:30px; background - color: #0993D3;">
刷新</a>
        </div>
        <! -- panel -- >
        <div data - options = "region:'center',split:false" style = "height:500px;">
            <! -- 表格 -- >
            <table id = "dgModule"></table>
        </div>
    </div>
</div>
<! ---------------------- 右键菜单(暂时未用) ---------------------->
<div id = "menu" class = "easyui - menu" style = "width: 120px; display: none">
```

```
        <div onclick = "" iconcls = "icon - add">
            添加
        </div>
        <div onclick = "" iconcls = "icon - remove">
            删除
        </div>
        <div onclick = "editorMethod();" iconcls = "icon - edit">
            修改
        </div>
    </div>
    <! --------------------- - 修改模块信息 -------------------->
    <div id = "divUpdateModule" class = "easyui - dialog" closed = "true">
        <table>
            <tr>
                <td><input type = "hidden" name = "ID" id = "IDUpdate" /></td>
            </tr>
            <tr>
                <td> 所属模块:</td>
                <td> <select id = "TreeUpdate" class = "easyui - combotree" style = "width:
200px"></select></td>
            </tr>
            <tr>
                <td> 模块名称:</td>
                <td><input type = "text" id = "UpdName" name = "UName" class = "form - control
input - sm" /></td>
            </tr>
            <tr>
                <td>地址:</td>
                <td><input type = "text" id = "UpdUrl" name = "UUrl" class = "form - control
input - sm" /></td>
            </tr>
            <tr>
                <td>是否子叶:</td>
                <td>
                    <input type = "checkbox" id = "IsLeafUpdate" name = "IsLeaf" class =
"pretty - checkbox" />
                </td>
            </tr>
            <tr>
                <td>自动展开:</td>
                <td><input id = "IsAutoExpandUpdate" name = "IsAutoExpand" class = "pretty -
checkbox" type = "checkbox"/>
```

```
            </td>
        </tr>
        <tr>
            <td>类型:</td>
            <td>
                <select id = "StatusUpdate" name = "Status" class = "easyui - combobox"
panelHeight = 'auto'>
                    <option value = "0">禁用</option>
                    <option value = "1">启用</option>
                </select>
            </td>
        </tr>
    <tr>
        <td>排序:</td>
        <td><input type = "text" name = "SortNo" id = "SortNoUpdate" class = "form -
control input - sm" /></td>
    </tr>
    <tr>
        <td>图标:</td>
        <td><input type = "text" name = "IconName" id = "IconNameUpdate" class = "form -
control input - sm" /></td>
    </tr>
    <tr>
        <td>热键:</td>
        <td><input type = "text" name = "HotKey" id = "HotKeyUpdate" class = "form -
control input - sm" /></td>
    </tr>
    <tr>
        <td colspan = "2">
                    
            <input type = "submit" id = "btnUpdate" value = "修改" class = "btn btn -
primary" />
            </td>
        </tr>
    </table>
</div>
<! ---------------------- - 添加模块信息 -------------------->
<div id = "divAddModule" class = "easyui - dialog" closed = "true">
    <table>
        <tr>
            <td><input type = "hidden" name = "ID" id = "IDAdd" /></td>
        </tr>
```

```
            <tr>
                <td> 所属模块:</td>
                <td>
                    <select id = "AddTree" class = "easyui - combotree" style = "width:
200px"></select>
                </td>
            </tr>
            <tr>
                <td> 模块名称:</td>
                <td><input type = "text" id = "AddName" name = "UName" class = "form - control
input - sm" /></td>
            </tr>
            <tr>
                <td>地址:</td>
                <td><input type = "text" id = "AddUrl" name = "UUrl" class = "form - control
input - sm" /></td>
            </tr>
            <tr>
                <td>是否子叶:</td>
                <td>
                    <input type = "checkbox" id = "IsLeafAdd" name = "IsLeaf" class =
"pretty - checkbox" />
                </td>
            </tr>
            <tr>
                <td>自动展开:</td>
                <td><input id = "IsAutoExpandAdd" name = "IsAutoExpand" class = "pretty -
checkbox" type = "checkbox" />
                </td>
            </tr>
            <tr>
                <td>类型:</td>
                <td>
                    <select id = "StatusAdd" name = "Status" class = "easyui - combobox"
panelHeight = 'auto'>
                        <option value = "0">禁用</option>
                        <option value = "1">启用</option>
                    </select>
                </td>
            </tr>
            <tr>
                <td>排序:</td>
```

```
                <td><input type="text" name="SortNo" id="SortNoAdd" class="form-control input-sm" /></td>
            </tr>
            <tr>
                <td>图标:</td>
                <td><input type="text" name="IconName" id="IconNameAdd" class="form-control input-sm" /></td>
            </tr>
            <tr>
                <td>热键:</td>
                <td><input type="text" name="HotKey" id="HotKeyAdd" class="form-control input-sm" /></td>
            </tr>
            <tr>
                <td colspan="2">
                            
                    <input type="submit" id="btnAdd" value="保存" class="btn btn-primary" />
                </td>
            </tr>
        </table>
    </div>
    <scripttype="text/javascript">
        $(function() {
            initable();
            reloaded();
            updModuleInfo();
            showCreateModuleDialog();
            deleteModule();
        });
    </script>
    </body>
    </html>
```

4.5.2 Module 类

在 Visual Studio 2017 的“解决方案资源管理器”中选中“JST.TPLMS.Entitys”项目,添加一个新实体类 Module,代码如下:

```
using System;
using System.Collections.Generic;
using System.ComponentModel.DataAnnotations;
```

```
using System.ComponentModel.DataAnnotations.Schema;
using System.Text;

namespace JST.TPLMS.Entitys
{
    public class Module
    {
        public Module()
        {
            this.CascadeId = string.Empty;
            this.Name = string.Empty;
            this.Url = string.Empty;
            this.HotKey = string.Empty;
            this.ParentId = 0;
            this.IconName = string.Empty;
            this.Status = 0;
            this.ParentName = string.Empty;
            this.Vector = string.Empty;
            this.SortNo = 0;
            this.Checked = false;
        }
        [DatabaseGeneratedAttribute(DatabaseGeneratedOption.Identity)]
        public int Id { get; set; }
        [Required]
        [StringLength(255)]
        public string CascadeId { get; set; }
        [Required]
        [StringLength(255)]
        public string Name { get; set; }
        [Required]
        [StringLength(255)]
        public string Url { get; set; }
        [StringLength(255)]
        public string HotKey { get; set; }
        public int ParentId { get; set; }
        public bool IsLeaf { get; set; }
        public bool IsAutoExpand { get; set; }
        [StringLength(255)]
        public string IconName { get; set; }
        public int Status { get; set; }
        [Required]
        [StringLength(255)]
```

```
            public string ParentName { get; set; }
            [StringLength(255)]
            public string Vector { get; set; }
            public int SortNo { get; set; }
        }
    }
```

4.5.3 模块管理前端功能脚本文件

在 Visual Studio 2017 的“解决方案资源管理器”中选中“JST.TPLMS.Web”项目，在“wwwroot\js\business”目录下添加一个新的脚本文件 modulemgr.js，代码如下：

```
//----------------系统管理-->模块管理-----------------------//
//刷新数据
function initable() {
    $("#dgModule").datagrid({
        url: "/ModuleMgr/List",
        title: "模块管理",
        pagination: true,
        pageSize: 10,
        pageList: [10, 20, 30],
        fit: true,
        fitColumns: false,
        loadMsg: "正在加载模块信息...",
        nowarp: false,
        border: false,
        idField: "Id",
        sortName: "Id",
        sortOrder: "asc",
        frozenColumns: [[//冻结列
            { field: "ck", checkbox: true, align: "left", width: 50 }
        ]],
        columns: [[
            { title: "编号", field: "Id", width: 50, sortable: true },
            { title: "模块名称", field: "Name", width: 100, sortable: true },
            { title: "模块地址", field: "Url", width: 150, sortable: true },
            { field: 'IsLeaf', title: '叶子', width: 80, align: 'center' },
            { field: 'IsAutoExpand', title: '自动展开', width: 100, align: 'center' },
            { field: 'HotKey', title: '热键', width: 100, align: 'center' },
            { field: 'IconName', title: '图标', width: 160, align: 'center' },
            { field: 'Status', title: '状态', width: 60, align: 'center', formatter:
```

```
                function (value, row, index) {
                    if (row.Status == "0")
                        return '禁用';
                    else if (row.Status == "1")
                        return '启用';
                    else
                        return '禁用';
                }
            },
            { title: "操作", field: "BizCode", width: 70, formatter:
                function (value, row, index) {
                    var str = '';
                    //自定义处理
                    str += "<a>" + row.Id + "</a>";
                    return str;
                }
            }
        ]]
    });
}
function reloaded() {    //reload
    $("#reload").click(function () {
        $('#dgModule').datagrid('reload');
    });
}
//修改单击按钮事件
function updModuleInfo() {
    $("#edit").click(function () {
        BindUpdTree();
        //判断选中行
        var row = $("#dgModule").datagrid('getSelected');
        if (row) {
            $.messager.confirm('编辑', '您想要编辑吗?', function (r) {
                if (r) {
                    //先绑定
                    $("#IDUpdate").val(row.Id);
                    $("#UpdUrl").val(row.Url);
                    $("#UpdName").val(row.Name);
                    $("#IsLeafUpdate").val( row.IsLeaf);
                    $("#IsAutoExpandUpdate").val(row.IsAutoExpand);
                    $("#SortNoUpdate").val( row.SortNo);
                    $("#IconNameUpdate").val( row.IconName);
```

```
                $("#HotKeyUpdate").val( row.HotKey);
                $("#StatusUpdate").combobox('setValue', row.Status);
                //打开对话框编辑
                $("#divUpdateModule").dialog({
                    closed: false,
                    title: "修改模块",
                    modal: true,
                    width: 300,
                    height: 400,
                    collapsible: true,
                    minimizable: true,
                    maximizable: true,
                    resizable: true,
                });
            }
        });
    } else {
        $.messager.alert('提示', '请选择要编辑的行！', 'warning');
    }
});
$("#btnUpdate").click(function () {
    //更新
    //验证
    $.messager.confirm('确认', '您确认要更新吗？', function (r) {
        if (r) {
            var obj_url = $("#UpdUrl").val();
            var obj_isleaf = $("#IsLeafUpdate").val();
            var obj_IsExpand = $("#IsAutoExpandUpdate").val();
            var obj_sort = $("#SortNoUpdate").val();
            var obj_status = $("#StatusUpdate").combobox('getValue');
            var obj_fullname = $("#UpdName").val();
            var obj_icon = $("#IconNameUpdate").val();
            var obj_hotkey = $("#HotKeyUpdate").val();
            if (obj_url == "" || obj_fullname == "") {
                $.messager.alert('提示', '请填写相关必填项！', 'warning');
                return;
            }
            var postData = {
                "id": $("#IDUpdate").val(),
                "Name": obj_fullname,
                "Url": obj_url,
                "IsLeaf": obj_isleaf,
```

```
                    "IsAutoExpand": obj_IsExpand,
                    "SortNo": obj_sort,
                    "IconName": obj_icon,
                    "HotKey": obj_hotkey,
                    "Status": obj_status
                };
                $.post("/ModuleMgr/Update", postData, function (data) {
                    if (data == "OK") {
                        $("#divUpdateModule").dialog("close");
                        $.messager.alert("提示", "修改成功!");
                        initable();
                    }
                    else if (data == "NO") {
                        $.messager.alert("提示", "密码不能为空!");
                        return;
                    }
                });
            }
        })
    });
}
//删除模块
function deleteModule() {
    $("#del").click(function () {
        var rows = $("#dgModule").datagrid("getSelections");
        if (rows.length > 0) {
            $.messager.confirm("提示", "确定要删除吗?", function (res) {
                if (res) {
                    var codes = []; //此处需要注意,是使用中括号,而不是大括号{}
                    for (var i = 0; i < rows.length; i++) {
                        codes.push(rows[i].Id);
                    }
                    $.post("/ModuleMgr/Delete", { "ids": codes.join(',') }, function
(data) {
                        if (data == "OK") {
                            $.messager.alert("提示", "删除成功!");
                            $("#dgModule").datagrid("load", {});
                        }
                        else if (data == "NO") {
                            $.messager.alert("提示", "删除失败!");
                            return;
                        }
```

```
                });
            }
        });
    }
})
}
//清空文本框
function clearAll() {
    $("#AddName").val("");
    $("#AddUrl").val("");
    $("#IsLeafAdd").attr("checked", false);
    $("#IsAutoExpandAdd").attr("checked", true);
    $("#StatusAdd").combobox('setValue','1');
    $("#SortNoAdd").val("");
    $("#IconNameAdd").val("");
    $("#HotKeyAdd").val("");
}
//获取当前时间,格式 YYYY-MM-DD
function getNowFormatDate() {
    var date = new Date();
    var seperator1 = "-";
    var year = date.getFullYear();
    var month = date.getMonth() + 1;
    var strDate = date.getDate();
    if (month >= 1 && month <= 9) {
        month = "0" + month;
    }
    if (strDate >= 0 && strDate <= 9) {
        strDate = "0" + strDate;
    }
    var currentdate = year + seperator1 + month + seperator1 + strDate;
    return currentdate;
}
//弹出添加模块的对话框
function showCreateModuleDialog() {
    $("#add").click(function () {
        clearAll();
        BindTree();
        $("#divAddModule").dialog({
            closed: false,
            title: "添加模块",
            modal: true,
```

```
            width: 300,
            height: 400,
            collapsible: true,
            minimizable: true,
            maximizable: true,
            resizable: true
        });
    });
    $("#btnAdd").click(function () {
        //保存
        //验证
        $.messager.confirm('确认','您确认要保存吗?', function (r) {
            if (r) {
            var obj_url = $("#AddUrl").val();
            var obj_isleaf = $("#IsLeafAdd").val();
            var obj_IsExpand = $("#IsAutoExpandAdd").val();
            var obj_sort = $("#SortNoAdd").val();
            var obj_status = $("#StatusAdd").combobox('getValue');
            var obj_fullname = $("#AddName").val();
            var obj_pid = $("#AddTree").combotree("getValue");//取得选中的编码,
                                                              //单个的值
            var obj_pname = $("#AddTree").combotree("getText"); //取所有选中的
                                                              //文本,是一个字符串
            var obj_icon = $("#IconNameAdd").val();
            var obj_hotkey = $("#HotKeyAdd").val();
                if (obj_url == "" || obj_fullname == "" ) {
                    $.messager.alert('提示',' 请填写相关必填项!', 'warning');
                    return;
                }
                var postData = {
                    "id": "",
                    "Name": obj_fullname,
                    "Url": obj_url,
                    "IsLeaf": obj_isleaf,
                    "IsAutoExpand": obj_IsExpand,
                    "SortNo": obj_sort,
                    "IconName": obj_icon,
                    "HotKey": obj_hotkey,
                    "Status": obj_status,
                    "ParentId": obj_pid,
                    "ParentName": obj_pname
                };
```

```
                    $.post("/ModuleMgr/Add", postData, function (data) {
                        if (data == "OK") {
                            $("#divAddModule").dialog("close");
                            $.messager.alert("提示", "保存成功!");
                            initable();
                        }
                        else if (data == "NO") {
                            $.messager.alert("提示", "保存失败!");
                            return;
                        }
                    });
                }
            })
        });
    }
    function BindUpdTree() {
        $('#TreeUpdate').combotree({
            url: '/ModuleMgr/GetJsonTree',
            valueField: 'Id',
            textField: 'Name',
            multiple: false,
            editable: false,
            method: 'get',
            panelHeight: 'auto',
            checkbox: false,
            //全部折叠
            onLoadSuccess: function (node, data) {
                $('#TreeUpdate').combotree('tree').tree("collapseAll");
            },
        });
    }
    function BindTree() {
        //绑定类别下拉列表
        $('#AddTree').combotree({
            url: '/ModuleMgr/GetJsonTree',
            valueField: 'Id',
            textField: 'Name',
            multiple: false,
            editable: false,
            method: 'get',
            panelHeight: 'auto',
            checkbox: false,
```

```
        //全部折叠
        onLoadSuccess: function (node, data) {
            $('#AddTree').combotree('tree').tree("collapseAll");
        },
    });
}
//------------------系统管理-->模块管理结束--------------------//
```

4.5.4 ModuleJson 类

在 Visual Studio 2017 的“解决方案资源管理器”中选中“JST. TPLMS. Web”项目中的“Models”文件夹，添加一个新的类 ModuleJson，主要用来实现模块中的树结构的操作，代码如下：

```
using System;
using System.Collections.Generic;
using System.Linq;
using System.Threading.Tasks;

namespace JST.TPLMS.Web.Models
{
    //<summary>
    //构建 Json 数据源的数据格式，属性有 id,test,children,这里名字不要更改，否则不
    //能读取出来
    //</summary>
    public class ModuleJson
    {
        // <summary>
        // ID
        // </summary>
        public int id { get; set; }
        // <summary>
        // 分类
        // </summary>
        public string text { get; set; }
        // 子类
        // </summary>
        public List<ModuleJson> children { get; set; }
        // <summary>
        // 父 ID
        // </summary>
        public int ParentId { get; set; }
```

```
    }
}
```

4.5.5 IModuleRepository 接口

在 Visual Studio 2017 的"解决方案资源管理器"中选中"JST.TPLMS.Contract"项目,添加一个新的接口 IModuleRepository,主要用来定义模块表的增加、删除、修改、查询操作,代码如下:

```
using JST.TPLMS.Entitys;
using System;
using System.Collections.Generic;
using System.Text;

namespace JST.TPLMS.Contract
{
    public interface IModuleRepository : IRepository<Module>
    {
        IEnumerable<Module> LoadModules(int pageindex, int pagesize);
        IEnumerable<Module> GetModules(String userName);
        bool Delete(string ids);
    }
}
```

4.5.6 ModuleRepository 类

在 Visual Studio 2017 的"解决方案资源管理器"中选中"JST.TPLMS.Repository"项目,添加一个新的类 ModuleRepository,主要用来实现模块表的增加、删除、修改、查询操作,代码如下:

```
using JST.TPLMS.Contract;
using JST.TPLMS.DataBase;
using JST.TPLMS.Entitys;
using System;
using System.Collections.Generic;
using System.Globalization;
using System.Linq;
using System.Text;
using System.Transactions;

namespace JST.TPLMS.Repository
{
```

```
    public class ModuleRepository: BaseRepository<Module>, IModuleRepository
    {
        public ModuleRepository(TPLMSDbContext m_Context):base(m_Context)
        {
        }
        public IEnumerable<Module> LoadModules(int pageindex, int pagesize)
        {
            return Context.Module.OrderBy(u => u.Id).Skip((pageindex - 1) * 
pagesize).Take(pagesize);
        }
        public IEnumerable<Module> GetModules(string userName)
        {
            var moduleList = Context.Module.ToArray();
            return moduleList;
        }
        public bool Delete(string ids)
        {
            var idList = ids.Split(',');
            var moduleList = Context.Module.Where(m => idList.Contains(m.Id.
ToString()));
            bool result = true;
            Delete(moduleList.ToArray());
            return result;
        }
    }
}
```

4.5.7 模块服务类 ModuleService

在 Visual Studio 2017 的“解决方案资源管理器”中选中“JST.TPLMS.Service”项目，添加一个新的类 ModuleService，用来实现模块管理中的“添加”“删除”“修改”“刷新”操作，代码如下：

```
using JST.TPLMS.Contract;
using JST.TPLMS.Entitys;
using System;
using System.Collections.Generic;
using System.Linq.Expressions;
using System.Text;

namespace JST.TPLMS.Service
{
```

```
public class ModuleService
{
    private IModuleRepository _moduleMgr;
    private Module _module;
    private List<Module> _modules;    //模块列表
    public ModuleService(IModuleRepository userMgr)
    {
        _moduleMgr = userMgr;
    }
    public dynamic LoadModules(int pageindex, int pagesize)
    {
        //查询模块表
        Expression<Func<Module, bool>> exp = u => u.Id > 0;
        var users = _moduleMgr.Find(pageindex, pagesize, exp);
        int total = _moduleMgr.GetCount(exp);
        List<Module> list = new List<Module>();
        foreach (var item in users)
        {
            list.Add(item);
        }
        return new
        {
            total = total,
            rows = list
        };
    }
    public List<Module> GetModules(int pageindex, int pagesize)
    {
        //查询模块表
        var users = _moduleMgr.LoadModules(1,100);
        List<Module> list = new List<Module>();
        foreach (var item in users)
        {
            list.Add(item);
        }
        return list;
    }
    public string Save(Module u)
    {
        try
        {
            //修改模块信息
```

```
                _moduleMgr.Update(u);
            }
            catch (Exception ex)
            {
                throw ex;
            }
            return "OK";
        }
        public string Add(Module u)
        {
            try
            {
                //添加模块信息
                _moduleMgr.Add(u);
            }
            catch (Exception ex)
            {
                throw ex;
            }
            return "OK";
        }
        public string Delete(string ids)
        {
            try
            {
                //删除模块信息
                _moduleMgr.Delete(ids);
            }
            catch (Exception ex)
            {
                throw ex;
            }
            return "OK";
        }
    }
}
```

4.5.8 ModuleMgrController 类

在 Visual Studio 2017 的“解决方案资源管理器”中选中“JST. TPLMS. Web”项目，打开“Controllers”目录下的“ModuleMgrController”类，添加“List”“Update”“Add”“Delete”四个方法，代码如下：

```
using System;
using System.Collections.Generic;
using System.Linq;
using System.Threading.Tasks;
using JST.TPLMS.Service;
using JST.TPLMS.Util.Helpers;
using JST.TPLMS.Web.Models;
using Microsoft.AspNetCore.Http;
using Microsoft.AspNetCore.Mvc;

namespace JST.TPLMS.Web.Controllers
{
    public class ModuleMgrController: Controller
    {
        ModuleService moduleSer;
        public ModuleMgrController(ModuleService modu)
        { moduleSer = modu; }
        // GET: ModuleMgr
        public ActionResult Index()
        {
            return View();
        }
        public string List()
        {
            var page = Request.Form["page"].ToString();
            var size = Request.Form["rows"]. ToString();
            int pageIndex = page == null ? 1 : int.Parse(page);
            int pageSize = size == null ? 20 : int.Parse(size);
            var userList = moduleSer.LoadModules(pageIndex, pageSize);
            var json = JsonHelper.Instance.Serialize(userList);
            return json;
        }
        public ActionResult Update(Entitys.Module u)
        {
            string result = "NO";
            try
            {
                // TODO: Add update logic here
                result = moduleSer.Save(u);
            }
            catch
            {
```

```
        }
        return Content(result);
    }
    public ActionResult Add(Entitys.Module u)
    {
        string result = "NO";
        try
        {
            // TODO: Add logic here
            result = moduleSer.Add(u);
        }
        catch
        {
        }
        return Content(result);
    }
    public ActionResult Delete(string ids)
    {
        string result = "NO";
        try
        {
            // TODO: Add Delete logic here
            result = moduleSer.Delete(ids);
        }
        catch
        {
        }
        return Content(result);
    }
    public string GetJsonTree()
    {
        List<ModuleJson> list = LinqJsonTree(0);
        list.Insert(0, new ModuleJson() { id = 0, children = null, ParentId = 0,
text = "根节点" });
        return JsonHelper.Instance.Serialize(list);
    }
    // <summary>
    // 递归
    // </summary>
    // <param name = "list"></param>
    // <returns></returns>
    private List<ModuleJson> LinqJsonTree(int parentId)
```

```
            {
                List<Entitys.Module> classlist = moduleSer.GetModules(1, 100).Where
(m=>m.ParentId==parentId).ToList();

                List<ModuleJson> jsonData = new List<ModuleJson>();
                classlist.ForEach(item =>
                {
                    jsonData.Add(new ModuleJson
                    {
                        id = item.Id,
                        children = LinqJsonTree(item.Id),
                        ParentId = item.ParentId,
                        text = item.Name,
                    });
                });
                return jsonData;
            }
        }
    }
```

第 5 章
权限管理

权限往往是一个极其复杂的问题，但也可简单表述为这样的逻辑表达式：判断"Who 对 What(Which)进行 How 的操作"是否为真。针对不同的应用，需要根据项目的实际情况和具体架构进行权限设计。对于权限的设计也是仁者见仁，智者见智了，这里只做简单介绍。在第 2～4 章已经建立了一个权限系统的基本功能：用户管理与模块管理。

5.1 概　述

权限设计是每一个系统的重要组成部分，主要用于控制功能和流程，以满足不同系统用户的需求，提高系统安全性，成为应用系统不可缺少的一部分。本系统的权限控制设计目标是对应用系统的所有资源进行权限控制，因此要做到简单、直观：

- 直观。因为系统最终会由使用者来维护，所以权限分配的直观和易于理解就显得更加重要。
- 简单。不仅包括数量上的简单和意义上的简单，还包括功能上的简单。要想用一个权限系统来解决所有的权限问题是不现实的。权限设计基于以下思路：将常常变化的、"定制"特点比较强的部分判断为业务逻辑，将常常相同的、"通用"特点比较强的部分判断为权限逻辑。

权限控制的目标包括：

1）对应用系统的所有资源进行权限控制，如对应用系统的功能菜单和各个界面的按钮控件等进行权限的操控。

2）完善对用户、角色、资源、操作的管理功能，包括：

① 不同职责的人，对系统操作的权限应该是不同的。

② 可以以"角色"的形式对权限进行分配。对于一个业务比较繁多的企业信息化平台来说，如果要求管理员为员工逐一分配系统操作权限，则是件耗时且不方便的事。所以，系统中应以"角色"的形式对权限进行分配，将权限一致的人员编入同一角色，然后对该角色进行权限分配。

③ 权限管理系统应该是可扩展的。完善的权限设计应该具有充分的可扩展性，也就是说，当系统增加新的功能时，不应该给整个权限管理体系带来较大的改变，就

像组件一样，应该可以被不断地重用。要想达到这个目的，首先要保证数据库设计合理，其次要保证应用程序接口规范。

3）开发人员开发新的系统功能时，通过资源和角色模块进行操作管理。使用系统管理员身份登录，直接将访问路径作为资源权限授权给角色，实现对资源访问的控制管理。

5.2 名词解释

可以将权限分为以下几类：一是针对数据存取的权限，通常有录入、查询、修改、删除四种；二是功能权限，可以包括例如菜单等所有非直接数据存取类操作；三是对一些关键数据表中某些字段的存取进行限制的操作。

在权限设计中会涉及如下名词。

1. 权限资源

权限资源包括菜单权限、按钮权限和字段权限。

菜单权限：管理员和普通用户登录系统后所拥有的功能菜单是不一样的，这是由菜单权限来设置的。

按钮权限：对于有些操作员，只有查看的权限，而没有修改的权限，这是由按钮权限来设置的。

字段权限：某些字段内容是不可以让某些用户查看的。（在设计字段权限时应结合实际业务来考虑，脱离业务的字段权限是不符合实际应用的。）

2. 用　户

用户是应用系统的具体操作者，考虑到企业的实际情况，权限是能直接分配给用户的。

3. 角　色

为了对多个拥有相似权限的用户进行分类管理，定义了“角色”的概念。所有的权限资源都可以分配给角色，然后通过给用户分配某个角色，从而达到给用户分配权限的目的。角色和用户是多对多（N∶N）的关系。

4. 粗粒度

粗粒度表示类别级，即仅考虑对象的类别（the type of object），而不考虑对象的某个特定实例。比如，在用户管理中，创建和删除对所有的用户都一视同仁，而并不区分所操作的具体对象实例。

5. 细粒度

细粒度表示实例级，即需要考虑具体对象的实例（the instance of object）。当然，细粒度是在考虑粗粒度的对象类别之后才考虑特定的实例。比如，送货单管理中的删除操作就需要区分是哪个送货单实例。

5.3 权限管理系统的基本架构

企业环境中的权限有三种访问控制方法：

① 自主型访问控制方法。目前，我国大多数信息系统中的访问控制模块，基本都是借助于自主型访问控制方法中的访问控制列表(ACLs)来访问和控制权限的。

② 强制型访问控制方法。此方法用于多层次安全级别的军事应用。

③ 基于 RBAC 的动态权限访问控制方法。此方法是目前公认的解决大型企业的统一资源访问控制的有效方法。RBAC 的核心思想是把访问权限赋予角色而不是用户，用户通过自己所属的角色来获得访问权限，使权限操作具有更强的灵活性和更广泛的适用性。在 RBAC 内，角色为访问控制的主体，角色决定了用户对资源所拥有的权限以及可以执行的操作，其中访问控制策略在 RBAC 中主要体现为用户与角色、角色与权限和角色与角色之间的关系。基于企业的实际情况，本系统进行了一定的变更，即允许直接对用户进行权限分配。

RBAC 的两大特征是：

① 减小授权管理的复杂性，降低管理开销；

② 灵活地支持企业的安全策略，对企业的变化有很大的伸缩性。

权限管理系统的基本架构如图 5.1 所示。

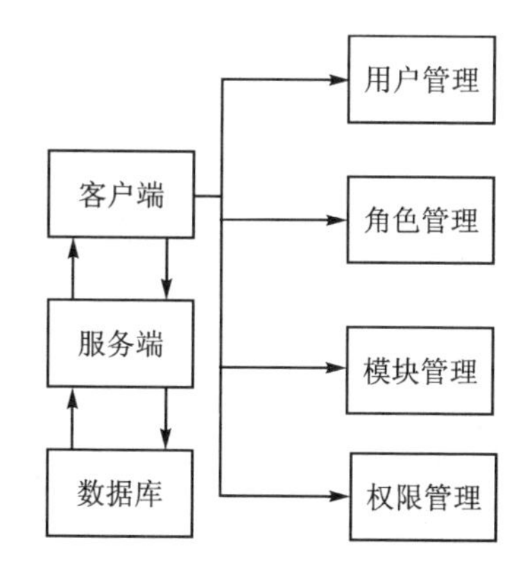

图 5.1 权限管理系统的基本架构

5.4 用例解读

权限用例图如图 5.2 所示。

注意：在以下对用例的解读中，若没有特殊说明，则其中的前置条件、主流程和后置状态都是基于成功执行用例的情况，如前置条件指“能成功执行用例的前置条件”。

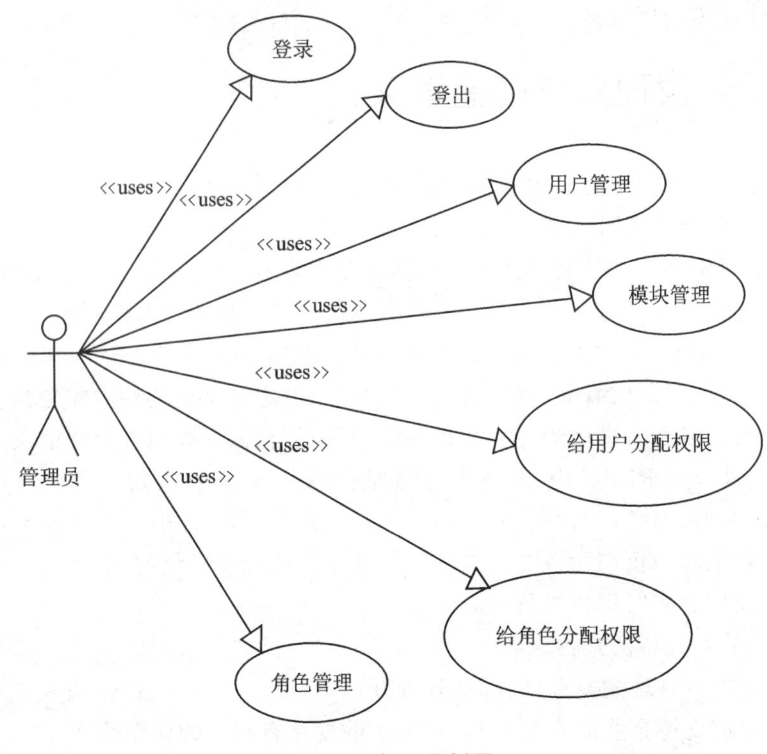

图 5.2　权限用例图

1. 用例:添加模块

前置条件:外部系统拥有新的(还未存入系统中的)功能模块。

主流程:

① 外部系统触发添加功能模块操作,用例开始。

② 外部系统获得执行此用例的操作权限。

③ 外部系统传入将要添加的功能模块。

④ 系统判断所传入数据的合法性。

⑤ 系统将接收到的功能模块数据保存到系统的存储系统中。

⑥ 把执行操作的结果返回给外部系统。

⑦ 结束。

后置状态:系统的存储系统加入了新的功能模块。

附加相关用例:查询、修改、删除功能模块,用例叙述略。

2. 用例:添加用户

前置条件:外部系统拥有新的(还未存入权限系统中的)用户。

主流程：

① 外部系统触发添加用户操作，用例开始。

② 外部系统获得执行此用例的操作权限。

③ 外部系统传入想要添加的用户信息。

④ 系统判断所传入数据的合法性。

⑤ 系统将接收到的用户信息保存到系统的存储系统中。

⑥ 把执行操作的结果返回给外部系统。

⑦ 结束。

后置状态：系统的存储系统加入了新的用户信息。

附加相关用例：查询、修改、删除用户，用例叙述略。

3. 用例：查询用户对应的权限资源

前置条件：用户和权限资源已经分别被添加到系统的存储系统中，且两者已经按照系统的方式建立起关联。

主流程：

① 某用户在外部系统中将要执行某些操作时，此用例开始。

② 外部系统输入用户的必要信息和要执行的操作的范围。

③ 判断用户的合法性。

④ 系统返回在指定查询范围中用户所拥有的权限资源集合。

⑤ 结束。

后置状态：用户获得其对应的权限资源集合。

4. 用例：关联权限到用户

前置条件：要关联的权限已经被添加到系统的存储系统中。

主流程：

① 管理员获得其权限，并触发关联权限到用户的操作，用例开始。

② 显示一些(已有的)权限资源。

③ 指定一些(原有的或者新建的)权限(实体)。

④ 将指定的权限关联到指定的用户上。

⑤ 结束。

后置状态：指定的用户拥有指定的权限。

5. 用例：关联权限到角色

前置条件：要关联的权限已经被权限管理员添加入库。

主流程：

① 管理员获得其权限，并触发关联权限到角色的操作，用例开始。

② 显示一些(已有的)权限。

③ 指定一些(原有的或者新建的)权限。

④ 将指定的权限关联到指定的角色上。

⑤ 结束。

后置状态:指定的角色拥有指定的权限。

6. 用例:角色管理

前置条件:无。

主流程:

① 管理员获得其权限。

② 对角色的增加、删除、查询、修改。

③ 结束。

后置状态:角色集有所改变。

注:在实现删除和修改时要注意角色树的处理。

7. 用例:关联用户到角色

前置条件:要关联的用户已经被添加到系统的存储系统中。

主流程:

① 管理员获得其权限,并触发关联用户到角色的操作,用例开始。

② 指定一些(已有的)用户。

③ 指定一个(已有的)角色。

④ 将指定的用户关联到指定的角色上。

⑤ 结束。

后置状态:指定的角色拥有指定的用户。

8. 用例:管理系统用户

前置条件:无。

主流程:

① 用户管理员获得其权限。

② 增加、删除、查询、修改系统内部的用户(一般是系统管理员)。

③ 结束。

后置状态:系统的管理员(数量与职权)有所改变。

5.5 数据库表的设计

下面讨论数据库的设计。通常使用关系型数据库。本系统的简单权限设计大体可以用四个表来描述,如表 5.1～表 5.4 所列。

表 5.1 模块表

数据表中文名称	模块表								
数据表英文名称	Module								
功能描述	系统的功能模块，是具体功能的单位								
序号	字段中文名	字段英文名	数据类型	长度	默认值	说明	主键	自增	允许空值
1	ID	Id	int	—	—		PK	Y	N
2	模块名称	Name	varchar	255	—		—	—	N
3	模块地址	URL	varchar	255	—		—	—	N
4	热键	HotKey	varchar	255	—		—	—	Y
5	模块顺序	SortNo	int	—	—		—	—	Y
6	动态链接	Vector	varchar	255	—		—	—	Y
7	状态	Status	int	—	—		—	—	Y
8	图标文件	IconName	varchar	255	—		—	—	Y
9	是否子叶	IsLeaf	bool	—	—		—	—	Y
10	是否展开	IsAutoExpand	bool	—	—		—	—	Y
11	上级模块 ID	ParentId	int	—	—	若为0，则表示是一级菜单	—	—	N
12	上级模块名称	ParentName	varchar	255	—		—	—	N
13	模块编号	CascadeId	varchar	255	—		—	—	Y

表 5.2 角色表

数据表中文名称	角色表								
数据表英文名称	ROLE								
功能描述	对该角色的描述，用来设计角色权限								
序号	字段中文名	字段英文名	数据类型	长度	默认值	说明	主键	自增	允许空值
1	ID	Id	int	—	—		PK	Y	N
2	角色代码	Code	varchar	10	—		—	—	N
3	角色名称	Name	varchar	255	—		—	—	N
4	组织 ID	OrgId	int	—	—		—	—	Y
5	组织名称	OrgName	varchar	255	—		—	—	Y
6	组织编号	OrgCascadeId	varchar	255	—		—	—	Y
7	状态	Status	int	—	—	0：正常；1：注销；2：锁定	—	—	N
8	创建者	CreateId	varchar	64	—		—	—	Y
9	创建时间	CreateTime	datetime	—	—		—	—	Y

表 5.3 权限表

数据表中文名称	权限表								
数据表英文名称	Relations								
功能描述	该表是权限管理的重点，设计的思路也很多，可以说各有千秋。一般来讲，在权限设计中会有很多多对多的关系(用户与角色、角色与菜单等)，所以在数据库核心表中也会有很多关联关系表。由于本系统使用的用户不是很多，因此关联关系表中的记录数量应该不会超过百万量级。为了简化这个过程，本书进行了如下设计：将多对多的关系全都放在一张表中。一般来讲，在现有硬件的条件下，对于仅有几十万条数据的系统，是不会出现卡顿现象的；如果出现，则说明数据库设计存在不够优化的问题。								
序　号	字段中文名	字段英文名	数据类型	长　度	默认值	说　明	主　键	自　增	允许空值
1	ID	Id	int	—	—		—	—	Y
2	用户角色 ID	SrcId	int	—	—	用户表、角色表中的 ID	—	—	N
3	权限资源 ID	DestId	int	—	—	模块表、角色表中的 ID	—	—	N
4	备注	Description	varchar	100	—		—	—	Y
5	权限类别	Key	varchar	100	—	用户权限、角色权限	—	—	N
6	状态	Status	int	—	—		—	—	Y
7	操作人	OperateId	varchar	50	—		—	—	Y
8	操作时间	OperateTime	Datetime	—	—		—	—	Y

表 5.4 用户表

数据表中文名称	用户表								
数据表英文名称	USER								
功能描述	对该用户的描述								
序　号	字段中文名	字段英文名	数据类型	长　度	默认值	说　明	主　键	自　增	允许空值
1	ID	Id	int	—	—		PK	—	N
2	用户名	UserId	varchar	150	—		—	—	N
3	姓名	Name	varchar	100	—		—	—	N
4	密码	Password	varchar	250	—	可以采用加密算法加密	—	—	N

续表 5.4

数据表中文名称		用户表								
数据表英文名称		USER								
功能描述		对该用户的描述								
序　号	字段中文名	字段英文名	数据类型	长　度	默认值	说　明	主　键	自　增	允许空值
5	性别	Sex	int	—	—		—	—	N
6	类型	Type	int	—	—		—	—	Y
7	电子邮件	Email	varchar	150	—		—	—	Y
8	手机	Mobile	varchar	50	—		—	—	Y
9	状态	Status	int	—	—	0:正常; 1:注销; 2:锁定	—	—	N
10	备用代码	BizCode	varchar	100	—		—	—	Y
11	地址	Address	varchar	250	—		—	—	Y
12	创建者	CreateId	varchar	100	—		—	—	Y
13	创建时间	CreateTime	datetime	—	—		—	—	Y

5.6　权限设计示例

权限逻辑配合业务逻辑,即权限系统是以为业务逻辑提供服务为目标的。相当多细粒度的权限问题因其不具通用意义,所以也被理解为是“业务逻辑”的一部分。比如,要求“送货单只能被它的创建者删除,与创建者同角色的用户可以修改,管理员能够浏览”。这既可以认为是一个细粒度的权限问题,也可以认为是一个业务逻辑问题。此处它是业务逻辑问题,在整个权限系统的架构设计中不予过多考虑。当然,权限系统的架构也必须能支持这样的控制判断,或者说,系统能提供足够多但不是完全的控制能力,即设计原则归结为:“系统只提供粗粒度的权限,细粒度的权限被认为是业务逻辑的职责”。

需要再次强调的是,这里表述的权限系统仅是一个“不完全”的权限系统,即它不提供所有关于权限问题的解决方法,它只提供一个基础,并解决那些具有“共性”(或者说粗粒度)的部分,然后在此基础上,根据“业务逻辑”的独特权限需求,再编码来实现剩余部分(或者说细粒度)的权限,权限系统才算完整。现在回头再看权限的问题公式,通用的设计仅解决了 Who+What+How 的问题,而其他的权限问题则留给了业务逻辑来解决。

下面用一个功能模块的例子进行说明。

(1) 建立用户功能并进行权限分配

首先创建一个用户管理的模块(即 Resources)。

然后建立一个角色(Role),把用户管理模块加到该角色所拥有的权限中,并保存到数据库中。角色包括系统管理员和测试人员等。

最后建立一个员工的账号,并把一种或几种角色赋予该员工,比如说该员工既可以是公司管理人员,又可以是测试人员等。这样,当该员工登录到系统中时只能看到他拥有了权限的那些模块。

(2) 把员工的身份信息加到 Session 中

登录时,先到数据库中查找是否存在这个员工,如果存在,再根据员工的ID查找员工的权限信息,把员工所有的权限信息都存入一个集合中。然后把该集合保存到缓存里。这样,在整个程序的运行过程中,系统随时都可以取得该用户的身份信息。

(3) 根据用户的权限进行不同的显示

可以将当前员工的权限与分配给某个菜单的"功能 ID"进行对比来判断当前用户是否有打开该菜单的权限。例如,如果保存员工权限的集合列表中没有该菜单的"功能 ID",那么该菜单就不会被显示;反之,则会被显示。

对于一个送货单(Resouce),假设它有保存、删除、修改、提交的功能。假设对于删除,只有创建者才能删除,这属于业务逻辑(business logic),而不属于用户权限范围。也就是说,权限负责是否有删除的 Permission,至于能删除哪些内容应该根据业务逻辑来决定。

一个用户可以拥有多种角色。角色的划分方法应根据实际情况来选择,可以按部门或机构进行划分,至于角色拥有多少权限,要看系统管理员赋予他多少权限。用户—角色—权限的关键是角色。用户登录时是以用户和角色两种属性进行登录的,然后根据角色得到用户的权限,登录后进行初始化。

技术实现如下:

① 表单式认证,这是常用的功能。但当用户到达一个不被授权访问的资源时,Web 容器就发出一个 HTML 页面,要求输入用户名和密码。

② 用一个基于 ASP.NET Core MVC 的控制器来处理登录/登出。

③ 用 Filter 防止用户访问一些未被授权的资源,Filter 会截取所有 Request/Response,然后将一个验证通过的标识放置在用户的 Session 中,Filter 每次依靠这个标识来决定是否放行 Response。此功能留待读者去扩展。

④ 在用户管理界面中实现权限分配功能。下面就来实现此功能。

5.6.1 创建 TPLMS 系统主界面

创建 TPLMS 系统主界面的步骤是:

① 在 Visual Studio 2017 的"解决方案资源管理器"中选中"JST.TPLMS.Web"项目,打开"Views\Home\Index.cshtml"文件,在页面头部引入 7 个必需的文件,代

码如下：

```
<!---3个样式表文件-->
<link href="~/lib/bootstrap/dist/css/bootstrap.min.css" rel="stylesheet" />
<link href="~/js/easyui/themes/bootstrap/easyui.css" rel="stylesheet" />
<link href="~/js/easyui/themes/icon.css" rel="stylesheet" />
<!---4个.js文件，要先引入JQuery,然后再引入EasyUI-->
<script src="~/lib/bootstrap/dist/js/bootstrap.js"></script>
<script src="~/js/jquery.min.js"></script>
<script src="~/js/easyui/jquery.easyui.min.js"></script>
<script src="~/js/easyui/locale/easyui-lang-zh_CN.js"></script>
```

② 引入后，在浏览器中浏览此页面，按F12键进入开发者模式，以确认全部引入都不报错。

③ 使用基本页面布局搭建Index.cshtml。在样式表和.js文件引入成功后，在body中加入以下代码：

```
<body class="easyui-layout" id="cc">
    @*头部区域*@
<div data-options="region:'north',border:false" style="height: 50px; padding:
10px; background-color: #2d3e50;color: #c7c7c7;">
<div style="float:left;height:40px;padding:0px;margin:0px;">
<div style="border-bottom:1px solid #c4c4c4;font-size:18px;">
            TPLMS物流信息管理系统
</div>
</div>
<div style="float:right;height:40px;padding:0px;margin:0px;">
<a href="/Home/Logout" class="easyui-button" data-options="iconCls:'icon-
edit'"style="color:#c7c7c7;margin-top:2px;">注销</a>
</div>
</div>
    @*导航栏*@
<div data-options="region:'west'" title="导航栏" style="width: 150px;">
<div class="easyui-accordion">
<div title="站点管理" style="padding:10px;">
<ul class="easyui-tree" id="treeMenu"></ul>
</div>
</div>
</div>
  @*中间操作区域*@
<div data-options="region:'center'">
<div class="easyui-tabs" style="width:100%;height:100%" id="tabs">
```

```
<div title="主页" style="padding:10px">
<p>欢迎来到 TPLMS 管理系统!</p>
<p>管理员:Admin</p>
</div>
</div>
</div>
</body>
```

④ 基本布局完成后，在左侧加入菜单树，并添加脚本，使得在单击左侧菜单时能够在 center 区域弹出所需要页面的内容。Index. cshtml 文件的完整代码如下：

```
@{
    Layout = null;
}
<!DOCTYPE html>
<html>
<head>
<meta name="viewport" content="width=device-width" />
<link href="~/lib/bootstrap/dist/css/bootstrap.min.css" rel="stylesheet" />
<script src="~/lib/bootstrap/dist/js/bootstrap.js"></script>
<script src="~/js/jquery.min.js"></script>
<script src="~/js/easyui/jquery.easyui.min.js"></script>
<link href="~/js/easyui/themes/bootstrap/easyui.css" rel="stylesheet" />
<link href="~/js/easyui/themes/icon.css" rel="stylesheet" />
<script src="~/js/easyui/locale/easyui-lang-zh_CN.js"></script>
<title>TPLMS 信息管理系统</title>
</head>
<body class="easyui-layout" id="cc">
    @*头部区域*@
<div data-options="region:'north',border:false" style="height: 50px; padding:
10px; background-color: #2d3e50;color:#c7c7c7;">
<div style="float:left;height:40px;padding:0px;margin:0px;">
<div style="border-bottom:1px solid #c4c4c4;font-size:18px;">
                TPLMS 物流信息管理系统
</div>
</div>
<div style="float:right;height:40px;padding:0px;margin:0px;">
<a href="/Home/Logout" class="easyui-button" data-options="iconCls:'icon-
edit'"style="color:#c7c7c7;margin-top:2px;">注销</a>
</div>
</div>
<div data-options="region:'west'" title="导航栏" style="width: 150px;">
```

```
<div class = "easyui - accordion">
<div title = "站点管理" style = "padding:10px;">
<ul class = "easyui - tree" id = "treeMenu"></ul>
</div>
</div>
</div>
    @ * 中间操作区域 * @
<div data - options = "region:'center'">
<div class = "easyui - tabs" style = "width:100 % ;height:100 % " id = "tabs">
<div title = "主页" style = "padding:10px">
<p>欢迎来到 TPLMS 管理系统！</p>
<p>管理员:admin</p>
</div>
</div>
</div>
    @ * 脚本 * @
<script type = "text/javascript">
    $ (function () {
        $ ('#treeMenu').tree({
            url: '/Home/GetMenuTree',   //url 的值是异步获取数据的页面地址
            onLoadSuccess: function (node, data) { alert(data); },
            onLoadError: function (arguments) { alert('1'); alert(arguments); },
            onClick: function (node) {
                if (node.children.length ! = 0) {
                    return;
                }
                //添加选项卡
                AddTab(node.text, node.url);
            }
        });
        //读取 easyuiThemeName Cookie
        var ThreadCookie = getCookie("themeName");
        if (ThreadCookie ! = "") { changeTheme(ThreadCookie) };//LoadThread
    });
    //提示框
    function topCenter(val, time) {
        $ .messager.show({
            title: '友情提示！',
            msg: val,
            timeout: time,
            showType: 'slide',
            style: {
```

```
                    right: '',
                    bottom: '',
                    top: 80
                }
            });
        };
        //加载开始
        function ajaxLoading() {
            $ ("<div class = \"datagrid - mask\"></div>").css({ display: "block", width: "100 %", height: $ (window).height() }).appendTo("body");
            $ ("<div class = \"datagrid - mask - msg\"></div>").html("正在处理,请稍候…").appendTo("body").css({ display: "block", left: ( $ (document.body).outerWidth(true) - 190) / 2, top: ( $ (window).height() - 45) / 2 });
        };
        //加载结束
        function ajaxLoadEnd() {
            $ (".datagrid - mask").remove();
            $ (".datagrid - mask - msg").remove();
        };
        //添加选项卡
        function AddTab(subtitle, url) {
            var boxId = '#tabs';
            if ( $ (boxId).tabs('exists', subtitle)) {
                var tab = $ (boxId).tabs('getTab', subtitle);
                var index = $ (boxId).tabs('getTabIndex', tab);
                $ (boxId).tabs('select', index);
                if (tab && tab.find('iframe').length > 0) {
                    var _refresh_ifram = tab.find('iframe')[0];
                    _refresh_ifram.contentWindow.location.href = url;
                }
            } else {
                var _content = "<iframe scrolling = 'auto' frameborder = '0' src = '" + url + "' style = 'width:100 %; height:100 %'></iframe>";
                $ (boxId).tabs('add', {
                    title: subtitle,
                    content: _content,
                    closable: true
                });
            }
        }
        function TabClose() {
            $ (".tab - inner").dblclick(function () {
```

```
            var subtitle = $(this).children("span").text();
            $('#tabs').tabs('close', subtitle)
        })
    }
    //设置 cookie
    function setCookie(cname, cvalue, exdays) {
        var d = new Date();
        d.setTime(d.getTime() + (exdays * 24 * 60 * 60 * 1000));
        var expires = "expires = " + d.toUTCString();
        document.cookie = cname + " = " + cvalue + "; " + expires;
    }
    //获取 cookie
    function getCookie(cname) {
        var name = cname + " = ";
        var ca = document.cookie.split(';');
        for (var i = 0; i < ca.length; i++) {
            var c = ca[i];
            while (c.charAt(0) == ' ') c = c.substring(1);
            if (c.indexOf(name) != -1) return c.substring(name.length, c.length);
        }
        return "";
    }
</script>
</body>
</html>
```

⑤ 至此页面主体基本完成，现在来添加实现菜单树的代码。在 Visual Studio 2017 的"解决方案资源管理器"中选中"JST. TPLMS. Web"项目，打开"Controllers\HomeController. cs"文件，添加如下菜单树相关代码：

```
public class HomeController: BaseController
{
    AuthoriseService auth;
    ModuleService moduSvrMgr;
    public HomeController(AuthoriseService authorise,ModuleService msvr)
    {
        auth = authorise;
        moduSvrMgr = msvr;
    }
    public string GetMenuTree()
    {
        List<ModuleJson> list = LinqJsonTree(0);
        auth.GetUserAccessed(GetSession(UserInfoKey.UserName.ToString()));
```

```
            List〈ModuleJson〉 listUser = list.Where(p = 〉auth.Modules.Exists(m = 〉 m.Id ==
p.id)).ToList();
            return JsonHelper.Instance.Serialize(listUser);
        }
        // 〈summary〉
        // 递归
        // 〈/summary〉
        // 〈param name = "list"〉〈/param〉
        // 〈returns〉〈/returns〉
        private List〈ModuleJson〉 LinqJsonTree(int parentId)
        {
            List〈Entitys.Module〉 classlist = moduSvrMgr.GetModules(1, 1000).Where(m = 〉
m.ParentId == parentId).ToList();
            List〈ModuleJson〉 jsonData = new List〈ModuleJson〉();
            classlist.ForEach(item = 〉
            {
                jsonData.Add(new ModuleJson
                {
                    id = item.Id,
                    children = LinqJsonTree(item.Id),
                    parentId = item.ParentId,
                    text = item.Name,
                    url = item.Url
                });
            });
            return jsonData;
        }
    }
```

⑥ 代码添加完成后，在 Visual Studio 2017 中按 F5 键运行应用程序以浏览页面，预览效果如图 5.3 所示。

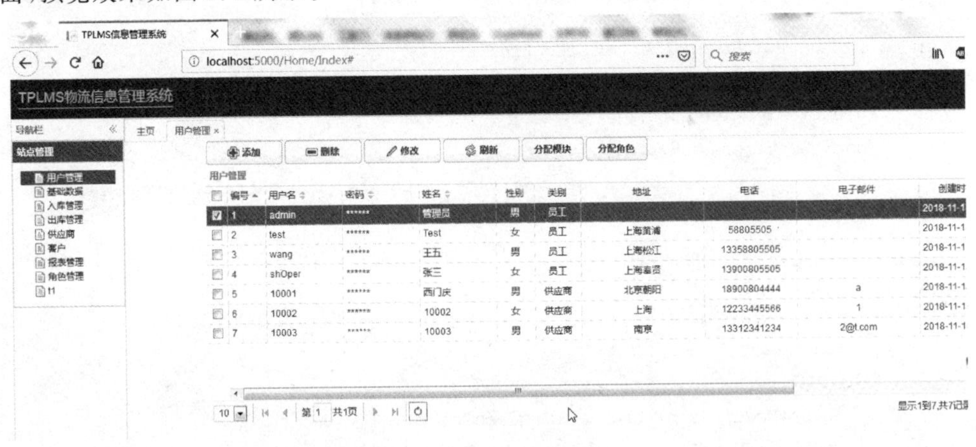

图 5.3　TPLMS 主界面

⑦ 添加角色表和权限表的映射。在 Visual Studio 2017 的“解决方案资源管理器”中选中“JST. TPLMS. DataBase”项目，打开类文件 TPLMSDbContext. cs，添加以下两行角色表和权限表的映射代码：

```
public virtual DbSet<Role> Role { get; set; }
public virtual DbSet<Relations> Relations { get; set; }
```

⑧ 创建权限类型的枚举类型。在 Visual Studio 2017 的“解决方案资源管理器”中选中“JST. TPLMS. Core”项目，新建一个枚举类文件 EnumRelation，添加以下权限枚举类型代码：

```
using System;
using System.Collections.Generic;
using System.Text;

namespace JST.TPLMS.Core
{
    public enum EnumRelation
    {
        User2Relation = 1,
        Role2Relation,
        User2Module,
        Role2Module,
        User2Role
    }
}
```

经过上述步骤后，对权限管理的基础工作已经完成，下面就来具体实现各个功能。

5.6.2 接口类 IRelationsRepository

在 Visual Studio 2017 的“解决方案资源管理器”中选中“JST. TPLMS. Contract”项目，新建一个接口类文件 IRelationsRepository. cs，用来定义权限表中的添加、修改、删除、查询操作，相关代码如下：

```
using JST.TPLMS.Entitys;
using System;
using System.Collections.Generic;
using System.Linq;
using System.Text;

namespace JST.TPLMS.Contract
```

```
{
    public interface IRelationsRepository: IRepository<Relations>
    {
        IEnumerable<Relations> LoadRelationss(int pageindex, int pagesize);
        IEnumerable<Relations> GetRelationss(String userName);
        bool Delete(string ids);
        void AddRelations(string key, ILookup<int, int> idMaps);
        void DeleteBy(string key, ILookup<int, int> idMaps);
    }
}
```

5.6.3 RelationsRepository 类

在 Visual Studio 2017 的"解决方案资源管理器"中选中"JST. TPLMS. Repository"项目,新建一个类文件 RelationsRepository. cs,主要用来实现权限表中的添加、修改、删除、查询操作,相关代码如下:

```
using JST.TPLMS.Contract;
using JST.TPLMS.DataBase;
using JST.TPLMS.Entitys;
using System;
using System.Collections.Generic;
using System.Globalization;
using System.Linq;
using System.Text;
using System.Transactions;

namespace JST.TPLMS.Repository
{
    public class RelationsRepository: BaseRepository<Relations>, IRelationsRepository
    {
        public RelationsRepository(TPLMSDbContext m_Context):base(m_Context)
        {
        }
        public IEnumerable<Relations> LoadRelationss(int pageindex, int pagesize)
        {
            return Context.Relations.OrderBy(u => u.Id).Skip((pageindex - 1) *
pagesize).Take(pagesize);
        }
        public IEnumerable<Relations> GetRelationss(string userName)
        {
            var user = Context.User.Where(u => u.UserId == userName).FirstOr-
```

```
Default();
                var relaList = Context.Relations.Where(r => r.SrcId == user.Id).As-
Enumerable();
                return relaList;
            }
            public bool Delete(string ids)
            {
                var idList = ids.Split(',');
                var moduleList = Context.Relations.Where(m => idList.Contains(m.Id.
ToString()));
                bool result = true;
                Delete(moduleList.ToArray());
                return result;
            }
            public bool Delete(string key,int uid)
            {
                var moduleList = Context.Relations.Where(m => m.SrcId == uid && m.Key ==
key);
                bool result = true;
                Delete(moduleList.ToArray());
                return result;
            }
            // <summary>
            // 添加新的关联
            // </summary>
            // <param name="key">关联标识</param>
            // <param name="idMaps">关联的 &lt;firstId，secondId&gt;数组</param>
            public void AddRelations(string key, ILookup<int, int> idMaps)
            {
                foreach (var sameVals in idMaps)
                {
                    Delete(key, sameVals.Key);
                }
                foreach (var sameVals in idMaps)
                {
                    foreach (var value in sameVals)
                    {
                        Add(new Relations
                        {
                            Key = key,
                            SrcId = sameVals.Key,
                            DestId = value,
```

```
                        OperateTime = DateTime.Now
                    });
                }
            }
            Save();
        }
        // <summary>
        // 删除关联
        // </summary>
        // <param name="key">关联标识</param>
        // <param name="idMaps">关联的 &lt;firstId, secondId&gt;数组</param>
        public void DeleteBy(string key, ILookup<int, int> idMaps)
        {
            foreach (var sameVals in idMaps)
            {
                foreach (var value in sameVals)
                {
                    var moduleList = Context.Relations.Where(u => u.Key == key &&
u.SrcId == sameVals.Key && u.DestId == value);
                    Delete(moduleList.ToArray());
                }
            }
        }
    }
}
```

5.6.4 服务类 RelationsService

在 Visual Studio 2017 的"解决方案资源管理器"中选中"JST. TPLMS. Service"项目,新建一个类文件 RelationsService. cs,用来实现权限表中的添加、修改、删除、查询操作,相关代码如下:

```
using JST.TPLMS.Contract;
using JST.TPLMS.Entitys;
using System;
using System.Collections.Generic;
using System.Linq.Expressions;
using System.Linq;
using JST.TPLMS.Util.Helpers;

namespace JST.TPLMS.Service
{
```

```
public class RelationsService
{
    private IRelationsRepository _relaMgr;
    private Relations _rela;
    private List<Relations> _relas;
    public RelationsService(IRelationsRepository roleMgr)
    {
        _relaMgr = roleMgr;
    }
    public dynamic LoadRelationss(int pageindex, int pagesize)
    {
        //查询关联表
        Expression<Func<Relations, bool>> exp = u => u.Id > 0;
        var users = _relaMgr.Find(pageindex, pagesize, exp);
        int total = _relaMgr.GetCount(exp);
        List<Relations> list = new List<Relations>();
        foreach (var item in users)
        {
            list.Add(item);
        }
        return new
        {
            total = total,
            rows = list
        };
    }
    public List<Relations> GetRelationss(int pageindex, int pagesize,string uid)
    {
        //查询关联表
        int userid = NumberHelper.ToInt(uid);
        Expression<Func<Relations, bool>> exp = r => r.SrcId == userid;
        var relas = _relaMgr.Find(pageindex, pagesize, exp);

        List<Relations> list = new List<Relations>();
        foreach (var item in relas)
        {
            list.Add(item);
        }
        return list;
    }
    public string Save(Relations r)
    {
```

```
        try
        {
            //更新关联表
            _relaMgr.Update(r);
        }
        catch (Exception ex)
        {
            throw ex;
        }
        return "OK";
    }
    public string Add(Relations r)
    {
        try
        {
            //添加权限到关联表
            _relaMgr.Add(r);
        }
        catch (Exception ex)
        {
            throw ex;
        }
        return "OK";
    }
    public string Delete(string ids)
    {
        try
        {
            //删除关联表中的关联信息
            _relaMgr.Delete(ids);
        }
        catch (Exception ex)
        {
            throw ex;
        }
        return "OK";
    }
    // <summary>
    // 添加关联
    // <para>比如给用户分配资源，那么 firstId 就是用户 ID,secIds 就是资源 ID 列
表</para>
    // </summary>
```

```
        //<param name="type">关联的类型,如"UserResource"</param>
        public void Assign(string type, int firstId, int[] secIds)
        {
            _relaMgr.AddRelations(type, secIds.ToLookup(u => firstId));
        }
        //<summary>
        // 取消关联
        //</summary>
        //<param name="type">关联的类型,如"UserResource"</param>
        //<param name="firstId">The first identifier.</param>
        //<param name="secIds">The sec ids.</param>
        public void UnAssign(string type, int firstId, int[] secIds)
        {
            _relaMgr.DeleteBy(type, secIds.ToLookup(u => firstId));
        }
    }
}
```

5.6.5 修改模块管理功能

在 Visual Studio 2017 的“解决方案资源管理器”中选中“JST.TPLMS.Service”项目,打开 ModuleService.cs 文件,分别添加如下与用户查询和角色分配模块相关的代码:

```
public class ModuleService
{
    private IModuleRepository _moduleMgr;
    private Module _module;
    private List<Module> _modules;   //模块列表
    private IRelationsRepository _relaMgr;
    public ModuleService(IModuleRepository userMgr, IRelationsRepository _rela)
    {
        _moduleMgr = userMgr;
        _relaMgr = _rela;
    }
    #region 用户/角色分配模块
    //<summary>
    // 加载特定用户的模块
    //</summary>
    //<param name="userId">The user unique identifier.</param>
    public List<Module> LoadForUser(int userId)
    {
```

```
            //用户角色
            var userRoleIds = _relaMgr.Find(u => u.SrcId == userId && u.Key ==
EnumRelation.User2Relation.ToString()).Select(u => u.DestId).ToList();
            //用户角色与自己分配到的模块 ID
            var moduleIds = _relaMgr.Find(u =>(u.SrcId == userId && u.Key == Enum-
Relation.User2Module.ToString()) || (u.Key == EnumRelation.Role2Module.ToString() &&
userRoleIds.Contains(u.SrcId))).Select(u => u.DestId).ToList();
            if (!moduleIds.Any()) return new List<Module>();
            return _moduleMgr.Find(u => moduleIds.Contains(u.Id)).ToList();
        }
        //<summary>
        // 加载特定角色的模块
        //</summary>
        //<param name="roleId">The role unique identifier.</param>
        public List<Module> LoadForRole(int roleId)
        {
            var moduleIds = _relaMgr.Find(u => u.SrcId == roleId && u.Key == Enum-
Relation.Role2Module.ToString())
                .Select(u => u.DestId)
                .ToList();
            if (!moduleIds.Any()) return new List<Module>();
            return _moduleMgr.Find(u => moduleIds.Contains(u.Id)).ToList();
        }
        #endregion 用户/角色分配模块
    }
}
```

5.6.6 添加给用户分配角色和分配模块的脚本

在 Visual Studio 2017 的“解决方案资源管理器”中选中“JST. TPLMS. Web”项目，打开“wwwroot\js\business\usermgr.js”文件，添加如下与给用户分配角色和分配模块相关的脚本代码：

```
//-------------------- 系统管理 -->用户管理 --------------------//
//分配权限
function SetUserLimit() {
    var id;
    $("#assign").click(function () {
        var rows = $("#dgUser").datagrid("getSelections");
        if (rows.length != 1) {
            $.messager.alert("提示", "请选择一条数据!");
            return;
```

```
        }
        else {
            $("#divUserModule").dialog({
                closed: false,
                title: "设置用户权限",
                modal: true,
                width: 500,
                height: 400,
                collapsible: true,
                minimizable: true,
                resizable: true
            });
            id = rows[0].Id;
            ShowModule(id);
        }
    });
    $("#btnAssign").click(function () {
        var rows = $("#dgModule").datagrid("getSelections");
        if (rows.length > 0) {
            $.messager.confirm("提示", "确定要保存吗?", function (res) {
                if (res) {
                    var codes = [];
                    for (var i = 0; i < rows.length; i++) {
                        codes.push(rows[i].Id);
                    }
                    $.post("/UserMgr/Assign", {"ids": codes.join(','), "uid": id},
function (data) {
                        if (data == "OK") {
                            $.messager.alert("提示", "保存成功!");
                            $("#dgModule").datagrid("load", {});
                        }
                        else if (data == "NO") {
                            $.messager.alert("提示", "保存失败!");
                            return;
                        }
                    });
                }
            });
        }
    });
    $("#roleassign").click(function () {
        var rows = $("#dgUser").datagrid("getSelections");
```

```
            if (rows.length != 1) {
                $.messager.alert("提示", "请选择一条数据!");
                return;
            }
            else {
                $("#divUserRole").dialog({
                    closed: false,
                    title: "分配角色",
                    modal: true,
                    width: 500,
                    height: 400,
                    collapsible: true,
                    minimizable: true,
                    resizable: true
                });
                id = rows[0].Id;
                ShowRole(id);
            }
        });
        $("#btnRoleAssign").click(function () {
            var rows = $("#dgRole").datagrid("getSelections");
            if (rows.length > 0) {
                $.messager.confirm("提示", "确定要保存吗?", function (res) {
                    if (res) {
                        var codes = [];
                        for (var i = 0; i < rows.length; i++) {
                            codes.push(rows[i].Id);
                        }
                        $.post("/UserMgr/Assign", { "ids": codes.join(','), "uid": id,
"type":"1"}, function (data) {
                            if (data == "OK") {
                                $.messager.alert("提示", "保存成功!");
                                $("#dgRole").datagrid("load", {});
                            }
                            else if (data == "NO") {
                                $.messager.alert("提示", "保存失败!");
                                return;
                            }
                        });
                    }
                });
            }
```

```
        });
    }
    function ShowModule(id) {
        $("#dgModule").datagrid({
            url: "/ModuleMgr/GetPermit? uid=" + id,
           // title: "设置权限",
            pagination: true,
            pageSize: 10,
            pageList: [10, 20, 30],
            fit: true,
            fitColumns: false,
            loadMsg: "正在加载模块信息...",
            nowarp: false,
            border: false,
            idField: "Id",
            sortName: "Id",
            sortOrder: "asc",
            frozenColumns: [[//冻结列
                { field: "ck", checkbox: true, align: "left", width: 50 }
            ]],
            columns: [[
                { title: "编号", field: "Id", width: 50, sortable: true },
                { title: "模块名称", field: "Name", width: 100, sortable: true },
                { title: "模块地址", field: "Url", width: 150, sortable: true },
                { field: 'IsLeaf', title: '叶子', width: 80, align: 'center' },
                { field: 'Status', title: '状态', width: 60, align: 'center', formatter:
function (value, row, index) {
                        if (row.Status == "0")
                            return '禁用';
                        else if (row.Status == "1")
                            return '启用';
                        else
                            return '禁用';
                    }
                }
            ]],
            onLoadSuccess: function (data) {
                $("#dgModule").datagrid("clearChecked");
                $("#dgModule").datagrid("clearSelections");
                if (data) {
                    $.each(data.rows, function (index, item) {
                        if (item.Checked) {
```

```
                        $('#dgModule').datagrid('checkRow', index);
                    }
                });
            }
        }
    });
}
function ShowRole(id) {
    $("#dgRole").datagrid({
        url: "/RoleMgr/GetPermit? uid=" + id,
        pagination: false,
        fit: true,
        fitColumns: false,
        loadMsg: "正在加载角色信息...",
        nowarp: false,
        border: false,
        idField: "Id",
        sortName: "Id",
        sortOrder: "asc",
        frozenColumns: [[//冻结列
            { field: "ck", checkbox: true, align: "left", width: 50 }
        ]],
        columns: [[
            { title: "编号", field: "Id", width: 50, sortable: true },
            { title: "角色名称", field: "Name", width: 100, sortable: true },
            { title: "创建时间", field: "CreateTime", width: 120, sortable: true },
            { field: 'Status', title: '状态', width: 60, align: 'center', formatter:
function (value, row, index) {
                    if (row.Status == "0")
                        return '禁用';
                    else if (row.Status == "1")
                        return '启用';
                    else
                        return '禁用';
                }
            }
        ]],
        onLoadSuccess: function (data) {
            $("#dgRole").datagrid("clearChecked");
            $("#dgRole").datagrid("clearSelections");
            if (data) {
                $.each(data.rows, function (index, item) {
```

```
                    if (item.Checked) {
                        $ ('#dgRole').datagrid('checkRow', index);
                    }
                });
            }
        }
    });
}
//设置角色成功之后执行的方法
function afterSetRole() {
    $ ("#divUserRole").dialog({
        closed: true
    });
}
function afterSetModule() {
    $ ("#divUserModule").dialog({
        closed: true
    });
}
//--------------------系统管理-->用户管理结束--------------------//
```

5.6.7 添加给用户分配角色和分配模块的前端页面代码

在 Visual Studio 2017 的“解决方案资源管理器”中选中“JST. TPLMS. Web”项目，打开“View\UserMgr\Index. cshmtl”文件，添加与给用户分配角色和分配模块相关的前端页面代码。步骤如下：

① 在按钮区“<!--toolbar-->”添加以下两行代码：

```
<a href = "#" id = "assign" class = "easyui - linkbutton" style = "width:80px; height:30px; background - color: #0993D3;">分配模块</a>
<a href = "#" id = "roleassign" class = "easyui - linkbutton" style = "width: 80px; height:30px; background - color: #0993D3;">分配角色</a>
```

② 添加分配角色和分配模块的代码如下：

```
<!--------------------分配角色和分配模块-------------------->
<div id = "divUserModule" class = "easyui - dialog" closed = "true" data - options = "buttons: '#dlg - buttons - module'">
<div data - options = "region:'center',split:false" style = "height:310px;">
<!--- 表格 -->
<table id = "dgModule"></table>
</div>
</div>
```

```
<div id="dlg-buttons-module">
<input type="submit" id="btnAssign" value="保存" class="btn btn-primary" />
<input type="submit" id="btnCancle" value="取消" class="btn btn-info" onclick=
"afterSetModule()" />
</div>
<div id="divUserRole" class="easyui-dialog" closed="true" data-options=
"buttons:'#dlg-buttons'">
<div data-options="region:'center',split:false" style="height:310px;">
<!---表格-->
<table id="dgRole"></table>
</div>
</div>
<div id="dlg-buttons">
<input type="submit" id="btnRoleAssign" value="保存" class="btn btn-primary" />
<input type="submit" id="btnRoleCancle" value="取消" class="btn btn-info"
onclick="afterSetRole()" />
</div>
```

③ 添加相应的脚本。

```
<script type="text/javascript">
    // var editFlag = undefined;
    $(function () {
        initable();
        reloaded();
        updUserInfo();
        showCreateUserDialog();
        deleteUser();
        SetUserLimit();
    });
</script>
```

5.6.8 UserMgrController 类

在 Visual Studio 2017 的“解决方案资源管理器”中选中“JST. TPLMS. Web”项目，打开“Controllers\UserMgrController. cs”文件，添加如下与给用户分配角色和分配模块相关的代码：

```
namespace JST.TPLMS.Web.Controllers
{
    public class UserMgrController: BaseController
    {
        UserService users;
```

```
        RelationsService relaSvr;
        public UserMgrController(UserService user, RelationsService rela)
        {
            users = user;
            relaSvr = rela;
        }
         //分配角色和分配模块
        public ActionResult Assign(string Ids,string uid,string type = "")
        {
            string result = "NO";
            try
            {
                var idList = Ids.Split(',');
                List<int> list = new List<int>();
                foreach (var item in idList)
                {
                    list.Add(NumberHelper.ToInt(item));
                }
                int userid = NumberHelper.ToInt(uid);
                if (type == "1")
                {
                    relaSvr.Assign(EnumRelation.User2Role.ToString(), userid,
list.ToArray());
                }else{
                    relaSvr.Assign(EnumRelation.User2Module.ToString(), userid,
list.ToArray());
                }
                result = "OK";
            }
            catch
            {
            }
            return Content(result);
        }
    }
}
```

5.6.9 效果预览

在用户管理页面中，分配模块和分配角色功能的效果预览图分别如图 5.4 和图 5.5 所示。

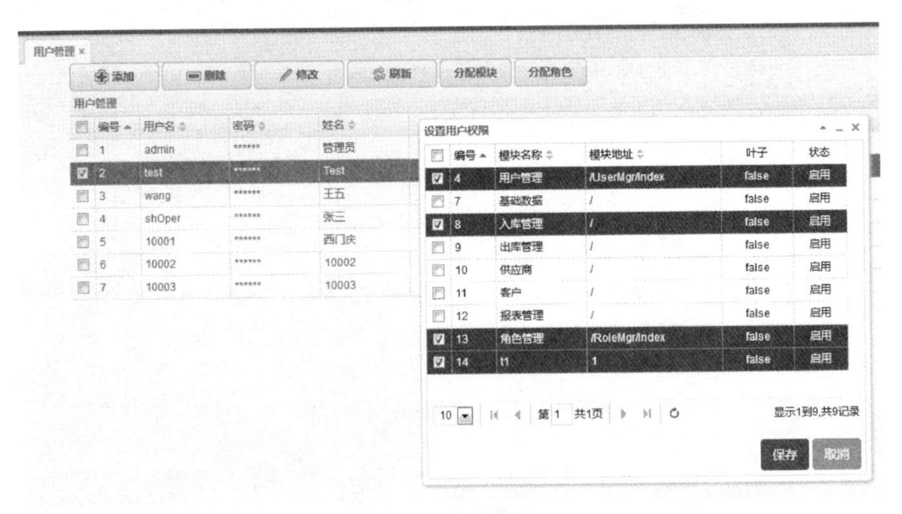

图 5.4　分配模块

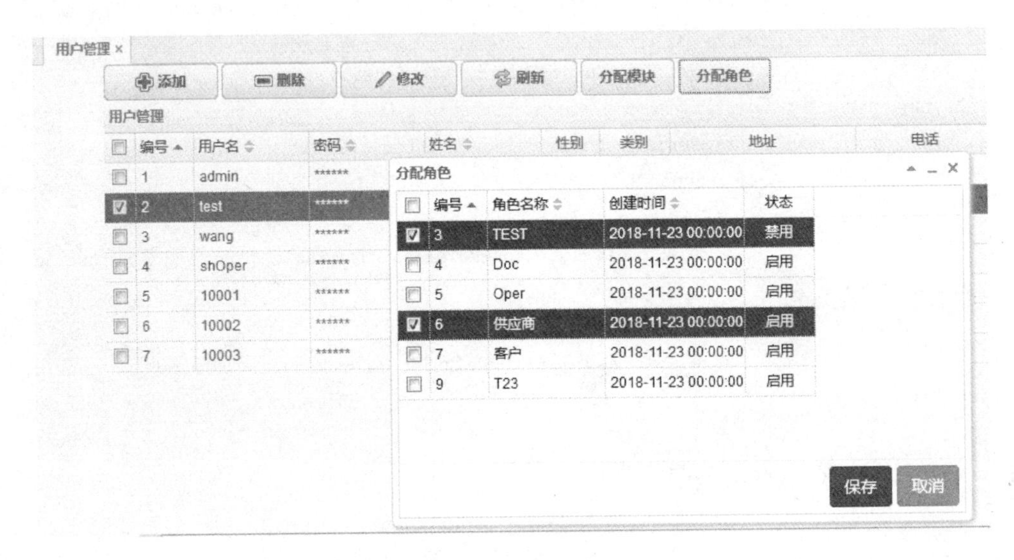

图 5.5　分配角色

5.7　权限模块介绍

有关用户登录的内容参见第 2 章。

5.7.1　主界面功能介绍

如图 5.3 所示，主界面的上方是信息栏，主要显示用户信息、时间和版权；左边为功能栏，主要放置与系统管理相应的功能栏和菜单；右边为功能显示区，主要显示功能界面。

5.7.2 用户管理

进入主界面后，首先会查询出系统当前已有的用户，并可进行添加、修改和删除用户的操作，如图 5.6 所示。具体操作参见第 3 章。

在用户管理区域中可完成如下功能：

【添加】：单击“添加”按钮弹出添加用户对话框，输入相应信息后保存即完成添加用户的操作。

【修改】：只对选中记录进行修改，修改相应信息后保存即完成对用户修改的操作。

【删除】：只对选中记录进行删除，删除前会给出提示框，单击“确定”按钮即可删除当前选中的用户，否则不删除用户。

【刷新】：重新查询数据并在页面上显示。

【分配模块】：给用户分配授权模块。

【分配角色】：给用户分配角色。

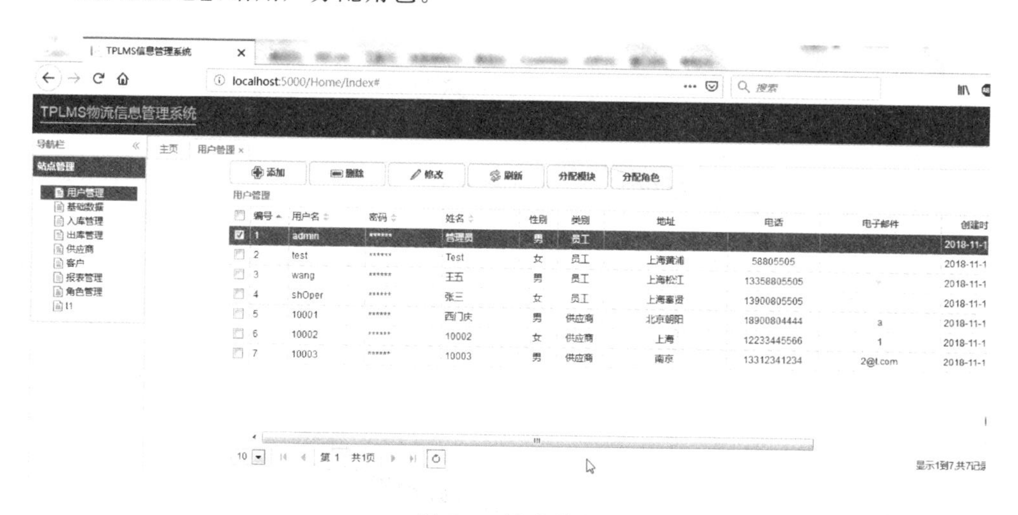

图 5.6 用户管理

5.7.3 角色管理

进入主界面后，加载当前登录用户可编辑的角色，可编辑角色带出相应的用户。只能对可编辑的角色进行操作，并对菜单和用户进行编辑，如图 5.7 所示。

在角色管理区域中可完成如下功能：

【添加】：单击“添加”按钮，弹出添加角色对话框，其中的角色代码、角色名称不能为空。角色状态有正常、注销和锁定三种，也可通过数据字典进行配置。

【删除】：删除选中的角色。

【修改】：单击“修改”按钮，弹出修改角色对话框，其中的角色代码不可进行编辑。

编号	角色名称	创建时间	类别	状态
10	管理员	2018-12-27 00:00:00		启用
7	客户	2018-11-23 00:00:00		启用
4	Doc	2018-11-23 00:00:00		启用
5	Oper	2018-11-23 00:00:00		启用
6	供应商	2018-11-23 00:00:00		启用
9	T23	2018-11-23 00:00:00		启用
3	TEST	2018-11-23 00:00:00		禁用

图 5.7　角色管理

【刷新】:重新查询数据并在页面上显示。

【分配模块】:单击“分配模块”按钮,弹出分配模块给角色的对话框。

5.7.4　模块管理

对系统的功能模块可进行添加、删除、修改和刷新操作,如图 5.8 所示。具体操作参见第 4 章。

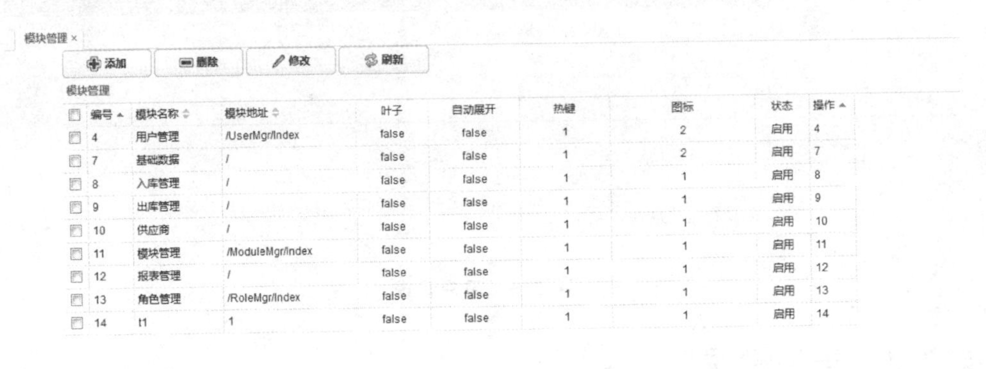

编号	模块名称	模块地址	叶子	自动展开	热键	图标	状态	操作
4	用户管理	/UserMgr/Index	false	false	1	2	启用	4
7	基础数据	/	false	false	1	2	启用	7
8	入库管理	/	false	false	1	1	启用	8
9	出库管理	/	false	false	1	1	启用	9
10	供应商	/	false	false	1	1	启用	10
11	模块管理	/ModuleMgr/Index	false	false	1	1	启用	11
12	报表管理	/	false	false	1	1	启用	12
13	角色管理	/RoleMgr/Index	false	false	1	1	启用	13
14	t1	1	false	false	1	1	启用	14

图 5.8　模块管理

在模块管理区域中可完成如下功能:

【添加】:添加新的模块。

【删除】:删除选中的模块信息。

【修改】:对已有模块进行修改。

【刷新】:重新加载模块信息。

第 6 章 订单管理

6.1 订单管理介绍

前面完成了一个权限管理系统原型。下面要实现订单、入库、出库的功能。

对于订单功能，要求能导入客户以 Excel 文件格式导出的订单数据。对于订单处理子系统，要求提供上传功能，并可以对数量进行修改，同时还要具备相应的查询功能。

客户导出的订单数据实例如图 6.1 所示，要求本订单系统根据客户提供的订单格式把订单数据导入进来。

订单号	商品料号	商品编码	商品名称	商品规格型号	计量单位	数量	收货方	供应商
SFKLI20181200030	WDCCMP1	8548900030	触摸屏(车载音响系统用,全新)	//	007	5000	151	10016
SFKLI20181200030	WDCCMP2	8548900030	触摸屏(车载音响系统用,全新)	//	007	5000	151	10016
SFKLI20181200030	WDCCMP3	8548900030	触摸屏(车载音响系统用,全新)	//	007	11000	151	10016
SFKLI20181200030	WDCCMP4	8548900030	触摸屏(车载音响系统用,全新)	//	007	2300	151	10016
SFKLI20181200030	WDCCMP5	8548900030	触摸屏(车载音响系统用,全新)	//	007	5400	127	10016
SFKLI20181200030	WDCCMP6	8548900030	触摸屏(车载音响系统用,全新)	//	007	3600	127	10016
SFKLI20181200030	WDCCMP7	8548900030	触摸屏(车载音响系统用,全新)	//	007	5000	127	10016
SFKLI20181200030	WDCCMP8	8548900030	触摸屏(车载音响系统用,全新)	//	007	4800	127	10009
SFKLI20181200030	WDCCMP9	8548900030	触摸屏(车载音响系统用,全新)	//	007	5000	104	10009

图 6.1　导入模板

6.2 订单管理页面功能

TPLMS 订单管理功能界面效果如图 6.2 所示，在订单管理表格顶端有“添加”“删除”“修改”“刷新”四个功能按钮。

添加　删除　修改　刷新

订单管理

编号	订单号	文件名称	创建时间	操作者	操作
3	PO2018000007	MUEY-SFKLI20181200023-1.xls	2018-12-12 00:0(	2	3
4	PO2018000008	MUEY-SFKLI20181200023-1.xls	2018-12-12 00:0(	2	4
5	PO2018000012	MUEY-SFKLI20181200023-1.xls	2018-12-12 00:0(	2	5
6	PO2018000017	MUEY-SFKLI20181200024.xls	2018-12-12 00:0(	54	6
7	PO2018000018	MUEY-SFKLI20181200024.xls	2018-12-12 00:0(		7
9	PO2018000020	MUEY-SFKLI20181200024.xls	2018-12-12 00:0(	4	9
10	PO2018000021	MUEY-SFKLI20181200024.xls	2018-12-12 00:0(	5	10
11	PO2018000022	MUEY-SFKLI20181200024.xls	2018-12-12 00:0(	44	11
12	PO2018000024	MUEY-SFKLI20181200024.xls	2018-12-12 00:0(	4	12

10　第 1　共1页　　显示1到9,共9记录

图 6.2　订单管理

6.3 订单管理流程分析

订单管理流程分析框图如图 6.3 所示。

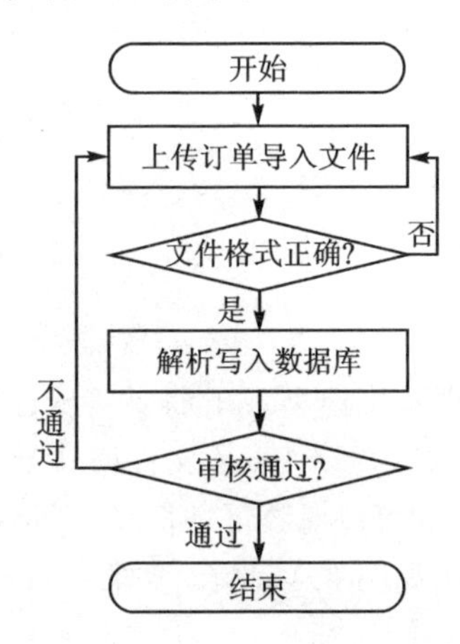

图 6.3 订单管理流程分析框图

6.4 订单管理实现过程

订单管理页面主要使用了 EasyUI 作为订单的前端展示页面,使用 WebUploader 让用户把订单文件上传到后台,同时把订单信息存入数据库,并通过 Ajax 技术把订单信息传递给前端 EasyUI。

6.4.1 Index. cshmtl 页面

在 Visual Studio 2017 的"解决方案资源管理器"中选中"JST. TPLMS. Web"项目,在 Views 目录中创建一个 POMgr 目录,添加一个 Index. cshmtl 文件,代码如下:

```
@{
    Layout = null;
}
<!DOCTYPEhtml>
<html>
<head>
<meta name = "viewport" content = "width = device - width" />
    <link href = "~/lib/bootstrap/dist/css/bootstrap.min.css" rel = "stylesheet"/>
    <script src = "~/lib/bootstrap/dist/js/bootstrap.js"></script>
    <script src = "~/js/jquery.min.js"></script>
    <script src = "~/js/easyui/jquery.easyui.min.js"></script>
```

```
    <link href = "~/js/easyui/themes/bootstrap/easyui.css" rel = "stylesheet" />
    <link href = "~/js/easyui/themes/icon.css" rel = "stylesheet" />
    <script src = "~/js/easyui/locale/easyui - lang - zh_CN.js"></script>
    <title>订单管理</title>
  </head>
  <body>
    <link href = "~/js/webuploader/webuploader.css" rel = "stylesheet" />
    <script type = "text/javascript" src = "~/js/webuploader/webuploader.min.js">
</script>
    <script src = "~/js/business/pomgr.js"></script>
    <script src = "~/js/business/myUploader.js"></script>
    <div data - options = "region:'center'" style = "overflow: hidden;">
        <div id = "containter" style = "width: 1000px; height: auto; margin: 0px auto;">
            <! -- toolbar -- >
            <div style = "margin - bottom:1px;font - weight:bold;">
                <a href = "#" id = "add" class = "easyui - linkbutton" data - options =
"iconCls:'icon - add'" style = "width:100px; height:30px; background - color: #0993D3;">添加</a>
                <a href = "#" id = "del" class = "easyui - linkbutton" data - options =
"iconCls:'icon - remove'" style = "width:100px; height:30px; background - color: #0993D3;">删除
</a>
                <a href = "#" id = "edit" class = "easyui - linkbutton" data - options =
"iconCls:'icon - edit'" style = "width:100px; height:30px; background - color: #0993D3;">修改</
a>
                <a href = "#" id = "reload" class = "easyui - linkbutton" data -
options = "iconCls:'icon - reload'" style = "width:100px; height:30px; background - color:
#0993D3;">刷新</a>
            </div>
            <! -- panel -- >
            <div data - options = "region:'center',split:false" style = "height:500px;">
                <! -- 表格 -- >
                <table id = "dgPO"></table>
            </div>
        </div>
    </div>
    <! --------------------- 右键菜单(暂时未用) -------------------- >
    <div id = "menu" class = "easyui - menu" style = "width: 120px; display: none">
        <div onclick = "" iconcls = "icon - add">
            增加
        </div>
        <div onclick = "" iconcls = "icon - remove">
            删除
        </div>
```

```
        <div onclick = "editorMethod();" iconcls = "icon - edit">
            修改
        </div>
    </div>
    <! ---------------------新增修改订单信息--------------------->
    <div id = "divAddUpdPO" class = "easyui - dialog" closed = "true" data - options =
"buttons:'#dlg - buttons'">
        <table>
            <tr>
                <td><input type = "hidden" name = "ID" id = "IDUpdate" /></td>
            </tr>
            <tr>
                <td> 订单号:</td>
                <td><input type = "text" id = "UpdNO" name = "UNO" class = "form -
control input - sm" /></td>
                <td>创建时间:</td>
                <td><input type = "text" id = "CreateTimeUpdate" name = "UCreateTime"
class = "form - control input - sm" />
                </td>
                <td>创建者:</td>
                <td><input type = "text" id = "OperUpdate" name = "UOper" class = "form -
control input - sm" />
                </td>
            </tr>
            <tr>
                <td>文件名:</td>
                <td colspan = "2"><input type = "text" id = "UpdFileName" name =
"UFileName" class = "form - control input - sm" /></td>
                <td ><div id = "fileList" class = "uploader - list"></div></td>
                <td colspan = "2">
                    <div class = "btns">
                        <div id = "picker" class = "btn btn - primary btn - sm">选择文
件</div>
                        <button id = "ctlBtn" class = "btn btn - default">开始上传
</button>
                        <button id = "reset" class = "btn btn - default">重置</button>
                    </div>
                </td>
            </tr>
        </table>
        <! -- panel -- >
        <div data - options = "region:'center',split:false" style = "height:300px;">
```

```
            <!-- 表格 -->
            <table id="dgPOD"></table>
        </div>
    </div>
    <div id="dlg-buttons">
        <input type="submit" id="btnSave" value="保存" class="btn btn-primary"/>
        <input type="submit" id="btnCancle" value="取消" class="btn btn-info"/>
    </div>
    <script type="text/javascript">
        // var editFlag = undefined;
        $(function () {
            initable();
            reloaded();
            updPOInfo();
            showPODialog();
            deletePO();
            init();
        });
    </script>
</body>
</html>
```

6.4.2 订单管理前端功能

在Visual Studio 2017的"解决方案资源管理器"中选中"JST.TPLMS.Web"项目,在"wwwroot\js\business"目录中添加一个新的脚本文件pomgr.js,用来实现订单管理前端展示页面的功能,代码如下:

```
//--------------------系统管理-->订单管理---------------------//
//刷新数据
function initable() {
    $("#dgPO").datagrid({
        url: "/POMgr/List",
        title: "订单管理",
        pagination: true,
        pageSize: 10,
        pageList: [10, 20, 30],
        fit: true,
        fitColumns: false,
        loadMsg: "正在加载订单信息...",
        nowarp: false,
        border: false,
```

```
                idField: "Id",
                sortName: "Id",
                sortOrder: "asc",
                frozenColumns: [[//冻结列
                    { field: "ck", checkbox: true, align: "left", width: 50 }
                ]],
                columns: [[
                    { title: "编号", field: "Id", width: 50, sortable: true },
                    { title: "订单号", field: "NO", width: 100, sortable: true },
                    { title: "文件名称", field: "FileName", width: 250, sortable: true },
                    { field: 'CreateTime', title: '创建时间', width: 100, align: 'center' },
                    { field: 'Oper', title: '操作者', width: 100, align: 'center' },
                    { title: "操作", field: "Id", width: 70, formatter: function (value, row,
index) {
                            var str = '';
                            //自定义处理
                            str += "<a>" + row.Id + "</a>";
                            return str;
                        }
                    }
                ]]
            });
        }
        function reloaded() {   //reload
            $("#reload").click(function () {
                $('#dgPO').datagrid('reload');
            });
        }
        //修改单击按钮事件
        function updPOInfo() {
            $("#edit").click(function () {
                //判断选中行
                var row = $("#dgPO").datagrid('getSelected');
                if (row) {
                    $.messager.confirm('编辑', '您想要编辑吗？', function (r) {
                        if (r) {
                            //先绑定
                            $("#IDUpdate").val(row.Id);
                            $("#UpdNO").val(row.NO);
                            $("#UpdFileName").val(row.FileName);
                            $("#CreateTimeUpdate").val( row.CreateTime);
                            $("#OperUpdate").val(row.Oper);
```

```
                //打开对话框编辑
                $("#divAddUpdPO").dialog({
                    closed: false,
                    title: "修改订单",
                    modal: true,
                    width: 700,
                    height: 450,
                    collapsible: true,
                    minimizable: true,
                    maximizable: true,
                    resizable: true,
                });
                ShowDetail(row.NO);
            }
        });
    } else {
        $.messager.alert('提示', '请选择要编辑的行!', 'warning');
    }
});
$("#btnUpdate").click(function () {
    //更新
    //验证
    $.messager.confirm('确认', '您确认要更新吗?', function (r) {
        if (r) {
            var obj_No = $("#UpdNO").val();
            var obj_CreateTime = $("#CreateTimeUpdate").val();
            var obj_Oper = $("#OperUpdate").val();
            var obj_fullname = $("#UpdFileName").val();
            if (obj_No == "" || obj_fullname == "") {
                $.messager.alert('提示', ' 请填写相关必填项!', 'warning');
                return;
            }
            var postData = {
                "Id": $("#IDUpdate").val(),
                "FileName": obj_fullname,
                "NO": obj_No,
                "CreateTime": obj_CreateTime,
                "Oper": obj_Oper
            };
            $.post("/POMgr/Update", postData, function (data) {
                if (data == "OK") {
                    $("#divAddUpdPO").dialog("close");
```

```
                        $.messager.alert("提示", "修改成功!");
                        initable();
                    }
                    else if (data == "NO") {
                        $.messager.alert("提示", "修改失败!");
                        return;
                    }
                });
            }
        })
    });
}
//删除模块
function deletePO() {
    $("#del").click(function () {
        var rows = $("#dgPO").datagrid("getSelections");
        if (rows.length > 0) {
            $.messager.confirm("提示", "确定要删除吗?", function (res) {
                if (res) {
                    var codes = [];
                    for (var i = 0; i < rows.length; i++) {
                        codes.push(rows[i].Id);
                    }
                    $.post("/POMgr/Delete", { "ids": codes.join(',') }, function
(data) {
                        if (data == "OK") {
                            $.messager.alert("提示", "删除成功!");
                            $("#dgPO").datagrid("clearChecked");
                            $("#dgPO").datagrid("clearSelections");
                            $("#dgPO").datagrid("load", {});
                        }
                        else if (data == "NO") {
                            $.messager.alert("提示", "删除失败!");
                            return;
                        }
                    });
                }
            });
        }
    })
}
//清空文本框
```

```
function clearAll() {
    $ ("#IDUpdate").val("");
    $ ("#UpdNO").val("");
    $ ("#CreateTimeUpdate").val(getNowFormatDate());
    $ ("#OperUpdate").val("");
    $ ("#UpdFileName").val("");
}
function GetNo() {
    $.get("/POMgr/GetNo", function (data) {
        $ ("#UpdNO").val(data);
    });
}
//获取当前时间,格式为 YYYY-MM-DD
function getNowFormatDate() {
    var date = new Date();
    var seperator1 = "-";
    var year = date.getFullYear();
    var month = date.getMonth() + 1;
    var strDate = date.getDate();
    if (month >= 1 && month <= 9) {
        month = "0" + month;
    }
    if (strDate >= 0 && strDate <= 9) {
        strDate = "0" + strDate;
    }
    var currentdate = year + seperator1 + month + seperator1 + strDate;
    return currentdate;
}
//弹出添加订单的对话框
function showPODialog() {
    $ ("#add").click(function () {
        clearAll();
        $ ("#divAddUpdPO").dialog({
            closed: false,
            title: "添加订单",
            modal: true,
            width: 700,
            height: 450,
            collapsible: true,
            minimizable: true,
            maximizable: true,
            resizable: true
```

```
        });
        GetNo();
        ShowDetail("");
    });
    $("#btnSave").click(function () {
        //alert('1');
        //启用
        $("#ctlBtn").removeAttr("disabled");
        //保存
        var id = $("#IDUpdate").val();
        if (id == "" || id == undefined) {
            //验证
            $.messager.confirm('确认','您确认要保存吗？', function (r) {
                if (r) {
                    var obj_No = $("#UpdNO").val();
                    var obj_CreateTime = $("#CreateTimeUpdate").val();
                    var obj_Oper = $("#OperUpdate").val();
                    var obj_fullname = $("#UpdFileName").val();
                    if (obj_No == "" || obj_fullname == "") {
                        $.messager.alert('提示',' 请填写相关必填项！', 'warning');
                        return;
                    }
                    var postData = {
                        "id": "",
                        "FileName": obj_fullname,
                        "NO": obj_No,
                        "CreateTime": obj_CreateTime,
                        "Oper": obj_Oper
                    };
                    $.post("/POMgr/Add", postData, function (data) {
                        if (data == "OK") {
                            $("#divAddModule").dialog("close");
                            $.messager.alert("提示","保存成功!");
                            initable();
                        }
                        else if (data == "NO") {
                            $.messager.alert("提示","保存失败!");
                            return;
                        }
                    });
                }
            })
```

```
            }
            else {
                saveDetail();
            }
        });
}
//添加明细
function ShowDetail(no) {
    $("#dgPOD").datagrid({
        url: "/POMgr/GetDetail? no=" + no,
        title: "订单明细",
        pagination: false,
        fit: true,
        fitColumns: false,
        loadMsg: "正在加载订单明细信息...",
        nowarp: false,
        border: false,
        idField: "Id",
        sortName: "Id",
        sortOrder: "asc",
        columns: [[
            { title: "编号", field: "Id", width: 50, sortable: true },
            { title: "订单号", field: "NO", width: 100, sortable: true },
            { title: "货物代码", field: "CargoCode", width: 100, sortable: true },
            { title: "货物名称", field: "CargoName", width: 160, sortable: true },
            { title: "收货方", field: "Rcv", width: 80, sortable: true },
            { title: "数量", field: "Qty", width: 100, align: 'center', editor: {
                    type: 'validatebox',
                    options: {
                        validType: 'number'
                    }
                }
            },
            { title: "供应商", field: "SupplierId", width: 100, align: 'center' },
            { title: "截止日期", field: "ClosingDate", width: 100, align: 'center' }
        ]],
        onDblClickRow: function(index,rowData) {
            editrow(index);
        }
    });
}
function editrow(index) {
```

```
        $('#dgPOD').datagrid('beginEdit', index);
    }
    function endEdit() {
        var rows = $('#dgPOD').datagrid('getRows');
        for (var i = 0; i < rows.length; i++) {
            $('#dgPOD').datagrid('endEdit', i);
        }
    }
    function saveDetail() {
        endEdit();
        $.messager.confirm('确认', '您确认要修改吗？', function (r) {
            if ($('#dgPOD').datagrid('getChanges').length) {
                var obj_No = $("#UpdNO").val();
                var obj_CreateTime = $("#CreateTimeUpdate").val();
                var obj_Oper = $("#OperUpdate").val();
                var obj_fullname = $("#UpdFileName").val();
                var postData = {
                    "id": $("#IDUpdate").val(),
                    "FileName": obj_fullname,
                    "NO": obj_No,
                    "CreateTime": obj_CreateTime,
                    "Oper": obj_Oper
                };
                var inserted = $('#dgPOD').datagrid('getChanges', "inserted");
                var deleted = $('#dgPOD').datagrid('getChanges', "deleted");
                var updated = $('#dgPOD').datagrid('getChanges', "updated");
                var effectRow = new Object();
                if (inserted.length) {
                    effectRow["inserted"] = JSON.stringify(inserted);
                }
                if (deleted.length) {
                    effectRow["deleted"] = JSON.stringify(deleted);
                }
                if (updated.length) {
                    effectRow["updated"] = JSON.stringify(updated);
                }
                if (postData.id) {
                    effectRow["postdata"] = JSON.stringify(postData);
                }
                $.post("/POMgr/Update", effectRow, function (data) {
                    if (data.success) {
                        $.messager.alert("提示", "保存成功!");
```

```
                    $('#dgPOD').datagrid('acceptChanges');
                }
                else {
                    $.messager.alert("提示", data.msg);
                    return;
                }
            }, "JSON");
        }
    })
}
function init() {
    $("#ctlBtn").attr({ "disabled": "disabled" });
    $("#btnCancle").click(function () {
        $("#divAddUpdPO").dialog("close");
    });
}
//-------------------系统管理-->订单管理结束---------------------//
```

6.4.3 文件上传管理类

在 Visual Studio 2017 的“解决方案资源管理器”中选中“JST.TPLMS.Web”项目，在“wwwroot\js\business”目录中添加一个文件上传脚本文件 myUploader.js，代码如下：

```
//-------------------系统管理-->文件上传管理---------------------//
var applicationPath = window.applicationPath === ""?"":window.applicationPath || "../../";
// 文件上传
jQuery(function () {
    var $ = jQuery,
        $filename = $('#UpdFileName'),
        $list = $('#fileList'),
        $btn = $('#ctlBtn'),
        $btnre = $('#reset'),
        state = 'pending',
        uploader;
    uploader = WebUploader.create({
        //不压缩 image
        resize: false,
        //swf 文件路径
        swf: applicationPath + '~/js/webuploader/Uploader.swf',
        //文件接收服务端
        server: '/POMgr/UploadFile?address=PO',
```

```
            //选择文件的按钮。可选
            //内部根据当前运行是否是创建来决定是 input 元素,还是 flash
            //pick: '#picker'
            pick: {
                id: '#picker',
                multiple: false,
                label: '选择文件'
            },
            fileNumLimit: 1
        });
        //当有文件被加入队列之前触发
        uploader.on('beforeFileQueued', function (file) {
            uploader.reset();
            $list.empty();
            $filename.val("");
        });
        //当有文件添加进来时触发
        uploader.on('fileQueued', function (file) {
            $filename.val(file.name);
            $list.append('<div id="' + file.id + '" class="item">' + '<p class="state">等待上传...</p>' + '</div>');
            //删除上传的文件
            $btnre.on('click', function () {
                $li = $('#' + file.id);
                uploader.reset();
                $li.remove();
                $filename.val("");
            });
        });
        //文件上传过程中创建进度条实时显示
        uploader.on('uploadProgress', function (file, percentage) {
            var $li = $('#' + file.id),
            $percent = $li.find('.progress .progress-bar');
            //避免重复创建
            if (!$percent.length) {
                $percent = $('<div class="progress progress-striped active">' + '<div class="progress-bar" role="progressbar" style="width: 0%">' + '</div>' + '</div>').appendTo($li).find('.progress-bar');
            }
            $li.find('p.state').text('上传中');
            $percent.css('width', percentage * 100 + '%');
        });
```

```
uploader.on('uploadSuccess', function (file, response) {
    console.log(response._raw);
    $('#' + file.id).find('p.state').text('已上传');
    $('#dgPOD').datagrid({
        url: "/POMgr/GetDetail?no=" + $("#UpdNO").val()
    });
});
uploader.on('uploadError', function (file) {
    $('#' + file.id).find('p.state').text('上传出错');
});
uploader.on('uploadComplete', function (file) {
    $('#' + file.id).find('.progress').fadeOut();
});
uploader.on('all', function (type) {
    if (type === 'startUpload') {
        state = 'uploading';
    } else if (type === 'stopUpload') {
        state = 'paused';
    } else if (type === 'uploadFinished') {
        state = 'done';
    }
    if (state === 'uploading') {
        $btn.text('暂停上传');
    } else {
        $btn.text('开始上传');
    }
});
$btn.on('click', function () {
    var obj_No = $("#UpdNO").val();
    if (obj_No == "" ) {
        $.messager.alert('提示', '请先生成订单号!', 'warning');
        return;
    }
    var obj = new Object();
    obj.NO = obj_No;
    uploader.options.formData = obj;
    if (state === 'uploading') {
        uploader.stop();
    } else {
        uploader.upload();
    }
});
```

```
});
//------------------系统管理-->文件上传管理结束------------------//
```

6.4.4 实体类

在 Visual Studio 2017 的“解决方案资源管理器”中选中“JST.TPLMS.Entitys”项目,添加两个实体类 PurchaseOrder 和 PurchaseOrderDetail,用于映射数据库中的订单表和订单明细表,代码如下:

```
using System;
using System.Collections.Generic;
using System.ComponentModel.DataAnnotations;
using System.ComponentModel.DataAnnotations.Schema;

namespace JST.TPLMS.Entitys
{
    [Table("PurchaseOrder")]
    public class PurchaseOrder
    {
        public PurchaseOrder()
        {
            this.Id = 0;
            this.NO = string.Empty;
            this.Oper = string.Empty;
            this.CreateTime = DateTime.Now;
            this.FileName = string.Empty;
        }
        [DatabaseGeneratedAttribute(DatabaseGeneratedOption.Identity)]
        public int Id { get; set; }
        [Required]
        [StringLength(20)]
        public string NO { get; set; }
        [StringLength(50)]
        public string Oper { get; set; }
        public DateTime CreateTime { get; set; }
        [StringLength(255)]
        public string FileName { get; set; }
        public List<PurchaseOrderDetail> PurchaseOrderDetail { get; set; }
    }
}

using System;
```

```
using System.ComponentModel.DataAnnotations;
using System.ComponentModel.DataAnnotations.Schema;

namespace JST.TPLMS.Entitys
{
    [Table("PurchaseOrderDetail")]
    public class PurchaseOrderDetail
    {
        public PurchaseOrderDetail()
        {
            this.Id = 0;
            this.NO = string.Empty;
            this.Unit = string.Empty;
            this.CargoCode = string.Empty;
            this.ClosingDate = DateTime.Now.Date.AddDays(14);
            this.CargoName = string.Empty;
            this.Rcv = string.Empty;
            this.SupplierId = 0;
            this.Qty = 0;
            this.OutQty = 0;
        }
        [DatabaseGeneratedAttribute(DatabaseGeneratedOption.Identity)]
        public int Id { get; set; }
        public int PurchaseOrderId { get; set; }
        [Required]
        [StringLength(20)]
        public string NO { get; set; }
        [StringLength(50)]
        public string CargoCode { get; set; }
        public DateTime ClosingDate { get; set; }
        [StringLength(250)]
        public string CargoName { get; set; }
        [StringLength(10)]
        public string Rcv { get; set; }
        public int SupplierId { get; set; }
        public decimal Qty { get; set; }
        public string Unit { get; set; }
        public decimal OutQty { get; set; }
    }
}
```

6.4.5 PurchaseOrderRepository 类

在 Visual Studio 2017 的“解决方案资源管理器”中选中“JST.TPLMS.Repository”项目，添加一个新的类 PurchaseOrderRepository，主要用于实现订单表头的操作，代码如下：

```
using JST.TPLMS.Contract;
using JST.TPLMS.DataBase;
using JST.TPLMS.Entitys;
using System;
using System.Collections.Generic;
using System.Globalization;
using System.Linq;
using System.Text;
using System.Transactions;

namespace JST.TPLMS.Repository
{
    public class PurchaseOrderRepository: BaseRepository<PurchaseOrder>, IPurchase-
OrderRepository
    {
        public PurchaseOrderRepository(TPLMSDbContext m_Context):base(m_Context)
        {
        }
        public bool Delete(string ids)
        {
            var idList = ids.Split(',');
            bool result = true;
            var pos = Context.PurchaseOrder.Where(m => idList.Contains(m.Id.To-
String())); //查询出主表数据
            foreach (var po in pos)
            {
                //此处注意需要调用 ToList 方法
                //否则会报错，即未经处理的异常(System.InvalidOperationException):
//集合已修改;可能无法执行枚举操作
                //foreach 内部不允许修改状态
                foreach (var student in po.PurchaseOrderDetail.ToList())
                {
                    Context.PurchaseOrderDetail.Remove(student);//手动标记从表的
//数据为 Deleted 状态
                }
```

```
                Context.PurchaseOrder.Remove(po);//标记主表的状态为 Deleted
            }
            Context.SaveChanges();
            return result;
        }
        public IEnumerable<PurchaseOrder> LoadPurchaseOrders(int pageindex, int pagesize)
        {
            return Context.PurchaseOrder.OrderBy(u => u.Id).Skip((pageindex - 1) *
pagesize).Take(pagesize);
        }
        public IEnumerable<PurchaseOrder> GetPurchaseOrders(DateTime sdate, DateTime
edate, string no, string filename)
        {
            var moduleList = Context.PurchaseOrder.Where(m => m.CreateTime > sdate &&
m.CreateTime < edate);
            return moduleList;
        }
    }
}
```

6.4.6 PurchaseOrderDetailRepository 类

在 Visual Studio 2017 的“解决方案资源管理器”中选中“JST.TPLMS.Repository”项目，添加一个新的类 PurchaseOrderDetailRepository，主要用于实现订单表体的操作，代码如下：

```
using JST.TPLMS.Contract;
using JST.TPLMS.DataBase;
using JST.TPLMS.Entitys;
using System;
using System.Collections.Generic;
using System.Globalization;
using System.Linq;
using System.Text;
using System.Transactions;

namespace JST.TPLMS.Repository
{
    public class PurchaseOrderDetailRepository: BaseRepository<PurchaseOrderDetail>,
IPurchaseOrderDetailRepository
    {
        public PurchaseOrderDetailRepository(TPLMSDbContext m_Context):base(m_Context)
```

```
        {
        }
        public bool Delete(string No)
        {
            var moduleList = Context.PurchaseOrderDetail.Where(m => m.NO == No);
            bool result = true;
            Delete(moduleList.ToArray());
            return result;
        }
        public IEnumerable<PurchaseOrderDetail> LoadPurchaseOrderDetails(int page-
index, int pagesize)
        {
            return Context.PurchaseOrderDetail.OrderBy (u => u.Id).Skip((pageindex - 1) *
pagesize).Take(pagesize);
        }
        public List<PurchaseOrderDetail> GetPurchaseOrderDetails ( int supplierId,
string rcv)
        {
            var moduleList = Context.PurchaseOrderDetail.Where(m => m.SupplierId ==
supplierId && m.Rcv == rcv);
            return moduleList.ToList();
        }
        public IEnumerable<PurchaseOrderDetail> GetPurchaseOrderDetails(string Ids)
        {
            var idList = Ids.Split(',');
            var podList = Context.PurchaseOrderDetail.Where(m => idList.Contains
(m.Id.ToString()));
            return podList;
        }
    }
}
```

6.4.7 服务类 PurchaseOrderService

在 Visual Studio 2017 的"解决方案资源管理器"中选中"JST. TPLMS. Service"项目，添加一个新的类 PurchaseOrderService，用于实现订单管理中的"添加""删除""修改""刷新"操作，代码如下：

```
using JST.TPLMS.Contract;
using JST.TPLMS.Entitys;
using JST.TPLMS.Util.Helpers;
using System;
```

```
using System.Collections.Generic;
using System.Linq.Expressions;
using System.Text;

namespace JST.TPLMS.Service
{
    public class PurchaseOrderService
    {
        private IPurchaseOrderRepository _poMgr;
        private PurchaseOrder _po;
        private List<PurchaseOrder> _pos;    //订单列表
        private IPurchaseOrderDetailRepository _podMgr;
        public PurchaseOrderService(IPurchaseOrderRepository poMgr, IPurchaseOrder-
DetailRepository podMgr)
        {
            _poMgr = poMgr;
            _podMgr = podMgr;
        }
        public dynamic LoadPos(int pageindex, int pagesize)
        {
            //查询订单表
            Expression<Func<PurchaseOrder, bool>> exp = u => u.Id > 0;
            var pos = _poMgr.Find(pageindex, pagesize, exp);
            int total = _poMgr.GetCount(exp);
            List<PurchaseOrder> list = new List<PurchaseOrder>();
            foreach (var item in pos)
            {
                list.Add(item);
            }
            return new
            {
                total = total,
                rows = list
            };
        }
        public string Save(PurchaseOrder po)
        {
            try
            {
                PurchaseOrder order = new PurchaseOrder();
                po = ReflectionHelper.Copy<PurchaseOrder, PurchaseOrder>(po, order);
                foreach (var item in po.PurchaseOrderDetail)
```

```
                {
                    item.PurchaseOrderId = po.Id;
                    _podMgr.Update(item);
                }
                po.PurchaseOrderDetail = null;
                //更新订单表
                _poMgr.Update(po);
            }
            catch (Exception ex)
            {
                throw ex;
            }
            return "OK";
        }
        public string Add(PurchaseOrder po)
        {
            try
            {
                PurchaseOrder order = new PurchaseOrder();
                po = ReflectionHelper.Copy<PurchaseOrder, PurchaseOrder>(po, order);
                //添加订单表
                _poMgr.Add(po);
            }
            catch (Exception ex)
            {
                throw ex;
            }
            return "OK";
        }
        public string Delete(string ids)
        {
            try
            {
                //删除订单表
                _poMgr.Delete(ids);
            }
            catch (Exception ex)
            {
                throw ex;
            }
            return "OK";
        }
```

```
        public string GetNo(string name)
        {
            string no = string.Empty;
            try
            {
                //获取单号
                no = _poMgr.GetNo(name);
            }
            catch (Exception ex)
            {
                throw ex;
            }
            return no;
        }
        public int GetId(string no)
        {
            Expression<Func<PurchaseOrder, bool>> exp = u => u.NO == no;
            var po = _poMgr.FindSingle(exp);
            if (po == null)
            {
                return 0;
            }
            return po.Id;
        }
    }
}
```

6.4.8 服务类 PurchaseOrderDetailService

在 Visual Studio 2017 的"解决方案资源管理器"中选中"JST.TPLMS.Service"项目,添加一个新的类 PurchaseOrderDetailService,用于实现订单管理中的"添加""删除""修改"操作,代码如下:

```
using JST.TPLMS.Contract;
using JST.TPLMS.Entitys;
using JST.TPLMS.Util.Helpers;
using System;
using System.Collections.Generic;
using System.Data;
using System.Linq.Expressions;
using System.Text;
```

```
namespace JST.TPLMS.Service
{
    public class PurchaseOrderDetailService
    {
        private IPurchaseOrderDetailRepository _podMgr;
        private PurchaseOrderDetail _pod;
        private List<PurchaseOrderDetail> _pods;   //订单列表
        public PurchaseOrderDetailService(IPurchaseOrderDetailRepository podMgr)
        {
            _podMgr = podMgr;
        }
        public dynamic LoadPods(int pageindex, int pagesize)
        {
            //查询订单表明细
            Expression<Func<PurchaseOrderDetail, bool>> exp = u => u.Id > 0;
            var pods = _podMgr.Find(pageindex, pagesize, exp);
            int total = _podMgr.GetCount(exp);
            List<PurchaseOrderDetail> list = new List<PurchaseOrderDetail>();
            foreach (var item in pods)
            {
                list.Add(item);
            }
            return new
            {
                total = total,
                rows = list
            };
        }
        public dynamic LoadPods(int supid,string rcv,string cargoName)
        {
            //订单明细表
            var pods = _podMgr.GetPurchaseOrderDetails(supid,rcv);
            List<PurchaseOrderDetail> list = pods.FindAll(u => u.Qty > u.OutQty);
            if (!string.IsNullOrEmpty(cargoName))
            {
                list = pods.FindAll(u => u.Qty > u.OutQty && u.CargoName.Contains
(cargoName));
            }
            return new
            {
                total = list.Count,
                rows = list
```

```
        };
    }
    public dynamic LoadPods(string ids)
    {
        //订单明细表
        var pods = _podMgr.GetPurchaseOrderDetails(ids);
        return pods;
    }
    public dynamic LoadPods(int pid)
    {
        List<PurchaseOrderDetail> list = new List<PurchaseOrderDetail>();
        if (pid == 0)
        {
            return new
            {
                total = list.Count,
                rows = list
            };
        }
        //订单明细表
        Expression<Func<PurchaseOrderDetail, bool>> exp = u => u.Purchase-
OrderId == pid;
        var pods = _podMgr.Find(exp);
        foreach (var item in pods)
        {
            list.Add(item);
        }
        return new
        {
            total = list.Count,
            rows = list
        };
    }
    public string Save(PurchaseOrderDetail u)
    {
        try
        {
            //添加订单明细
            _podMgr.Update(u);
        }
        catch (Exception ex)
        {
```

```
                        throw ex;
                    }
                    return "OK";
                }
                public string Save(DataTable dt,int Id)
                {
                    try
                    {
                        foreach (DataRow row in dt.Rows)
                        {
                            PurchaseOrderDetail pod = new PurchaseOrderDetail();
                            foreach (DataColumn col in dt.Columns)
                            {
                                switch (col.ColumnName.Trim())
                                {
                                    case "订单号":
                                        pod.NO = row[col.ColumnName].ToString();
                                        break;
                                    case "商品料号":
                                        pod.CargoCode = row[col.ColumnName].ToString();
                                        break;
                                    case "商品名称":
                                        pod.CargoName = row[col.ColumnName].ToString();
                                        break;
                                    case "计量单位":
                                        pod.Unit = row[col.ColumnName].ToString();
                                        break;
                                    case "数量":
                                        pod.Qty = NumberHelper.ToDecimal(row[col.Column-
Name].ToString());
                                        break;
                                    case "收货方":
                                        pod.Rcv = row[col.ColumnName].ToString();
                                        break;
                                    case "供应商":
                                        pod.SupplierId = NumberHelper.ToInt(row[col.
ColumnName].ToString());
                                        break;
                                    default:
                                        break;
                                }
                            }
```

```
                //保存明细
                pod.PurchaseOrderId = Id;
                Expression<Func<PurchaseOrderDetail, bool>> exp = u => u.NO ==
pod.NO && u.CargoCode == pod.CargoCode && u.SupplierId == pod.SupplierId && u.OutQty == 0 &&
u.Rcv == pod.Rcv;
                var pods = _podMgr.Find(exp);
                // 如果 list.Count == 0,则当前明细信息已经被删除
                List<PurchaseOrderDetail> list = new List<PurchaseOrderDetail>();
                foreach (var item in pods)
                {
                    list.Add(item);
                }
                if (list.Count == 0)
                {
                    Add(pod);
                }else{
                    Save(pod);
                }
            }
        }
        catch (Exception ex)
        {
            throw ex;
        }
        return "OK";
    }
    public string Add(PurchaseOrderDetail u)
    {
        try
        {
            //添加订单明细
            _podMgr.Add(u);
        }
        catch (Exception ex)
        {
            throw ex;
        }
        return "OK";
    }
    public string Delete(string no)
    {
```

```
                try
                {
                    //删除订单明细
                    _podMgr.Delete(no);
                }
                catch (Exception ex)
                {
                    throw ex;
                }
                return "OK";
            }
        }
    }
```

6.4.9 POMgrController 类

在 Visual Studio 2017 的“解决方案资源管理器”中选中“JST. TPLMS. Web”项目，打开“Controllers”目录下的“POMgrController”类添加“刷新”(List)“添加”(Add)“修改”(Update)“删除”(Delete)四个方法，同时实现 GetNo 获取订单号方法、GetDetail 查询订单明细方法和 UploadFile 上传订单文件方法，代码如下：

```
using System;
using System.Collections.Generic;
using System.Data;
using System.IO;
using System.Linq;
using System.Threading.Tasks;
using JST.TPLMS.Core;
using JST.TPLMS.Service;
using JST.TPLMS.Util;
using JST.TPLMS.Util.Helpers;
using Microsoft.AspNetCore.Hosting;
using Microsoft.AspNetCore.Http;
using Microsoft.AspNetCore.Mvc;

namespace JST.TPLMS.Web.Controllers
{
    public class POMgrController: BaseController
    {
        PurchaseOrderService posvr;
        PurchaseOrderDetailService podSvr;
        public POMgrController(PurchaseOrderService poservice, PurchaseOrderDetail-
```

```
Service podservice ,IHostingEnvironment _host)
        {
            posvr = poservice;
            podSvr = podservice;
            _hostingEnvironment = _host;
        }
        // GET: POMgr
        public ActionResult Index()
        {
            return View();
        }
        public string GetDetail(string no)
        {
            int Id = posvr.GetId(no);
            var podList = podSvr.LoadPods(Id);
            var json = JsonHelper.Instance.Serialize(podList);
            return json;
        }
        public string GetDetails(string supid, string rcv)
        {
            var cna = Request.Form["cargoName"].ToString();
            int sid = 0;
            int.TryParse(supid, out sid);
            var podList = podSvr.LoadPods(sid, rcv,cna);
            var json = JsonHelper.Instance.Serialize(podList);
            return json;
        }
        public string List()
        {
            var page = Request.Form["page"].ToString();
            var size = Request.Form["rows"].ToString();
            int pageIndex = page == null ? 1 : int.Parse(page);
            int pageSize = size == null ? 20 : int.Parse(size);
            var poList = posvr.LoadPos(pageIndex, pageSize);
            var json = JsonHelper.Instance.Serialize(poList);
            return json;
        }
        public AjaxResult Update(Entitys.PurchaseOrder u)
        {
            string result = "NO";
            List<Entitys.PurchaseOrderDetail> list = new List<Entitys.Purchase-
OrderDetail>();
```

```
            try
            {
                string deleted = Request.Form["deleted"];
                string inserted = Request.Form["inserted"];
                string updated = Request.Form["updated"];
                string head = Request.Form["postdata"];
                if (!string.IsNullOrEmpty(head))
                {
                    //把 json 字符串转换成对象
                    u = JsonHelper.Instance.Deserialize<Entitys.PurchaseOrder>(head);
                }
                // TODO: Add update logic here
                if (!string.IsNullOrEmpty(deleted))
                {
                    //把 json 字符串转换成对象
                    List<Entitys.PurchaseOrderDetail> listDeleted = JsonHelper.
Instance.Deserialize<List<Entitys.PurchaseOrderDetail>>(deleted);
                    //TODO 下面就可以根据转换后的对象进行相应的操作了
                    if (listDeleted != null && listDeleted.Count > 0)
                    {
                        list.AddRange(listDeleted.ToArray());
                    }
                }
                if (!string.IsNullOrEmpty(inserted))
                {
                    //把 json 字符串转换成对象
                    List<Entitys.PurchaseOrderDetail> listInserted = JsonHelper.
Instance.Deserialize<List<Entitys.PurchaseOrderDetail>>(inserted);
                    if (listInserted != null && listInserted.Count > 0)
                    {
                        list.AddRange(listInserted.ToArray());
                    }
                }
                if (!string.IsNullOrEmpty(updated))
                {
                    //把 json 字符串转换成对象
                    List<Entitys.PurchaseOrderDetail> listUpdated = JsonHelper.
Instance.Deserialize<List<Entitys.PurchaseOrderDetail>>(updated);
                    if (listUpdated != null && listUpdated.Count > 0)
                    {
                        list.AddRange(listUpdated.ToArray());
                    }
```

```
            }
            if (u==null)
            {
                return Error("没有表头!");
            }
            u.PurchaseOrderDetail = list;
            result = posvr.Save(u);
        }
        catch
        {
        }
        if (result == "OK")
        {
            return Success();
        }
        else
            return Error("更新失败!");
    }
    public ActionResult Add(Entitys.PurchaseOrder u)
    {
        string result = "NO";
        try
        {
            // TODO: Add logic here
            result = posvr.Add(u);
        }
        catch
        {
        }
        return Content(result);
    }
    public ActionResult Delete(string ids)
    {
        string result = "NO";
        try
        {
            // TODO: Add Delete logic here
            result = posvr.Delete(ids);
        }
        catch
        {
        }
```

```
            return Content(result);
        }
        public string GetNo()
        {
            string result = "NO";
            try
            {
                result = posvr.GetNo(EnumOrderNoType.PO.ToString());
            }
            catch
            {
            }
            return result;
        }
        public IHostingEnvironment _hostingEnvironment { get; set; }
        public ActionResult UploadFile()
        {
            if (Request.Form.Files.Count <= 0)
            {
                return Content("请选择文件");
            }
            string name = Request.Query["address"];
            string no = Request.Form["NO"];
            string upfilePath = "\\UploadFiles\\" + name + "\\" + DateTime.Now.
Year + "\\" + DateTime.Now.Month + "\\" + DateTime.Now.Day + "\\";
            string dicPath = _hostingEnvironment.WebRootPath + upfilePath;
            if (!Directory.Exists(dicPath))
            {
                Directory.CreateDirectory(dicPath);
            }
            var file = Request.Form.Files[0];
            if (file == null)
            {
                return Content("上传失败");
            }
            string ext = Path.GetExtension(file.FileName);
            //判断后缀是否是Excel
            const string fileFilt = ".xls|.xlsx";
            if (ext == null)
            {
                return Content("上传的文件没有后缀");
            }
```

```
                if (fileFilt.IndexOf(ext.ToLower(), StringComparison.Ordinal) <= -1)
                {
                    return Content("上传的文件不是 Excel");
                }
                int Id = posvr.GetId(no);
                if (Id == 0)
                {
                    return Content("请先保存,再上传!");
                }
                string fileName = file.FileName.Replace(".xls","").Replace(".xlsx",
"") + "_" + Guid.NewGuid().ToString() + ext;
                string filePath = Path.Combine(dicPath, fileName);
                using (FileStream fs = System.IO.File.Create(filePath))
                {
                    file.CopyTo(fs);
                    fs.Flush();
                }
                DataTable dt = ExcelHelper.ImportExceltoDt(filePath);
                string result = podSvr.Save(dt,Id);
                return Content(result);
            }
        }
    }
```

6.5 安装 NPOI 包

由于订单文件是 Excel 格式文件，所以需要一个读写 Excel 文件的解决方案。一般可通过安装 Office 得到解决，不过不推荐这种方案，因为 Office 文件较大。这里推荐使用第三方组件，这些组件有 MyXls、NPOI、EPPlus 三种，这三种组件能够帮助开发者在没有安装微软 Office 的情况下读写 Excel 文件。

此处使用 NPOI，顾名思义，就是 POI 的. NET 版本。那么 POI 又是什么呢？POI 是一套用 Java 写成的库，能够帮助开发者在没有安装微软 Office 的情况下读写 Office 97 - 2003 的文件，支持的文件格式包括 xls、doc 和 ppt 等。

NPOI. HSSF 是专门负责 Excel BIFF 格式的命名空间，供开发者使用的对象主要位于 NPOI. HSSF. UserModel 和 NPOI. HSSF. Util 命名空间下，Workbook 的创建用的是 NPOI. HSSF. UserModel. HSSFWorkbook 类，该类负责创建 Excel 文档。

安装 NPOI 包的步骤是：

① 在 Visual Studio 2017 的“解决方案资源管理器”中选择“JST. TPLMS. Util”项目，右击“引用”，选择“管理 NuGet 程序包”菜单项。

② 将窗口右侧的“程序包源”下拉列表框选择为“nuget. org”，选中“浏览”选项卡，并在左侧搜索框中输入“NPOI”进行搜索，从显示的列表中选择该包，然后单击“安装”按钮，如图 6.4 所示。

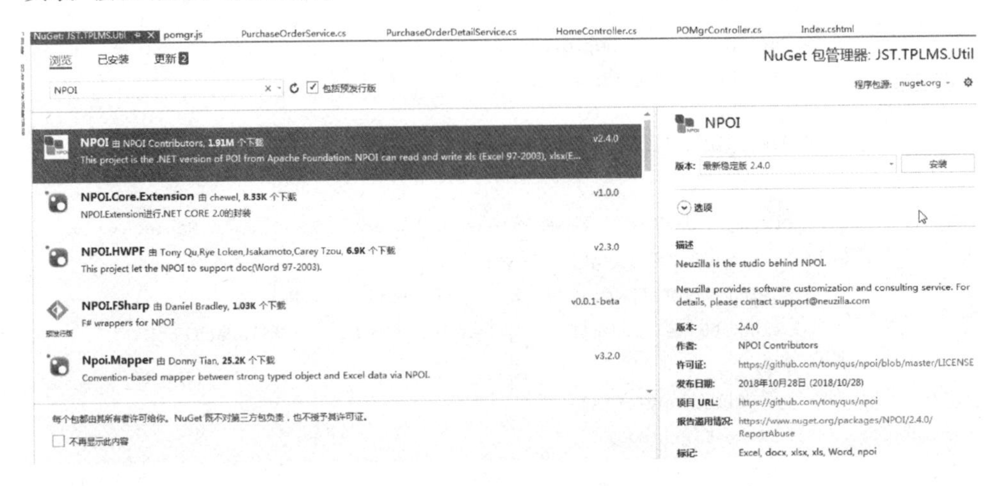

图 6.4　安装 NPOI 包

③ 如果系统提示查看更改，则单击“确定”按钮。

④ 在 Visual Studio 2017 的“解决方案资源管理器”中选择“JST. TPLMS. Util”项目下的“Helper”目录，添加一个 ExcelHelper 类，用于处理 Excel 文件，代码如下：

```
using NPOI.HPSF;
using NPOI.HSSF.UserModel;
using NPOI.SS.Formula.Eval;
using NPOI.SS.UserModel;
using NPOI.XSSF.UserModel;
using System;
using System.Collections;
using System.Collections.Generic;
using System.Data;
using System.IO;
using System.Text;
using System.Text.RegularExpressions;

namespace JST.TPLMS.Util.Helpers
{
    public class ExcelHelper
    {
        #region 从 Excel 中将数据导出到 datatable 中
        // <summary>
        // 读取 Excel 默认第一行为标头
        // </summary>
```

```
        //〈param name = "strFileName"〉excel 文档路径〈/param〉
        //〈returns〉〈/returns〉
        public static DataTable ImportExceltoDt(string strFileName)
        {
            DataTable dt = new DataTable();
            IWorkbook wb;
            using (FileStream file = new FileStream(strFileName, FileMode.Open,
FileAccess.Read))
            {
                wb = WorkbookFactory.Create(file);
            }
            ISheet sheet = wb.GetSheetAt(0);
            dt = ImportDt(sheet, 0, true);
            return dt;
        }
        //〈summary〉
        // 读取 Excel
        //〈/summary〉
        //〈param name = "strFileName"〉excel 文件路径〈/param〉
        //〈param name = "sheet"〉需要导出的 sheet〈/param〉
        //〈param name = "HeaderRowIndex"〉列头所在行号，-1 表示没有列头〈/param〉
        //〈returns〉〈/returns〉
        public static DataTable ImportExceltoDt(string strFileName, string SheetName,
int HeaderRowIndex)
        {
            HSSFWorkbook workbook;
            IWorkbook wb;
            using (FileStream file = new FileStream(strFileName, FileMode.Open,
FileAccess.Read))
            {
                wb = new HSSFWorkbook(file);
            }
            ISheet sheet = wb.GetSheet(SheetName);
            DataTable table = new DataTable();
            table = ImportDt(sheet, HeaderRowIndex, true);
            workbook = null;
            sheet = null;
            return table;
        }
        //〈summary〉
        // 读取 Excel
        //〈/summary〉
        //〈param name = "strFileName"〉excel 文件路径〈/param〉
        //〈param name = "sheet"〉需要导出的 sheet 序号〈/param〉
        //〈param name = "HeaderRowIndex"〉列头所在行号，-1 表示没有列头〈/param〉
```

```
        // <returns></returns>
        public static DataTable ImportExceltoDt(string strFileName, int SheetIndex, int HeaderRowIndex)
        {
            HSSFWorkbook workbook;
            IWorkbook wb;
            using (FileStream file = new FileStream(strFileName, FileMode.Open, FileAccess.Read))
            {
                wb = WorkbookFactory.Create(file);
            }
            ISheet isheet = wb.GetSheetAt(SheetIndex);
            DataTable table = new DataTable();
            table = ImportDt(isheet, HeaderRowIndex, true);
            workbook = null;
            isheet = null;
            return table;
        }
        // <summary>
        // 读取 Excel
        // </summary>
        // <param name="strFileName">excel 文件路径</param>
        // <param name="sheet">需要导出的 sheet</param>
        // <param name="HeaderRowIndex">列头所在行号，-1 表示没有列头</param>
        // <returns></returns>
        public static DataTable ImportExceltoDt(string strFileName, string SheetName, int HeaderRowIndex, bool needHeader)
        {
            HSSFWorkbook workbook;
            IWorkbook wb;
            using (FileStream file = new FileStream(strFileName, FileMode.Open, FileAccess.Read))
            {
                wb = WorkbookFactory.Create(file);
            }
            ISheet sheet = wb.GetSheet(SheetName);
            DataTable table = new DataTable();
            table = ImportDt(sheet, HeaderRowIndex, needHeader);
            workbook = null;
            sheet = null;
            return table;
        }
        // <summary>
        // 将指定 sheet 中的数据导出到 datatable 中
        // </summary>
```

```
// 〈param name = "sheet"〉需要导出的 sheet〈/param〉
// 〈param name = "HeaderRowIndex"〉列头所在行号，-1 表示没有列头〈/param〉
// 〈returns〉〈/returns〉
static DataTable ImportDt(ISheet sheet, int HeaderRowIndex, bool needHeader)
{
    DataTable table = new DataTable();
    IRow headerRow;
    int cellCount;
    try
    {
        if (HeaderRowIndex < 0 || !needHeader)
        {
            headerRow = sheet.GetRow(0);
            cellCount = headerRow.LastCellNum;
            for (int i = headerRow.FirstCellNum; i <= cellCount; i++)
            {
                DataColumn column = new DataColumn(Convert.ToString(i));
                table.Columns.Add(column);
            }
        }
        else
        {
            headerRow = sheet.GetRow(HeaderRowIndex);
            cellCount = headerRow.LastCellNum;
            for (int i = headerRow.FirstCellNum; i <= cellCount; i++)
            {
                if (headerRow.GetCell(i) == null)
                {
                    if (table.Columns.IndexOf(Convert.ToString(i)) > 0)
                    {
                        DataColumn column = new DataColumn(Convert.To-
String("重复列名" + i));
                        table.Columns.Add(column);
                    }
                    else
                    {
                        DataColumn column = new DataColumn(Convert.To-
String(i));
                        table.Columns.Add(column);
                    }
                }
                else if (table.Columns.IndexOf(headerRow.GetCell(i).To-
String()) > 0)
                {
                    DataColumn column = new DataColumn(Convert.ToString
```

```
("重复列名" + i));
                        table.Columns.Add(column);
                    }
                    else
                    {
                        DataColumn column = new DataColumn(headerRow.GetCell
(i).ToString());
                        table.Columns.Add(column);
                    }
                }
            }
            int rowCount = sheet.LastRowNum;
            for (int i = (HeaderRowIndex + 1); i <= sheet.LastRowNum; i++)
            {
                try
                {
                    IRow row;
                    if (sheet.GetRow(i) == null)
                    {
                        row = sheet.CreateRow(i);
                    }
                    else
                    {
                        row = sheet.GetRow(i);
                    }
                    DataRow dataRow = table.NewRow();
                    for (int j = row.FirstCellNum; j <= cellCount; j++)
                    {
                        try
                        {
                            if (row.GetCell(j) != null)
                            {
                                switch (row.GetCell(j).CellType)
                                {
                                    case CellType.String:
                                        string str = row.GetCell(j).String-
CellValue;
                                        if (str != null && str.Length > 0)
                                        {
                                            dataRow[j] = str.ToString();
                                        }
                                        else
                                        {
                                            dataRow[j] = null;
                                        }
```

```
        break;
    case CellType.Numeric:
        if (DateUtil.IsCellDateFormatted(row.
GetCell(j)))
        {
            dataRow[j] = DateTime.FromOADate
(row.GetCell(j).NumericCellValue);
        }
        else
        {
            dataRow[j] = Convert.ToDouble
(row.GetCell(j).NumericCellValue);
        }
        break;
    case CellType.Boolean:
        dataRow[j] = Convert.ToString(row.
GetCell(j).BooleanCellValue);
        break;
    case CellType.Error:
        dataRow[j] = ErrorEval.GetText(row.
GetCell(j).ErrorCellValue);
        break;
    case CellType.Formula:
        switch (row.GetCell(j).CachedFormula-
ResultType)
        {
            case CellType.String:
                string strFORMULA = row.Get-
Cell(j).StringCellValue;
                if (strFORMULA != null && str-
FORMULA.Length > 0)
                {
                    dataRow[j] = strFORMULA.
ToString();
                }
                else
                {
                    dataRow[j] = null;
                }
                break;
            case CellType.Numeric:
                dataRow[j] = Convert.To-
String(row.GetCell(j).NumericCellValue);
                break;
            case CellType.Boolean:
```

```
                                                    dataRow[j] = Convert.To-
String(row.GetCell(j).BooleanCellValue);
                                                    break;
                                                case CellType.Error:
                                                    dataRow[j] = ErrorEval.Get-
Text(row.GetCell(j).ErrorCellValue);
                                                    break;
                                                default:
                                                    dataRow[j] = "";
                                                    break;
                                            }
                                            break;
                                        default:
                                            dataRow[j] = "";
                                            break;
                                    }
                                }
                            }
                            catch (Exception exception)
                            {
                                throw exception;
                            }
                        }
                        table.Rows.Add(dataRow);
                    }
                    catch (Exception exception)
                    {
                        throw exception;
                    }
                }
            }
            catch (Exception exception)
            {
                throw exception;
            }
            return table;
        }
        #endregion
        public static int GetSheetNumber(string outputFile)
        {
            int number = 0;
            try
            {
                FileStream readfile = new FileStream(outputFile, FileMode.Open,
FileAccess.Read);
```

```
                HSSFWorkbook hssfworkbook = new HSSFWorkbook(readfile);
                number = hssfworkbook.NumberOfSheets;
            }
            catch (Exception exception)
            {
                throw exception;
            }
            return number;
        }
        public static ArrayList GetSheetName(string outputFile)
        {
            ArrayList arrayList = new ArrayList();
            try
            {
                FileStream readfile = new FileStream(outputFile, FileMode.Open, FileAccess.Read);
                HSSFWorkbook hssfworkbook = new HSSFWorkbook(readfile);
                for (int i = 0; i < hssfworkbook.NumberOfSheets; i++)
                {
                    arrayList.Add(hssfworkbook.GetSheetName(i));
                }
            }
            catch (Exception exception)
            {
                throw exception;
            }
            return arrayList;
        }
        public static bool IsNumeric(String message, out double result)
        {
            Regex rex = new Regex(@"^[-]?\d+[.]?\d*$");
            result = -1;
            if (rex.IsMatch(message))
            {
                result = double.Parse(message);
                return true;
            }
            else
                return false;
        }
        // <summary>
        // 验证导入的 Excel 是否有数据
        // </summary>
        // <param name="excelFileStream"></param>
        // <returns></returns>
```

```
            public static bool HasData(Stream excelFileStream)
            {
                using (excelFileStream)
                {
                    IWorkbook workBook = new HSSFWorkbook(excelFileStream);
                    if (workBook.NumberOfSheets > 0)
                    {
                        ISheet sheet = workBook.GetSheetAt(0);
                        return sheet.PhysicalNumberOfRows > 0;
                    }
                }
                return false;
            }
        }
    }
```

6.6 测试订单管理功能

测试订单管理功能的步骤是：

① 在 Visual Studio 2017 中按 F5 键运行应用程序。

② 在登录页面中输入管理员的用户名和密码进行登录。登录成功后在“模块管理”功能中添加新模块名“订单管理”，并在 URL 地址中输入“/POMgr/Index”后保存。

③ 打开“角色管理”功能，给“供应商”角色赋予“订单管理”模块权限。

④ 退出管理员用户，使用供应商用户重新登录系统，在主界面的菜单中选择“订单管理”菜单项，浏览器中呈现订单信息列表和四个按钮，如图 6.2 所示。

⑤ 新增订单：单击“添加”按钮，弹出一个“添加订单”的操作界面，如图 6.5 所示。

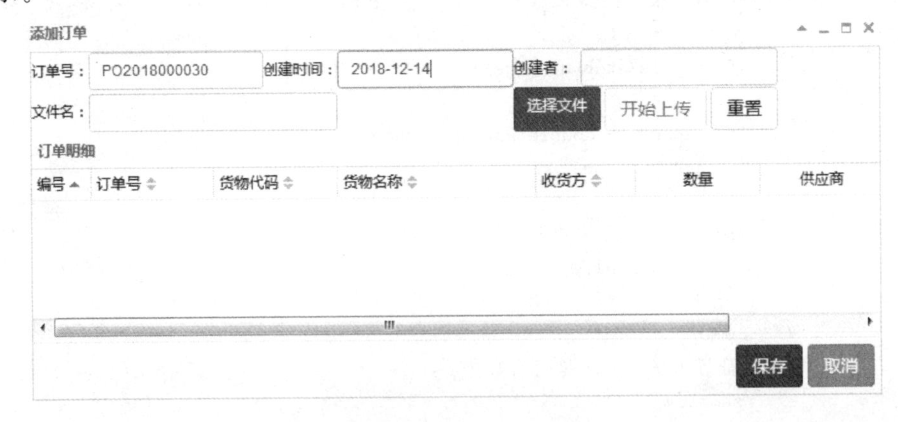

图 6.5　添加订单

⑥ 在添加订单界面中单击“选择文件”按钮，在弹出的对话框中选择相应的订单文件后，该文件名被自动填入“文件名”文本框中，如图 6.6 所示。

图 6.6 选择文件

⑦ 单击“保存”按钮，如图 6.7 所示，在弹出的“确认”对话框中单击“确定”按钮。

图 6.7 保存订单

⑧ 在弹出的“保存成功”“提示”对话框中单击“确定”按钮，如图 6.8 所示。

⑨ 在把订单表头保存成功之后，单击“开始上传”按钮，按钮会变成“暂停上传”，同时会出现一个滚动条，如图 6.9 所示。

⑩ 订单文件上传成功后会自动显示在订单明细列表中，如图 6.10 所示。

订单明细

编号 订单号 货物代码 货物名称 收货方 数量

提示

保存成功！

确定

图 6.8 订单保存成功

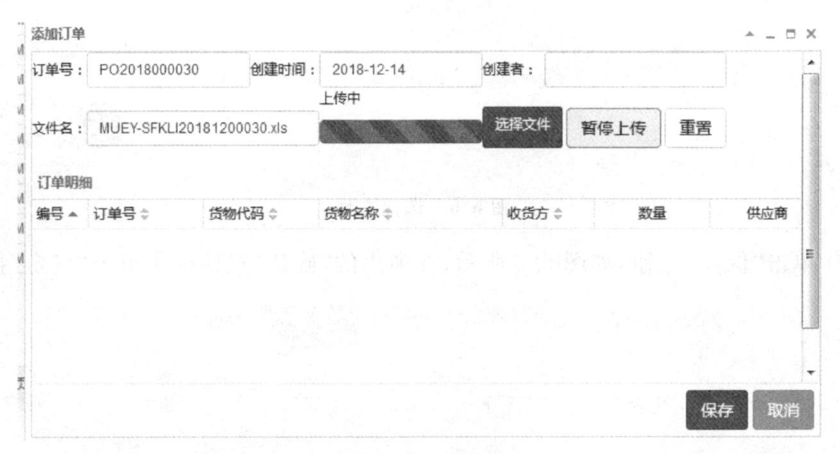

图 6.9 上传文件

编号	订单号	货物代码	货物名称	收货方	数量	供应商
1099	SFKLI201812000	WDCCMP1	触摸屏(车载音响系统用,全新)	151	5000	1001
1100	SFKLI201812000	WDCCMP2	触摸屏(车载音响系统用,全新)	151	5000	1001
1101	SFKLI201812000	WDCCMP3	触摸屏(车载音响系统用,全新)	151	11000	1001
1102	SFKLI201812000	WDCCMP4	触摸屏(车载音响系统用,全新)	151	2300	1001
1103	SFKLI201812000	WDCCMP5	触摸屏(车载音响系统用,全新)	127	5400	1001
1104	SFKLI201812000	WDCCMP6	触摸屏(车载音响系统用,全新)	127	3600	1001
1105	SFKLI201812000	WDCCMP7	触摸屏(车载音响系统用,全新)	127	5000	1001
1106	SFKLI201812000	WDCCMP8	触摸屏(车载音响系统用,全新)	127	4800	1000
1107	SFKLI201812000	WDCCMP9	触摸屏(车载音响系统用,全新)	104	5000	1000

图 6.10 订单明细

⑪ 如果需要修改订单明细中的某个项目,如“数量”,可以双击需要修改的订单明细中的“数量”,如图 6.11 所示。

图 6.11 修改明细

⑫ 修改完成后单击“保存”按钮,弹出一个“确认”对话框,如图 6.12 所示。

图 6.12 保存修改

⑬ 单击对话框中的“确定”按钮。如果修改成功,会有一个“保存成功”的提示信

息，同时“订单明细”列表中的“数量”变更为修改后的数据，如图 6.13 所示。

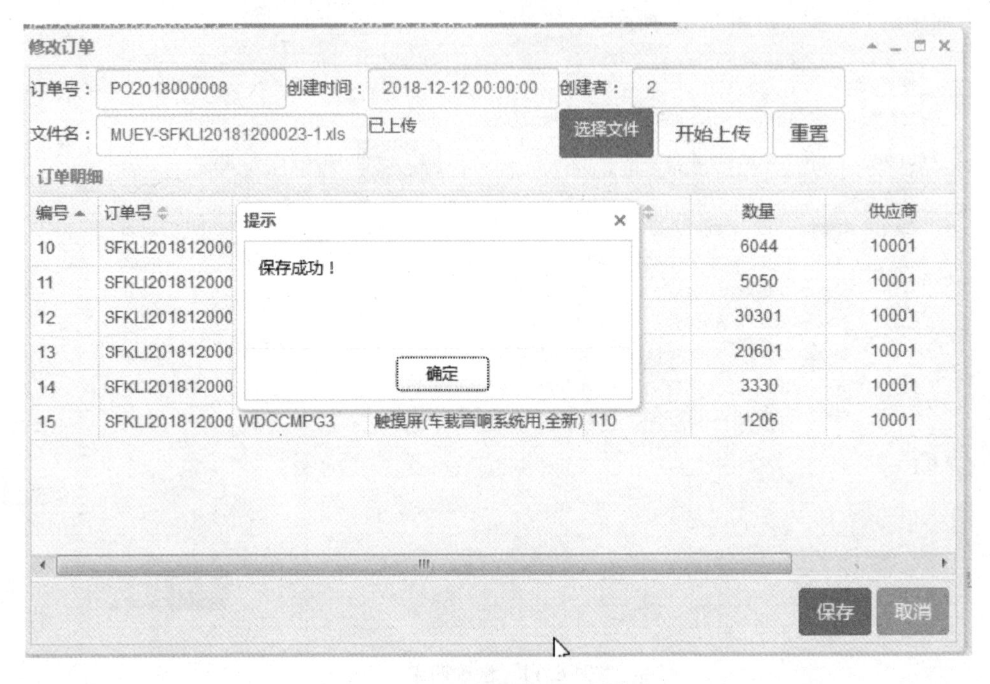

图 6.13　明细修改保存成功

第 7 章

货物管理

7.1 货物管理介绍

下面来实现与供应商相关的功能。例如，与供应商相关的信息如何录入？庞大的供应商的货物信息由谁来录入？当然，由供应商来录入是最合适的，因为他们最了解自己的信息，以及他们要为其他公司提供货物的货物信息。本章就来实现货物信息管理功能。

由于货物信息比较繁多，所以需要一个过滤查询的功能，以便对所输入的货物名称、货物代码和商品编码进行查询。此功能作为练习，在这里并不实现。

7.2 货物管理页面功能

TPLMS 货物管理功能界面效果如图 7.1 所示，在货物管理表格顶端有“添加”“删除”“修改”“刷新”四个功能按钮。

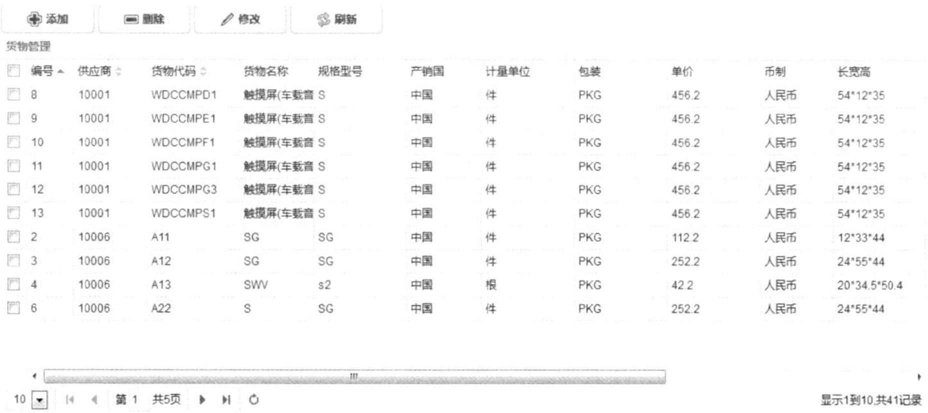

添加 删除 修改 刷新

货物管理

编号	供应商	货物代码	货物名称	规格型号	产销国	计量单位	包装	单价	币制	长宽高
8	10001	WDCCMPD1	触摸屏(车载音	S	中国	件	PKG	456.2	人民币	54*12*35
9	10001	WDCCMPE1	触摸屏(车载音	S	中国	件	PKG	456.2	人民币	54*12*35
10	10001	WDCCMPF1	触摸屏(车载音	S	中国	件	PKG	456.2	人民币	54*12*35
11	10001	WDCCMPG1	触摸屏(车载音	S	中国	件	PKG	456.2	人民币	54*12*35
12	10001	WDCCMPG3	触摸屏(车载音	S	中国	件	PKG	456.2	人民币	54*12*35
13	10001	WDCCMPS1	触摸屏(车载音	S	中国	件	PKG	456.2	人民币	54*12*35
2	10006	A11	SG	SG	中国	件	PKG	112.2	人民币	12*33*44
3	10006	A12	SG	SG	中国	件	PKG	252.2	人民币	24*55*44
4	10006	A13	SWV	s2	中国	根	PKG	42.2	人民币	20*34.5*50.4
6	10006	A22	S	SG	中国	件	PKG	252.2	人民币	24*55*44

10 第 1 共5页 显示1到10,共41记录

图 7.1 货物管理

7.3 货物管理流程分析

货物管理流程分析框图如图 7.2 所示。

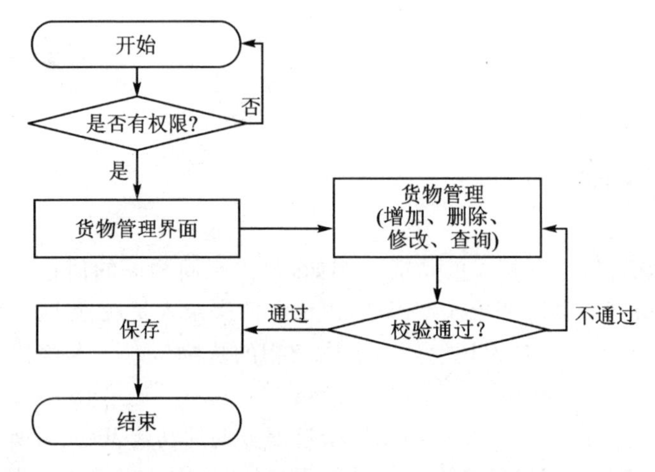

图 7.2　货物管理流程分析框图

7.4 货物管理实现过程

货物管理功能需要一个前端展示页面。

7.4.1 Index. cshmtl 页面

在 Visual Studio 2017 的"解决方案资源管理器"中选中"JST. TPLMS. Web"项目,在 Views 目录中创建 CargoMgr 目录,添加一个 Index. cshmtl 文件,代码如下:

```
@{
    Layout = null;
}

<!DOCTYPEhtml>
<html>
<head>
<meta name = "viewport" content = "width = device - width" />
    <link href = "~/lib/bootstrap/dist/css/bootstrap.min.css" rel = "stylesheet" />
    <script src = "~/lib/bootstrap/dist/js/bootstrap.js"></script>
    <script src = "~/js/jquery.min.js"></script>
    <script src = "~/js/easyui/jquery.easyui.min.js"></script>
    <link href = "~/js/easyui/themes/bootstrap/easyui.css" rel = "stylesheet" />
```

```
        <link href = "~/js/easyui/themes/icon.css" rel = "stylesheet" />
        <script src = "~/js/easyui/locale/easyui - lang - zh_CN.js"></script>
        <title>货物管理</title>
    </head>
    <body>
        <script src = "~/js/business/cargomgr.js"></script>
        <div data - options = "region:'center'" style = "overflow: hidden;">
            <div id = "containter" style = "width: 1000px; height: auto; margin: 0px auto;">
                <! -- toolbar -- >
                <div style = "margin - bottom:1px;font - weight:bold;">
                    <a href = "#" id = "add" class = "easyui - linkbutton" data - options = "iconCls:'icon - add'" style = "width:100px; height:30px; background - color: #0993D3;">添加</a>
                    <a href = "#" id = "del" class = "easyui - linkbutton" data - options = "iconCls:'icon - remove'" style = "width: 100px; height: 30px; background - color: #0993D3;">删除</a>
                    <a href = "#" id = "edit" class = "easyui - linkbutton" data - options = "iconCls:'icon - edit'" style = "width:100px; height:30px; background - color: #0993D3;">修改</a>
                    <a href = "#" id = "reload" class = "easyui - linkbutton" data - options = "iconCls: 'icon - reload'" style = "width: 100px; height: 30px; background - color: #0993D3;">刷新</a>
                </div>
                <! -- panel -- >
                <div data - options = " region: 'center', split: false " style = "height:500px;">
                    <! -- 表格 -- >
                    <table id = "dgCargo"></table>
                </div>
            </div>
        </div>
        <! ---------------------- 右键菜单(暂时未用) ---------------------- >
        <div id = "menu" class = "easyui - menu" style = "width: 120px; display: none">
            <div onclick = "" iconcls = "icon - add">
                增加
            </div>
            <div onclick = "" iconcls = "icon - remove">
                删除
            </div>
            <div onclick = "editorMethod();" iconcls = "icon - edit">
                修改
            </div>
        </div>
        <! ---------------------- 新增修改货物信息 ---------------------- >
```

```
    〈div id = "divAddUpdCargo" class = "easyui - dialog" closed = "true" data - options =
"buttons: '#dlg - buttons'"〉
        〈table〉
            〈tr〉
                〈td〉〈input type = "hidden" name = "ID" id = "IDUpdate" /〉〈/td〉
            〈/tr〉
            〈tr〉
                〈td〉供应商:〈/td〉
                〈td〉〈input type = "text" id = "SupplierIdUpdate" name = "USupplierId"
class = "form - control input - sm" value = @ViewData["SupplierId"].ToString() /〉
                〈/td〉
                〈td〉 货物代码:〈/td〉
                〈td〉〈input type = "text" id = "UpdCargoCode" name = "UCargoCode" class
= "form - control input - sm" /〉〈/td〉
                〈td〉货物名称:〈/td〉
                〈td〉〈input type = "text" id = "CargoNameUpdate" name = "UCargoName"
class = "form - control input - sm" /〉
                〈/td〉
            〈/tr〉
            〈tr〉
                〈td〉品牌:〈/td〉
                〈td〉〈input type = "text" id = "BrandUpdate" name = "UBrand" class =
"form - control input - sm" /〉
                〈/td〉
                〈td〉 规格型号:〈/td〉
                〈td colspan = "3"〉〈input type = "text" id = "SpcfUpdate" name = "USpcf"
class = "form - control input - sm" /〉〈/td〉
            〈/tr〉
            〈tr〉
                〈td〉HSCode:〈/td〉
                〈td〉〈input type = "text" id = "HSCodeUpdate" name = "UHSCode" class =
"form - control input - sm" /〉
                〈/td〉
                〈td〉单价:〈/td〉
                〈td〉〈input type = "number" id = "PriceUpdate" name = "UPrice" class =
"form - control input - sm" /〉
                〈/td〉
                〈td〉 计量单位:〈/td〉
                〈td〉〈input type = "text" id = "UnitUpdate" name = "UUnit" class = "form -
control input - sm" /〉〈/td〉
            〈/tr〉
            〈tr〉
```

```
                    〈td〉货币:〈/td〉
                    〈td〉〈input type = "text" id = "CurrUpdate" name = "UCurr" class = "form -
control input - sm" /〉
                    〈/td〉
                    〈td〉包装:〈/td〉
                    〈td〉〈input type = "text" id = "PackageUpdate" name = "UPackage" class =
"form - control input - sm" /〉
                    〈/td〉
                    〈td〉体积:〈/td〉
                    〈td〉
                        〈div class = "input - group"〉
                            〈input type = "text" id = "VolUpdate" name = "UVol" class =
"form - control input - sm" readonly /〉
                            〈span class = "input - group - addon" id = "basic - addon2"〉立
方米〈/span〉
                        〈/div〉
                    〈/td〉
                〈/tr〉
                〈tr〉
                    〈td〉长:〈/td〉
                    〈td〉
                        〈div class = "input - group"〉
                            〈input type = "number" id = "LengthUpdate" name = "ULength"
class = "form - control input - sm" aria - describedby = "basic - addon2"〉
                            〈span class = "input - group - addon" id = "basic - addon2"〉cm *
〈/span〉
                        〈/div〉
                    〈/td〉
                    〈td〉宽:〈/td〉
                    〈td〉
                        〈div class = "input - group"〉
                            〈input type = "number" id = "WidthUpdate" name = "UWidth"
class = "form - control input - sm" aria - describedby = "basic - addon2"〉
                            〈span class = "input - group - addon" id = "basic - addon2"〉cm *
〈/span〉
                        〈/div〉
                    〈/td〉
                    〈td〉高:〈/td〉
                    〈td〉
                        〈div class = "input - group"〉
                            〈input type = "number" id = "HeightUpdate" name = "UHeight"
class = "form - control input - sm" aria - describedby = "basic - addon2"〉
```

```
                              <span class = "input - group - addon" id = "basic - addon2">cm
</span>
                           </div>
                        </td>
                     </tr>
                     <tr>
                        <td>毛重:</td>
                        <td><input type = "number" id = "GrossWtUpdate" name = "UGrossWt"
class = "form - control input - sm" />
                        </td>
                        <td> 净重:</td>
                        <td><input type = "number" id = "NetWtUpdate" name = "UNetWt" class =
"form - control input - sm" /></td>
                        <td>国家:</td>
                        <td><input type = "text" id = "CountryUpdate" name = "UCountry" class =
"form - control input - sm" />
                        </td>
                     </tr>
                     <tr>
                        <td>安全库存:</td>
                        <td><input type = "number" id = "MinNumUpdate" name = "UMinNum" class =
"form - control input - sm" />
                        </td>
                        <td> 最大库存:</td>
                        <td><input type = "number" id = "MaxNumUpdate" name = "UMaxNum" class =
"form - control input - sm" /></td>
                        <td>创建时间:</td>
                        <td><input type = "text" id = "CreateTimeUpdate" name = "UCreateTimey"
class = "form - control input - sm" />
                        </td>
                     </tr>
                     <tr>
                        <td>备注:</td>
                        <td colspan = "5">
                           <input type = "text" id = "RemarkUpdate" name = "URemark" class =
"form - control input - sm" />
                        </td>
                     </tr>
                  </table>
               </div>
               <div id = "dlg - buttons">
                  <input type = "submit" id = "btnSave" value = "保存" class = "btn btn - primary" />
```

```
        <input type = "submit" id = "btnCancle" value = "取消" class = "btn btn - info" />
    </div>
    <script type = "text/javascript">
        // var editFlag = undefined;
        $ (function () {
            initable();
            init();
            reloaded();
            updCargoInfo();
            showCargoDialog();
            deleteCargo();
        });
    </script>
</body>
</html>
```

7.4.2 货物管理前端功能

在 Visual Studio 2017 的“解决方案资源管理器”中选中“JST. TPLMS. Web”项目，在“wwwroot\js\business”目录中添加一个新的脚本文件 cargomgr. js，用来实现货物管理前端展示页面的功能，代码如下：

```
//--------------------系统管理 -- >货物信息 --------------------//
//刷新数据
function initable() {
    $ ("#dgCargo").datagrid({
        url: "/CargoMgr/List",
        title: "货物管理",
        pagination: true,
        pageSize: 10,
        pageList: [10, 20, 30],
        fit: true,
        fitColumns: false,
        loadMsg: "正在加载货物信息...",
        nowarp: false,
        border: false,
        idField: "Id",
        sortName: "Id",
        sortOrder: "asc",
        frozenColumns: [[//冻结列
            { field: "ck", checkbox: true, align: "left", width: 50 }
        ]],
```

```
            columns: [[
                { title: "编号", field: "Id", width: 50, sortable: true },
                { title: "供应商", field: "SupplierId", width: 80, sortable: true },
                { title: "货物代码", field: "CargoCode", width: 100, sortable: true },
                { title: "货物名称", field: "CargoName", width: 80, sortable: false },
                { title: "规格型号", field: "Spcf", width: 100, sortable: false },
                { title: "产销国", field: "Country", width: 80, sortable: false },
                { title: "计量单位", field: "Unit", width: 100, sortable: false },
                { title: "包装", field: "Package", width: 100, sortable: false },
                { title: "单价", field: "Price", width: 100, sortable: false },
                { title: "币制", field: "Curr", width: 80, sortable: false },
                { title: "长宽高", field: "Length", width: 100, sortable: false,  formatter:
function (value, row, index) {
                        return row.Length + '*' + row.Width + '*' + row.Height;
                    }
                },
                { title: "体积", field: "Vol", width: 80, sortable: false },
                { title: "备注", field: "Remark", width: 80, sortable: false },
                { field: 'CreateTime', title: '创建时间', width: 100, align: 'center' },
                { title: "操作", field: "Id", width: 70, formatter: function (value, row,
index) {
                        var str = '';
                        //自定义处理
                        str + = "<a>" + row.Id + "</a>";
                        return str;
                    }
                }
            ]]
        });
    }
    function reloaded() {    //reload
        $("#reload").click(function () {
            $('#dgCargo').datagrid('reload');
        });
    }
    //修改单击按钮事件
    function updCargoInfo() {
        $("#edit").click(function () {
            //判断选中行
            var row = $("#dgCargo").datagrid('getSelected');
            if (row) {
                $.messager.confirm('编辑', '您想要编辑吗?', function (r) {
```

```
                if (r) {
                    //先绑定
                    showCargo(row);
                    //打开对话框编辑
                    $("#divAddUpdCargo").dialog({
                        closed: false,
                        title: "修改货物信息",
                        modal: true,
                        width: 700,
                        height: 450,
                        collapsible: true,
                        minimizable: true,
                        maximizable: true,
                        resizable: true,
                    });
                }
            });
        } else {
            $.messager.alert('提示','请选择要编辑的行!','warning');
        }
    });
}
//删除模块
function deleteCargo() {
    $("#del").click(function () {
        var rows = $("#dgCargo").datagrid("getSelections");
        if (rows.length > 0) {
            $.messager.confirm("提示", "确定要删除吗?", function (res) {
                if (res) {
                    var codes = [];
                    for (var i = 0; i < rows.length; i++) {
                        codes.push(rows[i].Id);
                    }
                    $.post("/CargoMgr/Delete", { "ids": codes.join(',') }, function
(data) {
                        if (data == "OK") {
                            $.messager.alert("提示", "删除成功!");
                            $("#dgCargo").datagrid("clearChecked");
                            $("#dgCargo").datagrid("clearSelections");
                            $("#dgCargo").datagrid("load", {});
                        }
                        else if (data == "NO") {
```

```
                    $.messager.alert("提示","删除失败!");
                    return;
                }
            });
        }
    });
    }
})
}
//清空文本框
function clearAll() {
    $("#IDUpdate").val("");
    $("#UpdCargoCode").val("");
    $("#CreateTimeUpdate").val(getNowFormatDate());
    $("#UnitUpdate").val("");
    $("#CargoNameUpdate").val("");
}
//获取当前时间,格式为 YYYY - MM - DD
function getNowFormatDate() {
    var date = new Date();
    var seperator1 = "-";
    var year = date.getFullYear();
    var month = date.getMonth() + 1;
    var strDate = date.getDate();
    if (month >= 1 && month <= 9) {
        month = "0" + month;
    }
    if (strDate >= 0 && strDate <= 9) {
        strDate = "0" + strDate;
    }
    var currentdate = year + seperator1 + month + seperator1 + strDate;
    return currentdate;
}
//弹出添加货物信息的对话框
function showCargoDialog() {
    $("#add").click(function () {
        clearAll();
        $("#divAddUpdCargo").dialog({
            closed: false,
            title: "添加货物信息",
            modal: true,
            width: 700,
```

```
            height: 450,
            collapsible: true,
            minimizable: true,
            maximizable: true,
            resizable: true
        });
    });
    $("#btnSave").click(function () {
        //启用
        //保存
        var id = $("#IDUpdate").val();
        if (id == "" || id == undefined) {
            //验证
            $.messager.confirm('确认','您确认要保存吗？', function (r) {
                if (r) {
                    var postData = GetCargo();
                    if (postData == null || postData == undefined || postData.
SupplierId == "" || postData.CargoCode == "") {
                        $.messager.alert('提示',' 请填写相关必填项！', 'warning');
                        return;
                    }
                    $.post("/CargoMgr/Add", postData, function (data) {
                        var obj = JSON.parse(data);
                        if (obj.result == "OK") {
                            $("#IDUpdate").val(obj.Id)
                            $("#divAddUpdCargo").dialog("close");
                            $.messager.alert("提示", "保存成功!");
                            initable();
                        }
                        else if (obj.result == "NO") {
                            $.messager.alert("提示", "保存失败!");
                            return;
                        }
                    });
                }
            })
        }
        else {
            saveDetail();
        }
    });
}
```

```
function saveDetail() {
    $.messager.confirm('确认', '您确认要修改吗？', function (r) {
        var postData = GetCargo();
        if (postData == null || postData == undefined || postData.SupplierId == "" ||
postData.CargoCode == "") {
            $.messager.alert('提示', '请填写相关必填项！', 'warning');
            return;
        }
        $.post("/CargoMgr/Update", postData, function (data) {
            // alert(data);
            if (data == "OK") {
                $.messager.alert("提示", "修改成功!");
                $("#divAddUpdCargo").dialog("close");
                initable();
            }
            else {
                $.messager.alert("提示", data.msg);
                return;
            }
        });
    })
}
function GetCargo() {
    var postData = {
        "id": $("#IDUpdate").val(),
        "CargoName": $("#CargoNameUpdate").val(),
        "CargoCode": $("#UpdCargoCode").val(),
        "CreateTime": $("#CreateTimeUpdate").val(),
        "SupplierId": $("#SupplierIdUpdate").val(),
        "Brand": $("#BrandUpdate").val(),
        "Country": $("#CountryUpdate").val(),
        "Curr": $("#CurrUpdate").val(),
        "GrossWt": $("#GrossWtUpdate").val(),
        "Height": $("#HeightUpdate").val(),
        "HSCode": $("#HSCodeUpdate").val(),
        "Length": $("#LengthUpdate").val(),
        "MaxNum": $("#MaxNumUpdate").val(),
        "MinNum": $("#MinNumUpdate").val(),
        "NetWt": $("#NetWtUpdate").val(),
        "Package": $("#PackageUpdate").val(),
        "Price": $("#PriceUpdate").val(),
        "Remark": $("#RemarkUpdate").val(),
```

```
            "Spcf": $("#SpcfUpdate").val(),
            "Unit": $("#UnitUpdate").val(),
            "UpdateTime": $("#CreateTimeUpdate").val(),
            "Vol": $("#VolUpdate").val(),
            "Width": $("#WidthUpdate").val(),
            "UpdOper": $("#SupplierIdUpdate").val()
        };
        return postData;
    }
    function showCargo(row) {
        $("#IDUpdate").val(row.Id);
        $("#CargoNameUpdate").val(row.CargoName);
        $("#UpdCargoCode").val(row.CargoCode);
        $("#CreateTimeUpdate").val(row.CreateTime);
        $("#BrandUpdate").val(row.Brand);
        $("#CountryUpdate").val(row.Country);
        $("#CurrUpdate").val(row.Curr);
        $("#GrossWtUpdate").val(row.GrossWt);
        $("#HeightUpdate").val(row.Height);
        $("#HSCodeUpdate").val(row.HSCode);
        $("#LengthUpdate").val(row.Length);
        $("#MaxNumUpdate").val(row.MaxNum);
        $("#MinNumUpdate").val(row.MinNum);
        $("#NetWtUpdate").val(row.NetWt);
        $("#PackageUpdate").val(row.Package);
        $("#PriceUpdate").val(row.Price);
        $("#RemarkUpdate").val(row.Remark);
        $("#SpcfUpdate").val(row.Spcf);
        $("#UnitUpdate").val(row.Unit);
        $("#VoleUpdate").val(row.Vol);
        $("#WidthUpdate").val(row.Width);
    }
    function calcSumVol(){
        var vol = 0;
        var len = $("#LengthUpdate").val();
        var height = $("#HeightUpdate").val();
        var width = $("#WidthUpdate").val();
        //计算体积
        var l = parseFloat(len);
        var h = parseFloat(height);
        var w = parseFloat(width);
        vol = ((l * h * w)/(100 * 100 * 100)).toFixed(3);
```

```
    $("#VolUpdate").val(vol);
}
function init() {
    $("#LengthUpdate").blur(function () {
        calcSumVol();
    });
    $("#HeightUpdate").blur(function () {
        calcSumVol();
    });
    $("#WidthUpdate").blur(function () {
        calcSumVol();
    });
}
//------------------系统管理-->货物信息结束--------------------//
```

7.4.3 实体类

接下来需要一个与前端进行交互的实体类。在 Visual Studio 2017 的“解决方案资源管理器”中选中“JST. TPLMS. Entitys”项目，添加一个实体类 Cargo，代码如下：

```
using System;
using System.Collections.Generic;
using System.ComponentModel.DataAnnotations.Schema;
using System.Text;

namespace JST.TPLMS.Entitys
{
    public class Cargo
    {
        public Cargo()
        {
            this.Id = 0;
            this.SupplierId = 0;
            this.CargoCode = string.Empty;
            this.CargoName = string.Empty;
            this.Brand = string.Empty;
            this.Country = string.Empty;
            this.CreateTime = DateTime.Now;
            this.Curr = string.Empty;
            this.GrossWt = 0;
            this.Height = 0;
            this.HSCode = string.Empty;
```

```
            this.Length = 0;
            this.MaxNum = 100;
            this.MinNum = 0;
            this.NetWt = 0;
            this.Package = string.Empty;
            this.Price = 0;
            this.Remark = string.Empty;
            this.Spcf = string.Empty;
            this.Unit = string.Empty;
            this.UpdateTime = DateTime.Now;
            this.UpdOper = string.Empty;
            this.Vol = 0;
            this.Width = 0;
        }
        [DatabaseGeneratedAttribute(DatabaseGeneratedOption.Identity)]
        public int Id { get; set; }
        public int SupplierId { get; set; }
        public string CargoCode { get; set; }
        public string HSCode { get; set; }
        public string CargoName { get; set; }
        public string Spcf { get; set; }
        public string Unit { get; set; }
        public string Country { get; set; }
        public string Brand { get; set; }
        public string Curr { get; set; }
        public string Package { get; set; }
        public decimal Length { get; set; }
        public decimal Width { get; set; }
        public decimal Height { get; set; }
        public decimal Vol { get; set; }
        public decimal MinNum { get; set; }
        public decimal MaxNum { get; set; }
        public decimal Price { get; set; }
        public decimal GrossWt { get; set; }
        public decimal NetWt { get; set; }
        public string Remark { get; set; }
        public DateTime CreateTime { get; set; }
        public DateTime UpdateTime { get; set; }
        public string UpdOper { get; set; }
    }
}
```

7.4.4 CargoRepository 类

在 Visual Studio 2017 的“解决方案资源管理器”中选中“JST. TPLMS. Contract”项目，添加一个接口“ICargoRepository”，并在“JST. TPLMS. Repository”项目中添加一个继承此接口的类 CargoRepository，主要用于实现货物表头的操作，代码如下：

```
using JST.TPLMS.Entitys;
using System;
using System.Collections.Generic;
using System.Text;

namespace JST.TPLMS.Contract
{
    public interface ICargoRepository: IRepository<Cargo>
    {
        IEnumerable<Cargo> LoadCargos(int pageindex, int pagesize);
        Cargo GetCargo(string cargoCode,int supplierId);
        bool Delete(string ids);
    }
}

using JST.TPLMS.Contract;
using JST.TPLMS.DataBase;
using JST.TPLMS.Entitys;
using System;
using System.Collections.Generic;
using System.Globalization;
using System.Linq;
using System.Text;
using System.Transactions;

namespace JST.TPLMS.Repository
{
    public class CargoRepository: BaseRepository<Cargo>, ICargoRepository
    {
        public CargoRepository(TPLMSDbContext m_Context):base(m_Context)
        {
        }
        public IEnumerable<Cargo> LoadCargos(int pageindex, int pagesize)
        {
            return Context.Cargo.OrderBy(u => u.Id).Skip((pageindex - 1) * pagesize).
```

```
Take(pagesize);
            }
            public Cargo GetCargo(string cargoCode,int supplierId)
            {
                return FindSingle(u => u.CargoCode == cargoCode && u.SupplierId ==
supplierId);
            }
            public bool Delete(string ids)
            {
                var idList = ids.Split(',');
                var cargoList = Context.Cargo.Where(u => idList.Contains(u.Id.To-
String()));
                bool result = true;
                Delete(cargoList.ToArray());
                return result;
            }
        }
    }
```

7.4.5 服务类 CargoService

在 Visual Studio 2017 的“解决方案资源管理器”中选中“JST. TPLMS. Service”项目，添加一个新的类 CargoService，用于实现货物管理中的“添加”“修改”“删除”“刷新”操作，代码如下：

```
using JST.TPLMS.Contract;
using JST.TPLMS.Entitys;
using System;
using System.Collections.Generic;
using System.Linq.Expressions;
using System.Text;
namespace JST.TPLMS.Service
{
    public class CargoService
    {
        private ICargoRepository _cargoMgr;
        private Cargo _cargo;
        private List<Cargo> cargoList;    //货物列表
        public CargoService(ICargoRepository cargoMgr)
        {
            _cargoMgr = cargoMgr;
        }
```

```
public dynamic LoadCargos(int pageindex, int pagesize)
{
    //查询货物信息表
    Expression<Func<Cargo, bool>> exp = u => u.Id > 0;
    var cargos = _cargoMgr.Find(pageindex, pagesize, exp);
    int total = _cargoMgr.GetCount(exp);
    List<Cargo> list = new List<Cargo>();
    foreach (var item in cargos)
    {
        list.Add(item);
    }
    return new
    {
        total = total,
        rows = list
    };
}
public string Save(Cargo c)
{
    try
    {
        //更新货物信息
        _cargoMgr.Update(c);
    }
    catch (Exception ex)
    {
        throw ex;
    }
    return "OK";
}
public dynamic Add(Cargo c)
{
    string id = string.Empty;
    try
    {
        //添加货物信息
        _cargoMgr.Add(c);
        Expression<Func<Cargo, bool>> exp = u => u.SupplierId == c.
SupplierId && u.CargoCode == c.CargoCode;
        var cargo = _cargoMgr.FindSingle(exp);
        if (cargo != null)
        {
```

```
                    id = cargo.Id.ToString();
                }
            }
            catch (Exception ex)
            {
                throw ex;
            }
            return new
            {
                result = "OK",
                Id = id
            };
        }
        public string Delete(string ids)
        {
            try
            {
                //删除货物信息
                _cargoMgr.Delete(ids);
            }
            catch (Exception ex)
            {
                throw ex;
            }
            return "OK";
        }
    }
}
```

7.4.6 CargoMgrController 类

在 Visual Studio 2017 的"解决方案资源管理器"中选中"JST.TPLMS.Web"项目,打开"Controllers"目录下的"CargoMgrController"类添加"刷新"(List)"添加"(Add)"修改"(Update)"删除"(Delete)四个方法,用于实现货物管理页面中的四个按钮功能,代码如下:

```
using System;
using System.Collections.Generic;
using System.Linq;
using System.Threading.Tasks;
using JST.TPLMS.Service;
using JST.TPLMS.Util.Helpers;
using Microsoft.AspNetCore.Http;
```

```
using Microsoft.AspNetCore.Mvc;

namespace JST.TPLMS.Web.Controllers
{
    public class CargoMgrController: BaseController
    {
        CargoService cargoSvr;
        public CargoMgrController(CargoService cargo)
        {
            cargoSvr = cargo;
        }
        // GET: Cargo
        public ActionResult Index()
        {
            ViewData["SupplierId"] = GetSession("user");
            return View();
        }
        public string List()
        {
            var page = Request.Form["page"].ToString();
            var size = Request.Form["rows"].ToString();
            int pageIndex = page == null ? 1 : int.Parse(page);
            int pageSize = size == null ? 20 : int.Parse(size);
            var userList = cargoSvr.LoadCargos(pageIndex, pageSize);
            var json = JsonHelper.Instance.Serialize(userList);
            return json;
        }
        public ActionResult Update(Entitys.Cargo c)
        {
            string result = "NO";
            try
            {
                // TODO: Add update logic here
                result = cargoSvr.Save(c);
            }
            catch
            {
            }
            return Content(result);
        }
        public ActionResult Add(Entitys.Cargo c)
        {
            var json = string.Empty;
            string result = "NO";
            try
            {
                // TODO: Add logic here
```

```
                var  obj = cargoSvr.Add(c);
                if  (obj != null)
                {
                     json = JsonHelper.Instance.Serialize(obj);
                }
                else
                {
                    json = JsonHelper.Instance.Serialize(new
                    {
                        rresult = result,
                        Id = string.Empty
                    });
                }
            }
            catch
            {
            }
            return Content(json);
        }
        public ActionResult Delete(string ids)
        {
            string result = "NO";
            try
            {
                // TODO: Add Delete logic here
                result = cargoSvr.Delete(ids);
            }
            catch
            {
            }
            return Content(result);
        }
    }
}
```

7.5 测试货物管理功能

测试货物管理功能的步骤是：

① 在 Visual Studio 2017 中按 F5 键运行应用程序。

② 在浏览器的地址栏中输入“http://localhost:5000/”，然后输入管理员的用户名和密码进行登录。登录成功后在“模块管理”功能中添加新模块“货物管理”，然后打开“角色管理”功能，给“供应商”角色赋予“货物管理”模块权限。

③ 退出管理员用户，使用供应商用户重新登录系统，在主界面的菜单中选择“货物管理”菜单项，浏览器中呈现货物信息列表和四个按钮，如图 7.1 所示。

④ 新增货物：单击“添加”按钮，弹出一个“添加货物信息”对话框，如图 7.3 所示。

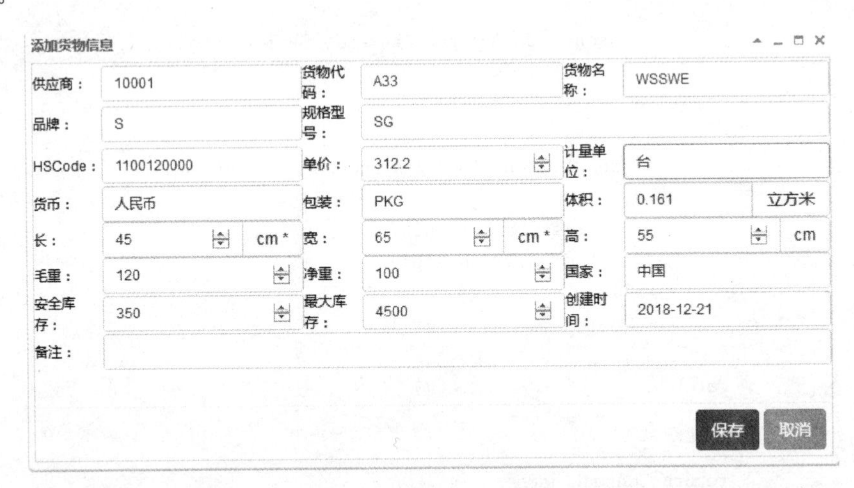

图 7.3　添加货物信息

⑤ 输入相应的货物信息后单击“保存”按钮，在弹出的“确认”对话框中单击“确定”按钮。在弹出的“保存成功”“提示”对话框中单击“确定”按钮。

⑥ 在货物信息列表中选中一条货物信息，然后单击“修改”按钮，可对货物信息进行修改，如图 7.4 所示。

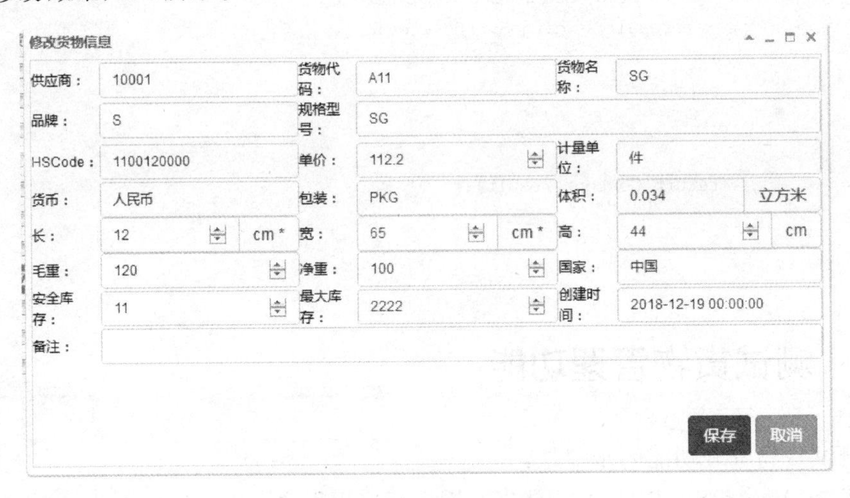

图 7.4　修改货物信息

⑦ 货物信息修改完成后单击“保存”按钮，弹出一个“您确认要修改吗？”对话框，单击“确定”按钮。如果修改成功，则会显示一个“保存成功”的提示信息，同时更新货物信息列表。

第 8 章

送货单管理

8.1 送货单管理介绍

第 7 章完成了一个供应商管理子系统中的货物管理原型，接下来实现送货单管理功能。

简单的送货单功能流程是：客户下订单时，订单信息会同时推送给供应商。供应商会根据订单生成送货单，并及时备货送到仓库。送货单管理还需要具备查询功能。

供应商在登录 TPLMS 系统之后，在其权限下要有一个送货单管理功能，让供应商填写一些送货信息，如预计什么时候送货，以及收货地、运输条款和运费条款等。而且在供应商填写送货明细时可以根据其填写的送货信息去订单明细中查询相应的货物信息，然后由供应商选择相应的订单明细，并结合货物信息组合成送货单明细数据自动添加到送货单明细中。

8.2 送货单管理页面功能

TPLMS 送货单管理功能界面效果如图 8.1 所示，在送货单管理表格的顶端有“添加”“删除”“修改”“提交”“刷新”五个功能按钮。

送货单 ×

添加 删除 修改 提交 刷新

送货单管理

编号	送货单号	状态	发货人	收货人	收货地	运输条款	运费条款	预计送货时间	创建时间	提
9	DO2018000054				151			2018-12-26 10:47	0001-01-01 00:0(	9
10	DO2018000055				151			2018-12-26 10:52	0001-01-01 00:0(	1
11	DO2018000056	暂存			151			2018-12-26 13:25	0001-01-01 00:0(	1
12	DO2018000057	暂存	杭州五星洁具有限公司	上海近铁物流有限公司	151	Freight Prepaid	CY——CFS	2018-12-26 14:33	0001-01-01 00:0(	1
13	DO2018000058	提交	杭州五星洁具有限公司	上海近铁物流有限公司	151	Freight Prepaid	CY——CY	2018-12-26 00:0(	0001-01-01 00:0(	1
14	DO2018000059				151			2018-12-26 14:48	0001-01-01 00:0(	1
15	DO2018000060				151			2018-12-27 14:5(	0001-01-01 00:0(	1
16	DO2018000061	提交						2018-12-27 15:23	0001-01-01 00:0(	1
17	DO2018000062							2018-12-27 15:24	0001-01-01 00:0(	1

10 第 1 共1页 显示1到9,共9记录

图 8.1 送货单管理

8.3 送货单管理流程分析

送货单管理流程分析框图如图 8.2 所示。

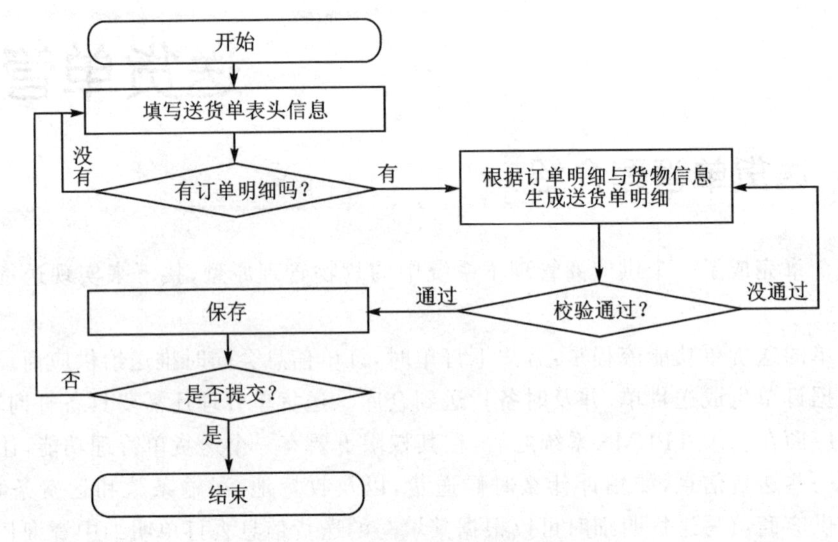

图 8.2 送货单管理流程分析框图

8.4 送货单管理实现过程

供应商需要一个前端页面来填写相关的送货信息,同时还需要一个送货单管理页面,下面分别进行介绍。

8.4.1 Index.cshmtl 页面

在 Visual Studio 2017 的"解决方案资源管理器"中选中"JST.TPLMS.Web"项目,在 Views 目录中创建 DOMgr 目录,并添加 Index.cshmtl 文件,代码如下:

```
@{
    Layout = null;
}
<!DOCTYPE html>
<html>
<head>
<meta name = "viewport" content = "width = device - width" />
<link href = "~/lib/bootstrap/dist/css/bootstrap.min.css" rel = "stylesheet" />
<script src = "~/lib/bootstrap/dist/js/bootstrap.js"></script>
<script src = "~/js/jquery.min.js"></script>
```

```
<script src = "~/js/easyui/jquery.easyui.min.js"></script>
<link href = "~/js/easyui/themes/default/easyui.css" rel = "stylesheet" />
<link href = "~/js/easyui/themes/icon.css" rel = "stylesheet" />
<script src = "~/js/easyui/locale/easyui - lang - zh_CN.js"></script>
<title>送货单管理</title>
</head>
<body>
<script src = "~/js/business/domgr.js"></script>
<div data - options = "region:'center'" style = "overflow: hidden;">
<div id = "containter" style = "width: 1000px; height: auto; margin: 0px auto;">
<! -- toolbar -- >
<div style = "margin - bottom:1px;font - weight:bold;">
<a href = "#" id = "add" class = "easyui - linkbutton" data - options = "iconCls:'icon -
add'" style = "width:100px; height:30px; background - color: #0993D3;">添加</a>
<a href = "#" id = "del" class = "easyui - linkbutton" data - options = "iconCls:'icon -
remove'" style = "width:100px; height:30px; background - color: #0993D3;">删除</a>
<a href = "#" id = "edit" class = "easyui - linkbutton" data - options = "iconCls:'icon -
edit'" style = "width:100px; height:30px; background - color: #0993D3;">修改</a>
<a href = "#" id = "submits" class = "easyui - linkbutton" data - options = "iconCls:
'icon - ok'" style = "width:100px; height:30px; background - color: #0993D3;">提交</a>
<a href = "#" id = "reload" class = "easyui - linkbutton" data - options = "iconCls:'icon -
reload'" style = "width:100px; height:30px; background - color: #0993D3;">刷新</a>
</div>
<! -- panel -- >
<div data - options = "region:'center',split:false" style = "height:500px;">
<! -- 表格 -- >
<table id = "dgDO"></table>
</div>
</div>
</div>
<! -------------------- 右键菜单(暂时未用) -------------------- >
<div id = "menu" class = "easyui - menu" style = "width: 120px; display: none">
<div onclick = "" iconcls = "icon - add">
            增加
</div>
<div onclick = "" iconcls = "icon - remove">
            删除
</div>
<div onclick = "editorMethod();" iconcls = "icon - edit">
            修改
</div>
</div>
```

```
<!----------------------新增修改送货单信息------------------->
<div id="divAddUpdDO" class="easyui-dialog" closed="true" style="top:10px;"
data-options="buttons:'#dlg-buttons'">
<div id="box">
<div title="送货单">
<table>
<tr>
<td><input type="hidden" name="ID" id="IDUpdate" /></td>
</tr>
<tr>
<td>送货单号:</td>
<td><input type="text" id="UpdNO" name="UNO" class="form-control input-sm" />
</td>
<td>预计送货时间:</td>
<td>
<input type="text" id="DeliveryDateUpdate" name="UDeliveryDate" class="form-
control input-sm" />
</td>
<td>供应商:</td>
<td>
<input type="text" id="SupplierIdUpdate" name="USupplierId" value=@ViewData
["SupplierId"].ToString() class="form-control input-sm" readonly />
</td>
</tr>
<tr>
<td>发货人:</td>
<td><input type="text" id="ConsignerNoUpdate" name="UConsignerNo" class="form-
control input-sm" /></td>
<td colspan="2">
<input type="text" id="ConsignerNameUpdate" name="UConsignerName" class="form-
control input-sm" />
</td>
<td>发货人社会信用代码:</td>
<td>
<input type="text" id="ConsignerSccdUpdate" name="UConsignerSccd" class="form-
control input-sm" />
</td>
</tr>
<tr>
<td>收货人:</td>
<td><input type="text" id="ConsigneeNoUpdate" name="UConsigneeNo" class="form-
control input-sm" /></td>
```

```
<td colspan = "2">
<input type = "text" id = "ConsigneeNameUpdate" name = "UConsigneeName" class = "form - control input - sm" />
</td>
<td>收货人社会信用代码:</td>
<td>
<input type = "text" id = "ConsigneeSccdUpdate" name = "UConsigneeSccd" class = "form - control input - sm" />
</td>
</tr>
<tr>
<td>承运人:</td>
<td><input type = "text" id = "ShipperNoUpdate" name = "UShipperNo" class = "form - control input - sm" /></td>
<td colspan = "2">
<input type = "text" id = "ShipperNameUpdate" name = "UShipperName" class = "form - control input - sm" />
</td>
<td>承运人社会信用代码:</td>
<td>
<input type = "text" id = "ShipperSccdUpdate" name = "UShipperSccd" class = "form - control input - sm" />
</td>
</tr>
<tr>
<td>代理人:</td>
<td><input type = "text" id = "AgentNoUpdate" name = "UAgentNo" class = "form - control input - sm" /></td>
<td colspan = "2">
<input type = "text" id = "AgentNameUpdate" name = "UAgentName" class = "form - control input - sm" />
</td>
<td>代理人社会信用代码:</td>
<td>
<input type = "text" id = "AgentSccdUpdate" name = "UAgentSccd" class = "form - control input - sm" />
</td>
</tr>
<tr>
<td>运费条款:</td>
<td>
<select id = "FreightClauseUpdate" class = "easyui - combobox" name = "UFreightClause"
```

```
style = "width:200px;">
    <option>Freight Prepaid</option>
    <option>Freight Collect</option>
    </select>
    </td>
    <td>运输条款:</td>
    <td>
    <select id = "ForwardingClauseUpdate" class = "easyui - combobox" name = "UForwarding-
Clause" style = "width:200px;">
    <option>CY——CY</option>
    <option>CY——CFS</option>
    <option>CFS——CY</option>
    <option>CFS——CFS</option>
    </select>
    </td>
    <td>收货方:</td>
    <td>
    <input type = "text" id = "RcvUpdate" name = "URcv" class = "form - control input - sm" />
    </td>
    </tr>
    <tr>
    <td>状态:</td>
    <td><input type = "text" id = "StatusUpdate" name = "UStatus" class = "form - control
input - sm" /></td>
    <td>是否拼箱:</td>
    <td>
    <input type = "text" id = "LCLFCLUpdate" name = "ULCLFCL" class = "form - control input -
sm" />
    </td>
    <td>支付方式:</td>
    <td>
    <input type = "text" id = "PayModeUpdate" name = "UPayMode" class = "form - control input - sm" />
    </td>
    </tr>
    <tr>
    <td>备注:</td>
    <td colspan = "5"><input type = "text" id = "RemarkUpdate" name = "URemark" class = "form -
control input - sm" /></td>
    </tr>
    </table>
    </div>
    <div title = "送货单明细">
```

```
〈div〉
〈div id = "search"〉
〈form name = "searchform" method = "post" action = "" id = "searchform"〉
〈div class = "container - fluid"〉
〈div class = "row"〉
〈div class = "col - sm - 4"〉
〈div class = "input - group input - group - sm"〉
〈span class = "input - group - addon" id = "sizing - addon3"〉收货方:〈/span〉
〈input type = "text" id = "rcv" size = 10 class = "form - control input - sm" aria -
describedby = "sizing - addon3" readonly /〉
〈/div〉
〈/div〉
〈div class = "col - sm - 4"〉
〈div class = "input - group input - group - sm"〉
〈span class = "input - group - addon" id = "sizing - addon4"〉货物名称:〈/span〉
〈input type = "text" id = "cargoName" size = 30 class = "form - control input - sm" aria -
describedby = "sizing - addon4" /〉
〈/div〉
〈/div〉
〈div class = "col - sm - 2"〉
〈a id = "btnSearch" class = "btn btn - default" onclick = "searchFunc()"〉搜索〈/a〉
〈/div〉
〈div class = "col - sm - 2"〉
〈a id = "btnAddDetail" class = "btn btn - default"〉添加明细〈/a〉
〈/div〉
〈/div〉
〈/div〉
〈/form〉
〈/div〉
〈div data - options = "region:'center',split:false" style = "height:150px;"〉
〈! -- 表格 -- 〉
〈table id = "dgPOD"〉〈/table〉
〈/div〉
〈/div〉
〈! -- panel -- 〉
〈div data - options = "region:'center',split:false" style = "height:200px;"〉
〈! -- 表格 -- 〉
〈table id = "dgDOD"〉〈/table〉
〈/div〉
〈/div〉
〈div title = "Tab3"〉
            tab3
```

```
</div>
</div>
</div>
<div id = "dlg - buttons">
<input type = "submit" id = "btnSave" value = "保存" class = "btn btn - primary" />
<input type = "submit" id = "btnSubmit" value = "提交" class = "btn btn - primary" />
<input type = "submit" id = "btnCancle" value = "取消" class = "btn btn - info" />
</div>
<script type = "text/javascript">
    $ (function () {
        initable();
        reloaded();
        updDOInfo();
        showDODialog();
        deleteDO();
        init();
        $ ('#box').tabs({
            width: 780,         //选项卡容器宽度
            height: 465,        //选项卡容器高度
            onSelect: function (title, index) {
                var rcv =  $ ("#RcvUpdate").val();
                if (title == "送货单明细") {
                    ShowPODDetail();
                    $ ("#rcv").val( $ ("#RcvUpdate").val());
                }
            }
        });
    });
</script>
</body>
</html>
```

8.4.2 送货单管理前端功能

在 Visual Studio 2017 的"解决方案资源管理器"中选中"JST. TPLMS. Web"项目,在"wwwroot\js\business"目录中添加一个新的脚本文件 domgr. js,用于实现送货单管理的前端页面功能,代码如下:

```
//------------------ 系统管理 -->送货单管理 --------------------//
//刷新数据
function initable() {
    $ ("#dgDO").datagrid({
```

```
            url: "/DOMgr/List",
            title: "送货单管理",
            pagination: true,
            pageSize: 10,
            pageList: [10, 20, 30],
            fit: true,
            fitColumns: false,
            loadMsg: "正在加载送货单信息...",
            nowarp: false,
            border: false,
            idField: "Id",
            sortName: "Id",
            sortOrder: "asc",
            frozenColumns: [[//冻结列
                { field: "ck", checkbox: true, align: "left", width: 50 }
            ]],
            columns: [[
                { title: "编号", field: "Id", width: 50, sortable: true },
                { title: "送货单号", field: "DeliveryNo", width: 100, sortable: true },
                { title: "状态", field: "Status", width: 50 },
                { title: "发货人", field: "ConsignerName", width: 150, sortable: true },
                { title: "收货人", field: "ConsigneeName", width: 150, sortable: false },
                { field: 'Rcv', title: '收货地', width: 60, align: 'center' },
                { field: 'FreightClause', title: '运输条款', width: 100, align:
'center' },
                { field: 'ForwardingClause', title: '运费条款', width: 100, align:
'center' },
                { field: 'DeliveryDate', title: '预计送货时间', width: 100, align:
'center' },
                { field: 'CreateTime', title: '创建时间', width: 100, align: 'center' },
                { title: "操作", field: "Id", width: 70, formatter: function (value, row,
index) {
                        var str = '';
                        //自定义处理
                        str += "<a>" + row.Id + "</a>";
                        return str;
                    }
                }
            ]]
        });
    }
    function reloaded() {    //reload
```

```
    $("#reload").click(function () {
        $('#dgDO').datagrid('reload');
    });
}
//修改单击按钮事件
function updDOInfo() {
    $("#edit").click(function () {
        //判断选中行
        var row = $("#dgDO").datagrid('getSelected');
        if (row) {
            $.messager.confirm('编辑', '您想要编辑吗?', function (r) {
                if (r) {
                    //先绑定
                    showDO(row);
                    //打开对话框编辑
                    $("#divAddUpdDO").dialog({
                        closed: false,
                        title: "修改送货单",
                        modal: true,
                        width: 820,
                        height: 550,
                        collapsible: true,
                        minimizable: true,
                        maximizable: true,
                        resizable: true,
                    });
                    ShowDetail(row.DeliveryNo);
                }
            });
            SetEnabled(row.Status);
        } else {
            $.messager.alert('提示', ' 请选择要编辑的行!', 'warning');
        }
    });
}
//删除模块
function deleteDO() {
    $("#del").click(function () {
        var rows = $("#dgDO").datagrid("getSelections");
        if (rows.length > 0) {
            $.messager.confirm("提示", "确定要删除吗?", function (res) {
                if (res) {
```

```
                        var codes = [];
                        for (var i = 0; i < rows.length; i++) {
                            codes.push(rows[i].Id);
                        }
                        $.post("/DOMgr/Delete", { "ids": codes.join(',') }, function
(data) {
                            if (data == "OK") {
                                $.messager.alert("提示", "删除成功!");
                                $("#dgDO").datagrid("clearChecked");
                                $("#dgDO").datagrid("clearSelections");
                                $("#dgDO").datagrid("load", {});
                            }
                            else if (data == "NO") {
                                $.messager.alert("提示", "删除失败!");
                                return;
                            }
                        });
                    }
                });
            }
        })
    }
    //清空文本框
    function clearAll() {
        $("#IDUpdate").val("");
        $("#UpdNO").val("");
        $("#DeliveryDateUpdate").val(getNowFormatDate());
        $("#RcvUpdate").val("");
        $("#RemarkUpdate").val("");
        $("#rcv").val("");
        $("#cargoName").val("");
    }
    function GetNo() {
        $.get("/DOMgr/GetNo", function (data) {
         var obj = JSON.parse(data);
            $("#UpdNO").val(obj.No);
            $("#IDUpdate").val(obj.Id);
            initable();
        });
    }
    //获取当前时间,格式为 YYYY-MM-DD
    function getNowFormatDate() {
```

```
        var date = new Date();
        var seperator1 = "-";
        var year = date.getFullYear();
        var month = date.getMonth() + 1;
        var strDate = date.getDate();
        if (month >= 1 && month <= 9) {
            month = "0" + month;
        }
        if (strDate >= 0 && strDate <= 9) {
            strDate = "0" + strDate;
        }
        var currentdate = year + seperator1 + month + seperator1 + strDate;
        return currentdate;
    }
    //将表单数据转为 json 字符串
    function form2Json(id) {
        var arr = $("#" + id).serializeArray();
        var jsonStr = "";
        jsonStr += '{';
        for (var i = 0; i < arr.length; i++) {
            jsonStr += '"' + arr[i].name + '":"' + arr[i].value + '",';
        }
        jsonStr = jsonStr.substring(0, (jsonStr.length - 1));
        jsonStr += '}';
        var json = JSON.parse(jsonStr);
        return json;
    }
    function searchFunc() {
        var jsonStr = '{"cargoName":"' + $("#cargoName").val() + '"}';
        var queryParams = JSON.parse(jsonStr);
        $("#dgPOD").datagrid({ queryParams: queryParams });
    } //扩展方法
    //单击清空按钮触发事件
    function clearSearch() {
        $("#dgPOD").datagrid("load", {}); //重新加载数据,若无填写数据,则向后台传递
//的值为空
        $("#searchForm").find("input").val(""); //找到 form 表单下的所有 input 标签并清空
    }
    function SetEnabled(status) {
        if (status == "提交") {
            $("#btnSave").prop('disabled', true);
        }
```

```
    else {
        $("#btnSave").removeAttr("disabled");
    }
}
//弹出添加送货单的对话框
function showDODialog() {
    $("#add").click(function () {
        clearAll();
        $("#divAddUpdDO").dialog({
            closed: false,
            title: "添加送货单",
            modal: true,
            width: 820,
            height: 550,
            collapsible: true,
            minimizable: true,
            maximizable: true,
            resizable: true
        });
        GetNo();
        ShowDetail("");
    });
    $("#btnSave").click(function () {
            //保存
        var id = $("#IDUpdate").val();
        if (id == "" || id == undefined) {
            //验证
            $.messager.confirm('确认','您确认要保存吗?', function (r) {
                if (r) {
                    var obj_No = $("#UpdNO").val();
                    var obj_Rcv = $("#RcvUpdate").val();
                    var obj_SupId = $("#SupplierIdUpdate").val();

                    if (obj_No == "" || obj_Rcv == "" || obj_SupId == "") {
                        $.messager.alert('提示',' 请填写相关必填项!','warning');
                        return;
                    }
                    var postData = GetDO();
                    $.post("/DOMgr/Add", postData, function (data) {
                        if (data == "OK") {
                           // $("#divAddUpdDO").dialog("close");
                            $.messager.alert("提示","保存成功!");
```

```
                        initable();
                    }
                    else if (data == "NO") {
                        $.messager.alert("提示", "保存失败!");
                        return;
                    }
                });
            }
        })
    }
    else {
        saveDetail();
    }
});
$("#btnAddDetail").click(function () {
    //保存
    var no = $("#UpdNO").val();
    if (no == "" || no == undefined) {
        $.messager.alert("提示", "没有生成送货单号!");
        return;
    }
    var rows = $('#dgPOD').datagrid('getSelections');
    if (rows.length > 0) {
        //验证
        $.messager.confirm('确认', '您确认要添加所选择货物吗？', function (r) {
            if (r) {
                var ids = [];
                for (var i = 0; i < rows.length; i++) {
                    ids.push(rows[i].Id);
                }
                var postData = {
                    "Ids": ids.join(','),
                    "No": no
                };
                $.post("/DOMgr/AddDetail", postData, function (data) {
                    if (data == "OK") {
                        $.messager.alert("提示", "送货单明细添加成功!");
                        $("#dgPOD").datagrid("clearChecked");
                        $("#dgPOD").datagrid("clearSelections");
                        ShowDetail(no);
                    }
                    else if (data == "NO") {
```

```
                        $.messager.alert("提示","送货单明细添加失败!");
                        return;
                    }
                });
            }
        })
    }
});
}
//添加明细
function ShowDetail(no) {
    var lastIndex;
    $("#dgDOD").datagrid({
        url: "/DOMgr/GetDetail?no=" + no,
        title: "送货单明细",
        pagination: false,
        fit: true,
        fitColumns: false,
        loadMsg: "正在加载送货单明细信息...",
        nowarp: false,
        border: false,
        idField: "Id",
        sortName: "Id",
        sortOrder: "asc",
        singleSelect: true,
        iconCls: 'icon-edit',
        columns: [[
            { title: "编号", field: "SeqNo", width: 50, sortable: true },
            { title: "送货单号", field: "DeliveryNo", width: 100, sortable: true },
            { title: "HSCode", field: "HSCode", width: 80, sortable: false },
            { title: "货物代码", field: "CargoCode", width: 100, sortable: true },
            { title: "货物名称", field: "CargoName", width: 160, sortable: false },
            { title: "规格型号", field: "Spcf", width: 80, sortable: false },
            { title: "数量", field: "Qty", width: 100, align: 'center', editor: {
                    type: 'numberbox', options: {
                        required: true, min: 0, precision: 4
                    }
                }
            },
            { title: "长", field: "Length", width: 70, align: 'center', editor: {
                    type: 'numberbox', options: {
                        required: true, min: 0, precision: 2
```

```
                        }
                    }
                },
                { title: "宽", field: "Width", width: 70, align: 'center', editor: {
                        type: 'numberbox', options: {
                            required: true, min: 0, precision: 2
                        }
                    }
                },
                { title: "高", field: "Height", width: 70, align: 'center', editor: {
                        type: 'numberbox', options: {
                            required: true, min: 0, precision: 2
                        }
                    }
                },
                { title: "产销国", field: "Country", width: 70, align: 'center' },
                { title: "单价", field: "Price", width: 100, align: 'center', editor: {
                        type: 'numberbox', options: {
                            required: true, min: 0, precision: 2
                        }
                    }
                },
                { title: "总价", field: "TotalAmt", width: 100, align: 'center', editor: {
                        type: 'numberbox', options: {
                            required: true, min: 0, precision: 2
                        }
                    }
                },
                { title: "包装", field: "Package", width: 70, align: 'center' },
                { title: "计量单位", field: "Unit", width: 70, align: 'center' },
                { title: "总体积", field: "Vol", width: 70, align: 'center', editor: {
                        type: 'numberbox', options: {
                            required: true, min: 0, precision: 4
                        }
                    }
                },
                { title: "品牌", field: "Brand", width: 70, align: 'center' }
            ]],
            onClickRow: function (index, rowData) {
                if (lastIndex != index) {
                    $('#dgDOD').datagrid('endEdit', lastIndex);
                    editrow(index);
```

```
            }
            lastIndex = index;
        },
        onBeginEdit: function (rowIndex, rowData) {
            setEditing(rowIndex);
        }
    });
}
//计算报价小计
function setEditing(rowIndex) {
    var editors = $('#dgDOD').datagrid('getEditors', rowIndex);
    var priceEditor = editors[4];
    var qtyEditor = editors[0];
    var lengthEditor = editors[1];
    var widthEditor = editors[2];
    var heightEditor = editors[3];
    var totalVolEditor = editors[6];
    var totalAmtEditor = editors[5];
    priceEditor.target.numberbox({
        onChange: function () { calculate();}
    });
    qtyEditor.target.numberbox({
        onChange: function () {
            calculate();
            calculateVol();
        }
    });
    lengthEditor.target.numberbox({
        onChange: function () { calculateVol(); }
    });
    widthEditor.target.numberbox({
        onChange: function () { calculateVol(); }
    });
    heightEditor.target.numberbox({
        onChange: function () { calculateVol(); }
    });
    function calculate() {
        var cost = (priceEditor.target.val()) * (qtyEditor.target.val());
        console.log(cost);
        totalAmtEditor.target.numberbox("setValue", cost);
    }
    function calculateVol() {
```

```
            var vol = (lengthEditor.target.val() / 100.0) * (widthEditor.target.val() / 
100.0) * (heightEditor.target.val() / 100.0) * (qtyEditor.target.val());
            console.log(vol);
            totalVolEditor.target.numberbox("setValue", vol);
        }
    }
    function editrow(index) {
        $('#dgDOD').datagrid('selectRow', index)
                .datagrid('beginEdit', index);
    }
    function endEdit() {
        var rows = $('#dgDOD').datagrid('getRows');
        for (var i = 0; i < rows.length; i++) {
            $('#dgDOD').datagrid('endEdit', i);
        }
    }
    function saveDetail() {
        endEdit();
        $.messager.confirm('确认', '您确认要修改吗？', function (r) {
            var effectRow = new Object();
            var postData = GetDO();
            if (postData.id) {
                effectRow["postdata"] = JSON.stringify(postData);
            }
            if ($('#dgDOD').datagrid('getChanges').length) {
                var inserted = $('#dgDOD').datagrid('getChanges', "inserted");
                var deleted = $('#dgDOD').datagrid('getChanges', "deleted");
                var updated = $('#dgDOD').datagrid('getChanges', "updated");
                if (inserted.length) {
                    effectRow["inserted"] = JSON.stringify(inserted);
                }
                if (deleted.length) {
                    effectRow["deleted"] = JSON.stringify(deleted);
                }
                if (updated.length) {
                    effectRow["updated"] = JSON.stringify(updated);
                }
            }
            $.post("/DOMgr/Update", effectRow, function (data) {
                if (data.success) {
                    $.messager.alert("提示", "保存成功!");
                    $('#dgDOD').datagrid('acceptChanges');
```

```
                }
                else {
                    $.messager.alert("提示", data.msg);
                    return;
                }
            }, "JSON");
        })
}
function init() {
    $("#btnCancle").click(function () {
        $("#divAddUpdDO").dialog("close");
        $('#dgDO').datagrid('reload');
    });
    $("#btnSubmit").click(function () {
        //保存
        var id = $("#IDUpdate").val();
        if (id == "" || id == undefined) {
            $.messager.alert("提示", "送货单没有保存,请先保存!");
            return;
        }
        //验证
        $.messager.confirm('确认', '您确认要提交送货单吗?', function (r) {
            if (r) {
                var postData = {
                    "Id": id
                };
                $.post("/DOMgr/Submit", postData, function (data) {
                    if (data == "OK") {
                        $.messager.alert("提示", "送货单已经提交成功!");
                        $("#dgPOD").datagrid("clearChecked");
                        $("#dgPOD").datagrid("clearSelections");
                        $("#StatusUpdate").val("提交");
                        SetEnabled("提交");
                    }
                    else if (data == "NO") {
                        $.messager.alert("提示", "送货单提交失败!");
                        return;
                    }
                });
            }
        })
    });
```

```
    }
    function ShowPODDetail() {
        $("#dgPOD").datagrid({
            url: "/POMgr/GetDetails? supid = " + $("#SupplierIdUpdate").val() + "
&rcv = " + $("#RcvUpdate").val(),
            title: "送货单明细",
            pagination: false,
            fit: true,
            fitColumns: false,
            loadMsg: "正在加载送货单明细信息...",
            nowarp: false,
            border: false,
            idField: "Id",
            sortName: "Id",
            sortOrder: "asc",
            frozenColumns: [[//冻结列
                { field: "ck", checkbox: true, align: "left", width: 50 }
            ]],
            columns: [[
                { title: "编号", field: "Id", width: 50, sortable: true },
                { title: "送货单号", field: "NO", width: 100, sortable: true },
                { title: "货物代码", field: "CargoCode", width: 100, sortable: true },
                { title: "货物名称", field: "CargoName", width: 160, sortable: true },
                { title: "收货方", field: "Rcv", width: 80, sortable: true },
                { title: "数量", field: "Qty", width: 100, align: 'center'   },
                { title: "供应商", field: "SupplierId", width: 100, align: 'center' },
                { title: "截止日期", field: "ClosingDate", width: 100, align: 'center' }
            ]]
        });
    }
    function GetDO() {
        var postData = {
            "id": $("#IDUpdate").val(),
            "DeliveryNo": $("#UpdNO").val(),
            "SupplierId": $("#SupplierIdUpdate").val(),
            "DeliveryDate": $("#DeliveryDateUpdate").val(),
            "ConsignerNo": $("#ConsignerNoUpdate").val(),
            "ConsignerName": $("#ConsignerNameUpdate").val(),
            "ConsignerSccd": $("#ConsignerSccdUpdate").val(),
            "ConsigneeNo": $("#ConsigneeNoUpdate").val(),
            "ConsigneeName": $("#ConsigneeNameUpdate").val(),
            "ConsigneeSccd": $("#ConsigneeSccdUpdate").val(),
```

```
            "ShipperNo": $("#ShipperNoUpdate").val(),
            "ShipperName": $("#ShipperNameUpdate").val(),
            "ShipperSccd": $("#ShipperSccdUpdate").val(),
            "AgentNo": $("#AgentNoUpdate").val(),
            "AgentName": $("#AgentNameUpdate").val(),
            "AgentSccd": $("#AgentSccdUpdate").val(),
            "FreightClause": $("#FreightClauseUpdate").combobox('getValue'),
            "Remark": $("#RemarkUpdate").val(),
            "ForwardingClause": $("#ForwardingClauseUpdate").combobox('getValue'),
            "Rcv": $("#RcvUpdate").val(),
            "Status": $("#StatusUpdate").val(),
            "LCLFCL": $("#LCLFCLUpdate").val(),
            "PayMode": $("#PayModeUpdate").val()
        };
        return postData;
}
function showDO(row) {
        $("#IDUpdate").val(row.Id);
        $("#UpdNO").val(row.DeliveryNo);
        $("#DeliveryDateUpdate").val(row.DeliveryDate);
        $("#ConsignerNoUpdate").val(row.ConsignerNo);
        $("#ConsignerNameUpdate").val(row.ConsignerName);
        $("#ConsignerSccdUpdate").val(row.ConsignerSccd);
        $("#ConsigneeNoUpdate").val(row.ConsigneeNo);
        $("#ConsigneeNameUpdate").val(row.ConsigneeName);
        $("#ConsigneeSccdUpdate").val(row.ConsigneeSccd);
        $("#ShipperNoUpdate").val(row.ShipperNo);
        $("#ShipperNameUpdate").val(row.ShipperName);
        $("#ShipperSccdUpdate").val(row.ShipperSccd);
        $("#AgentNoUpdate").val(row.AgentNo);
        $("#AgentNameUpdate").val(row.AgentName);
        $("#AgentSccdUpdate").val(row.AgentSccd);
        $("#FreightClauseUpdate").combobox('setValue', row.FreightClause);
        $("#RemarkUpdate").val(row.Remark);
        $("#RcvUpdate").val(row.Rcv);
        $("#StatusUpdate").val(row.Status);
        $("#LCLFCLUpdate").val(row.LCLFCL);
        $("#PayModeUpdate").val(row.PayMode);
        $("#ForwardingClauseUpdate").combobox('setValue', row.ForwardingClause);
}
//------------------系统管理-->送货单管理结束---------------------//
```

8.4.3 实体类

在 Visual Studio 2017 的“解决方案资源管理器”中选中“JST.TPLMS.Entitys”项目，添加两个用于与前端页面进行交互的实体类 DeliveryOrder 和 DeliveryOrderDetail，代码如下：

```
using System;
using System.Collections.Generic;
using System.ComponentModel.DataAnnotations.Schema;
using System.Text;

namespace JST.TPLMS.Entitys
{
    public class DeliveryOrder
    {
        public DeliveryOrder()
        {
            this.Id = 0;
            this.AgentName = string.Empty;
            this.AgentNo = string.Empty;
            this.AgentSccd = string.Empty;
            this.ConsigneeName = string.Empty;
            this.ConsigneeNo = string.Empty;
            this.ConsigneeSccd = string.Empty;
            this.ConsignerName = string.Empty;
            this.ConsignerNo = string.Empty;
            this.ConsignerSccd = string.Empty;
            this.DeliveryDate = DateTime.Now;
            this.DeliveryNo = string.Empty;
            this.ForwardingClause = string.Empty;
            this.FreightClause = string.Empty;
            this.LCLFCL = string.Empty;
            this.PayMode = string.Empty;
            this.Rcv = string.Empty;
            this.Remark = string.Empty;
            this.ShipperName = string.Empty;
            this.ShipperNo = string.Empty;
            this.ShipperSccd = string.Empty;
            this.Status = string.Empty;
            this.SupplierId = 0;
            this.CreateTime = DateTime.Now;
```

```
        }
        [DatabaseGeneratedAttribute(DatabaseGeneratedOption.Identity)]

        public int Id { get; set; }
        public int SupplierId { get; set; }
        public string DeliveryNo { get; set; }
        public string ConsignerSccd { get; set; }
        public string ConsignerNo { get; set; }
        public string ConsignerName { get; set; }
        public string ConsigneeSccd { get; set; }
        public string ConsigneeNo { get; set; }
        public string ConsigneeName { get; set; }
        public string ShipperSccd { get; set; }
        public string ShipperNo { get; set; }
        public string ShipperName { get; set; }
        public string AgentSccd { get; set; }
        public string AgentNo { get; set; }
        public string AgentName { get; set; }
        public DateTime DeliveryDate { get; set; }
        public string FreightClause { get; set; }
        public string ForwardingClause { get; set; }
        public string PayMode { get; set; }
        public string Rcv { get; set; }
        public string Status { get; set; }
        public string LCLFCL { get; set; }
        public string Remark { get; set; }
        public DateTime CreateTime { get; set; }
        [NotMapped]
        public List<DeliveryOrderDetail> DeliveryOrderDetail { get; set; }
    }
}

using System;
using System.Collections.Generic;
using System.ComponentModel.DataAnnotations;
using System.ComponentModel.DataAnnotations.Schema;
using System.Text;
namespace JST.TPLMS.Entitys
{
    public class DeliveryOrderDetail
    {
        public DeliveryOrderDetail()
```

```
{
    this.Id = 0;
    this.Qty = 0;
    this.CargoCode = string.Empty;
    this.CargoName = string.Empty;
    this.Brand = string.Empty;
    this.Country = string.Empty;
    this.CreateTime = DateTime.Now;
    this.Curr = string.Empty;
    this.GrossWt = 0;
    this.Height = 0;
    this.HSCode = string.Empty;
    this.Length = 0;
    this.SecdLawfQty = 0;
    this.LawfQty = 0;
    this.NetWt = 0;
    this.Package = string.Empty;
    this.Price = 0;
    this.Spcf = string.Empty;
    this.Unit = string.Empty;
    this.DeliveryNo = string.Empty;
    this.LawfUnit = string.Empty;
    this.Vol = 0;
    this.Width = 0;
    this.LawfUnit = string.Empty;
    this.SecdLawfUnit = string.Empty;
    this.SeqNo = 0;
    this.LvyrlfModeCode = string.Empty;
    this.ClyMarkcode = string.Empty;
    this.PurchaseOrderDetailId = 0;
}
[DatabaseGeneratedAttribute(DatabaseGeneratedOption.Identity)]
public int Id { get; set; }
public string CargoCode { get; set; }
[MaxLength(10)]
public string HSCode { get; set; }
public string CargoName { get; set; }
public string Spcf { get; set; }
public string Unit { get; set; }
public string Country { get; set; }
public string Brand { get; set; }
public string Curr { get; set; }
```

```
            public string Package { get; set; }
            public decimal Length { get; set; }
            public decimal Width { get; set; }
            public decimal Height { get; set; }
            public decimal Vol { get; set; }
            public decimal Price { get; set; }
            public decimal TotalAmt { get; set; }
            public decimal GrossWt { get; set; }
            public decimal NetWt { get; set; }
            [NotMapped]
            public DateTime CreateTime { get; set; }
            public string DeliveryNo { get; set; }
            public int SeqNo { get; set; }
            public decimal Qty { get; set; }
            public decimal LawfQty { get; set; }
            public decimal SecdLawfQty { get; set; }
            public string LawfUnit { get; set; }
            public string SecdLawfUnit { get; set; }
            public string LvyrlfModeCode { get; set; }
            public string ClyMarkcode { get; set; }
            public int  PurchaseOrderDetailId{get;set;}
        }
    }
```

8.4.4 DeliveryOrderRepository 类

在 Visual Studio 2017 的"解决方案资源管理器"中选中"JST. TPLMS. Repository"项目,添加一个新的类 DeliveryOrderRepository。主要用于实现送货单表头的操作,代码如下:

```
using JST.TPLMS.Contract;
using JST.TPLMS.DataBase;
using JST.TPLMS.Entitys;
using System;
using System.Collections.Generic;
using System.Globalization;
using System.Linq;
using System.Text;
using System.Transactions;

namespace JST.TPLMS.Repository
{
```

```
    public class DeliveryOrderRepository: BaseRepository<DeliveryOrder>, IDelivery-
OrderRepository
    {
        public DeliveryOrderRepository(TPLMSDbContext m_Context):base(m_Context)
        {
        }
        public bool Delete(string ids)
        {
            var idList = ids.Split(',');
            bool result = true;
            var dos = Context.DeliveryOrder.Where(m => idList.Contains(m.Id.To-
String())); //查询出主表数据
            foreach (var DO in dos)
            {
                var dods = Context.DeliveryOrderDetail.Where(m => m.DeliveryNo == DO.
DeliveryNo);
                //foreach 内部不允许修改状态
                foreach (var dod in dods)
                {
                    Context.DeliveryOrderDetail.Remove(dod);//手动标记从表的数据
//为 Deleted 状态
                }
                Context.DeliveryOrder.Remove(DO);//标记主表的状态为 Deleted
            }
            Context.SaveChanges();
            return result;
        }
        public IEnumerable<DeliveryOrder> LoadDeliveryOrders(int pageindex, int page-
size, int supplierId)
        {
            return Context.DeliveryOrder.Where(u => u.SupplierId == supplierId).
OrderBy(u => u.Id).Skip((pageindex - 1) * pagesize).Take(pagesize);
        }
        public IEnumerable<DeliveryOrder> GetDeliveryOrders(DateTime sdate, DateTime
edate, string no, int supplierId, string rcv, string status)
        {
            var DOs = from m in Context.DeliveryOrder select m;
            DOs = DOs.Where(m => m.CreateTime > sdate && m.CreateTime < edate &&
m.SupplierId == supplierId);
            if (!String.IsNullOrEmpty(status))
            {
                DOs = DOs.Where(s => s.Status.Contains(status));
```

```
            }
            if (!String.IsNullOrEmpty(rcv))
            {
                DOs = DOs.Where(x => x.Rcv == rcv);
            }
            return DOs;
        }
    }
}
```

8.4.5 DeliveryOrderDetailRepository 类

在 Visual Studio 2017 的"解决方案资源管理器"中选中"JST. TPLMS. Repository"项目,添加一个新的类 DeliveryOrderDetailRepository,主要用于实现送货单表体的操作,代码如下:

```
using JST.TPLMS.Contract;
using JST.TPLMS.DataBase;
using JST.TPLMS.Entitys;
using System;
using System.Collections.Generic;
using System.Globalization;
using System.Linq;
using System.Text;
using System.Transactions;

namespace JST.TPLMS.Repository
{
    public class DeliveryOrderDetailRepository:BaseRepository<DeliveryOrderDetail>,
IDeliveryOrderDetailRepository
    {
        public DeliveryOrderDetailRepository(TPLMSDbContext m_Context):base(m_
Context)
        {
        }
        public bool Delete(string No)
        {
            var moduleList = Context.DeliveryOrder.Where(m => m.DeliveryNo == No);
            bool result = true;
            Delete(moduleList.ToArray());
            return result;
        }
```

```
            public IEnumerable<DeliveryOrderDetail> LoadDeliveryOrderDetails(int page-
index, int pagesize)
            {
                return Context.DeliveryOrderDetail.OrderBy(u => u.Id).Skip((pageindex - 1) *
pagesize).Take(pagesize);
            }
            public int MaxSeqNo(string no)
            {
                var dod= Context.DeliveryOrderDetail.Where(m => m.DeliveryNo == no).
OrderByDescending(u => u.SeqNo).FirstOrDefault();
                if (dod==null)
                {
                    return 0;
                }
                return dod.SeqNo;
            }
            public IEnumerable<DeliveryOrderDetail> GetDeliveryOrderDetails(string no)
            {
                var moduleList = Context.DeliveryOrderDetail.Where(m => m.DeliveryNo==no);
                return moduleList;
            }
        }
    }
```

8.4.6 服务类 DeliveryOrderService

在 Visual Studio 2017 的“解决方案资源管理器”中选中“JST. TPLMS. Service”项目,添加一个新的类 DeliveryOrderService,用于实现送货单管理中的“添加”“删除”“修改”“提交”“刷新”五个操作,代码如下:

```
using JST.TPLMS.Contract;
using JST.TPLMS.Core;
using JST.TPLMS.Entitys;
using JST.TPLMS.Util.Helpers;
using System;
using System.Collections.Generic;
using System.Linq.Expressions;
using System.Text;

namespace JST.TPLMS.Service
{
    public class DeliveryOrderService
```

```
{
    private IDeliveryOrderRepository _doMgr;
    private DeliveryOrder _do;
    private List<DeliveryOrder> _dos;    //送货单列表
    private IDeliveryOrderDetailRepository _dodMgr;
    private IPurchaseOrderDetailRepository _podMgr;
    public DeliveryOrderService(IDeliveryOrderRepository doMgr, IDeliveryOrder-
DetailRepository dodMgr,IPurchaseOrderDetailRepository podMgr)
    {
        _doMgr = doMgr;
        _dodMgr = dodMgr;
        _podMgr = podMgr;
    }
    public dynamic LoadDos(int pageindex, int pagesize,int supid)
    {
        Expression<Func<DeliveryOrder, bool>> exp = u => u.Id > 0;
        if (supid > 0)
        {
            exp = u => u.SupplierId == supid;
        }
        //送货单列表
        var dos = _doMgr.Find(pageindex, pagesize, exp);
        int total = _doMgr.GetCount(exp);
        List<DeliveryOrder> list = new List<DeliveryOrder>();
        foreach (var item in dos)
        {
            list.Add(item);
        }
        return new
        {
            total = total,
            rows = list
        };
    }
    public string Save(DeliveryOrder dorder)
    {
        try
        {
            DeliveryOrder order = new DeliveryOrder();
            dorder = ReflectionHelper. Copy < DeliveryOrder, DeliveryOrder >
(dorder, order);
            foreach (var item in dorder.DeliveryOrderDetail)
```

```
                {
                    Expression<Func<PurchaseOrderDetail, bool>> exp = u => u.Id ==
item.PurchaseOrderDetailId;
                    var pod = _podMgr.FindSingle(exp);
                    pod.OutQty = pod.OutQty + item.Qty;
                    _podMgr.Update(pod);
                    _dodMgr.Update(item);
                }
                dorder.DeliveryOrderDetail = null;
                dorder.Status = EnumStatus.暂存.ToString();
                //更新送货单
                _doMgr.Update(dorder);
            }
            catch (Exception ex)
            {
                throw ex;
            }
            return "OK";
        }
        public string Submit(string Id)
        {
            try
            {
                int DoId = NumberHelper.ToInt(Id);
                Expression<Func<DeliveryOrder, bool>> exp = u => u.Id == DoId;
                var dorder = _doMgr.FindSingle(exp);
                dorder.DeliveryOrderDetail = null;
                dorder.Status = EnumStatus.提交.ToString();
                _doMgr.Update(dorder);
            }
            catch (Exception ex)
            {
                throw ex;
            }
            return "OK";
        }
        public string Add(DeliveryOrder po)
        {
            try
            {
                DeliveryOrder order = new DeliveryOrder();
                po = ReflectionHelper.Copy<DeliveryOrder, DeliveryOrder>(po, order);
```

```
            //添加送货单
            _doMgr.Add(po);
        }
        catch (Exception ex)
        {
            throw ex;
        }
        return "OK";
    }
    public string Add(string no,string supid)
    {
        DeliveryOrder order = new DeliveryOrder();
        order.DeliveryNo = no;
        order.SupplierId = NumberHelper.ToInt(supid);
        order.Status = EnumStatus.新建.ToString();
        Add(order);
        int id = GetId(no);
        return id.ToString();
    }
    public string Delete(string ids)
    {
        try
        {
            //删除送货单
            _doMgr.Delete(ids);
        }
        catch (Exception ex)
        {
            throw ex;
        }
        return "OK";
    }
    public string GetNo(string name)
    {
        string no = string.Empty;
        try
        {
            //获取送货单号
            no =  _doMgr.GetNo(name);
        }
        catch (Exception ex)
        {
```

```
                throw ex;
            }
            return no;
        }
        public int GetId(string no)
        {
            Expression<Func<DeliveryOrder, bool>> exp = u => u.DeliveryNo == no;
            var po = _doMgr.FindSingle(exp);
            if (po==null)
            {
                return 0;
            }
            return po.Id;
        }
    }
}
```

8.4.7 服务类 DeliveryOrderDetailService

在 Visual Studio 2017 的“解决方案资源管理器”中选中“JST.TPLMS.Service”项目,添加一个新的类 DeliveryOrderDetailService,用于实现对送货单表体数据的添加、删除、修改、查询操作,代码如下:

```
using JST.TPLMS.Contract;
using JST.TPLMS.Entitys;
using JST.TPLMS.Util.Helpers;
using System;
using System.Collections.Generic;
using System.Data;
using System.Linq.Expressions;
using System.Text;

namespace JST.TPLMS.Service
{
    public class DeliveryOrderDetailService
    {
        private IDeliveryOrderDetailRepository _dodMgr;
        private DeliveryOrderDetail _dod;
        private List<DeliveryOrderDetail> _dods;  //送货单明细列表
        private IPurchaseOrderDetailRepository _podMgr;
        private ICargoRepository _cargoMgr;
        public DeliveryOrderDetailService ( IDeliveryOrderDetailRepository  dodMgr,
IPurchaseOrderDetailRepository podMgr, ICargoRepository cargoMgr)
```

```
{
    _dodMgr = dodMgr;
    _podMgr = podMgr;
    _cargoMgr = cargoMgr;
}
public dynamic LoadDods(int pageindex, int pagesize)
{
     //查询送货单明细
    Expression<Func<DeliveryOrderDetail, bool>> exp = u => u.Id > 0;
    var dods = _dodMgr.Find(pageindex, pagesize, exp);
    int total = _dodMgr.GetCount(exp);
    List<DeliveryOrderDetail> list = new List<DeliveryOrderDetail>();
    foreach (var item in dods)
    {
        list.Add(item);
    }
    return new
    {
        total = total,
        rows = list
    };
}
public dynamic LoadDods(string no)
{
    List<DeliveryOrderDetail> list = new List<DeliveryOrderDetail>();
    if (string.IsNullOrEmpty(no))
    {
        return new
        {
            total = list.Count,
            rows = list
        };
    }
     //送货单明细表
    Expression<Func<DeliveryOrderDetail, bool>> exp = u => u.DeliveryNo == no;
    var dods = _dodMgr.Find(exp);
    foreach (var item in dods)
    {
        list.Add(item);
    }
    return new
    {
        total = list.Count,
```

```
                rows = list
            };
        }
        public string Save(DeliveryOrderDetail u)
        {
            try
            {
                //更新送货单明细
                _dodMgr.Update(u);
            }
            catch (Exception ex)
            {
                throw ex;
            }
            return "OK";
        }
        public string Save(string podId,string no)
        {
            try
            {
                int cnt = _dodMgr.MaxSeqNo(no);
                var idList = podId.Split(',');

                foreach (var id in idList)
                {
                    int pdId = NumberHelper.ToInt(id);
                    Expression<Func<PurchaseOrderDetail, bool>> expPod = u => u.Id ==
pdId && u.Qty > u.OutQty;
                    var pod = _podMgr.FindSingle(expPod);
                    if (pod == null)
                    {
                        continue;
                    }
                    Expression<Func<Cargo, bool>> expCargo = u => u.CargoCode ==
pod.CargoCode && u.SupplierId == pod.SupplierId;
                    var cargo = _cargoMgr.FindSingle(expCargo);
                    if (cargo == null)
                    {
                        continue;
                    }
                    DeliveryOrderDetail dod = new DeliveryOrderDetail();
                    dod = ReflectionHelper.Copy<PurchaseOrderDetail, DeliveryOrde-
rDetail>(pod, dod);
```

```
                    dod = ReflectionHelper.Copy<Cargo, DeliveryOrderDetail>(cargo,
dod);
                    dod.DeliveryNo = no;
                    dod.SeqNo = cnt + 1;
                    dod.TotalAmt = dod.Price * dod.Qty;
                    dod.Vol = dod.Vol * dod.Qty;
                    dod.Qty = pod.Qty - pod.OutQty;
                    dod.PurchaseOrderDetailId = pod.Id;
                    //保存明细
                    Expression<Func<DeliveryOrderDetail, bool>> exp = u => u.Delivery-
No == dod.DeliveryNo && u.SeqNo == dod.SeqNo ;
                    var dods = _dodMgr.Find(exp);
                    // 如果 list.Count = 0,则当前明细信息已经被删除
                    List<DeliveryOrderDetail> list = new List<DeliveryOrderDetail>();
                    foreach (var item in dods)
                    {
                        list.Add(item);
                    }
                    if (list.Count == 0)
                    {
                        dod.Id = 0;
                        Add(dod);
                    }else{
                        Save(dod);
                    }
                    pod.OutQty = dod.Qty;
                    _podMgr.Update(pod);
                    cnt++ ;
                }
            }
            catch (Exception ex)
            {
                throw ex;
            }
            return "OK";
        }
        public string Add(DeliveryOrderDetail u)
        {
            try
            {
                //添加送货单明细
                _dodMgr.Add(u);
            }
```

```
            catch (Exception ex)
            {
                throw ex;
            }
            return "OK";
        }
        public string Delete(string no)
        {
            try
            {
                //删除送货单明细
                _dodMgr.Delete(no);
            }
            catch (Exception ex)
            {
                throw ex;
            }
            return "OK";
        }
    }
}
```

8.4.8 DOMgrController 类

在 Visual Studio 2017 的“解决方案资源管理器”中选中“JST. TPLMS. Web”项目，打开“Controllers”目录下的“DOMgrController”类添加“刷新”(List)“添加”(Add)“修改”(Update)“删除”(Delete)“提交”(Submit)等方法，同时实现 GetNo 获取送货单号方法和 GetDetail 查询送货单明细方法，代码如下：

```
using System;
using System.Collections.Generic;
using System.Linq;
using System.Threading.Tasks;
using JST.TPLMS.Core;
using JST.TPLMS.Service;
using JST.TPLMS.Util;
using JST.TPLMS.Util.Helpers;
using Microsoft.AspNetCore.Http;
using Microsoft.AspNetCore.Mvc;

namespace JST.TPLMS.Web.Controllers
{
    public class DOMgrController: BaseController
```

```
{
    DeliveryOrderService doSvr;
    DeliveryOrderDetailService dodSvr;
    AuthoriseService authSvr;
    public DOMgrController(DeliveryOrderService poservice, DeliveryOrderDetail-
Service dodservice,AuthoriseService auth)
    {
        doSvr = poservice;
        dodSvr = dodservice;
        authSvr = auth;
    }
    // GET: DOMgr
    public ActionResult Index()
    {
        ViewData["SupplierId"] = GetSession(UserInfoKey.UserName.ToString());
        return View();
    }
    public string GetDetail(string no)
    {
        int Id = doSvr.GetId(no);
        var podList = dodSvr.LoadDods(no);
        var json = JsonHelper.Instance.Serialize(podList);
        return json;
    }
    public string List()
    {
        string userName = GetSession(UserInfoKey.UserName.ToString());
        authSvr.GetUserAccessed(userName);
        bool isRole = authSvr.IsRole("供应商");
        int supid = 0;
        if (isRole)
        {
            supid = NumberHelper.ToInt(userName);
        }
        var page = Request.Form["page"].ToString();
        var size = Request.Form["rows"].ToString();
        int pageIndex = page == null ? 1 : int.Parse(page);
        int pageSize = size == null ? 20 : int.Parse(size);
        var poList = doSvr.LoadDos(pageIndex, pageSize,supid);
        var json = JsonHelper.Instance.Serialize(poList);
        return json;
    }
    public AjaxResult Update(Entitys.DeliveryOrder u)
```

```
            {
                string result = "NO";
                List<Entitys.DeliveryOrderDetail> list = new List<Entitys.Delivery-
OrderDetail>();
                try
                {
                    string deleted = Request.Form["deleted"];
                    string inserted = Request.Form["inserted"];
                    string updated = Request.Form["updated"];
                    string head = Request.Form["postdata"];
                    if (!string.IsNullOrEmpty(head))
                    {
                        //把 json 字符串转换成对象
                        u = JsonHelper.Instance.Deserialize<Entitys.DeliveryOrder>(head);
                    }
                    // TODO: Add update logic here
                    if (!string.IsNullOrEmpty(deleted))
                    {
                        //把 json 字符串转换成对象
                        List<Entitys.DeliveryOrderDetail> listDeleted = JsonHelper.
Instance.Deserialize<List<Entitys.DeliveryOrderDetail>>(deleted);
                        if (listDeleted != null && listDeleted.Count > 0)
                        {
                            list.AddRange(listDeleted.ToArray());
                        }
                    }
                    if (!string.IsNullOrEmpty(inserted))
                    {
                        //把 json 字符串转换成对象
                        List<Entitys.DeliveryOrderDetail> listInserted = JsonHelper.
Instance.Deserialize<List<Entitys.DeliveryOrderDetail>>(inserted);
                        if (listInserted != null && listInserted.Count > 0)
                        {
                            list.AddRange(listInserted.ToArray());
                        }
                    }
                    if (!string.IsNullOrEmpty(updated))
                    {
                        //把 json 字符串转换成对象
                        List<Entitys.DeliveryOrderDetail> listUpdated = JsonHelper.
Instance.Deserialize<List<Entitys.DeliveryOrderDetail>>(updated);
                        if (listUpdated != null && listUpdated.Count > 0)
                        {
```

```
                    list.AddRange(listUpdated.ToArray());
                }
            }
            if (u == null)
            {
                return Error("没有表头!");
            }
            u.DeliveryOrderDetail = list;
            result = doSvr.Save(u);
        }
        catch
        {
        }
        if (result == "OK")
        {
            return Success();
        }
        else
            return Error("更新失败!");
    }
    public ActionResult Add(Entitys.DeliveryOrder u)
    {
        string result = "NO";
        try
        {
            // TODO: Add logic here
            result = doSvr.Add(u);
        }
        catch
        {
        }
        return Content(result);
    }
    public ActionResult Submit(string Id)
    {
        string result = "NO";
        try
        {
            // 提交送货单
            result = doSvr.Submit(Id);
        }
        catch
        {
```

```
        }
        return Content(result);
    }
    public ActionResult Delete(string ids)
    {
        string result = "NO";
        try
        {
            // TODO: Add Delete logic here
            result = doSvr.Delete(ids);
        }
        catch
        {
        }
        return Content(result);
    }
    public ActionResult AddDetail(Entitys.JstParameter p)
    {
        string result = "NO";
        try
        {
            result = dodSvr.Save(p.Ids,p.No);
        }
        catch
        {
        }
        return Content(result);
    }
    public string GetNo()
    {
        string result = "NO";
        string id = string.Empty;
        try
        {
            // TODO: Add logic here
            result = doSvr.GetNo(EnumOrderNoType.DO.ToString());
            id = doSvr.Add(result, GetSession(UserInfoKey.UserName.ToString()).
To String());
        }
        catch(Exception  ex)
        {
            string s = ex.Message;
        }
```

```
                var json = JsonHelper.Instance.Serialize(new { Id = id,No = result});
                return json;
            }
        }
    }
```

8.5 测试送货单管理功能

测试送货单管理功能的步骤是：

① 在 Visual Studio 2017 中按 F5 键运行应用程序。

② 在浏览器的地址栏中输入“http://localhost:5000/”，然后输入管理员的用户名和密码进行登录。登录成功后在模块管理中添加新模块“送货单”，然后打开“角色管理”功能，给“供应商”角色赋予“送货单”模块权限。

③ 退出管理员用户，使用供应商用户重新登录系统，在主界面的菜单中选择“送货单”菜单项，浏览器中呈现一个货物信息列表和五个按钮，如图 8.1 所示。

④ 新增送货单：单击“添加”按钮，弹出一个“添加送货单”的操作界面，如图 8.3 所示。

图 8.3 添加送货单

⑤ 在添加送货单界面中填写相应的信息，特别是“收货人”必须填写，然后单击“保存”按钮，在弹出的确认对话框中单击“确定”按钮。

⑥ 送货单表头保存成功后，打开“送货单明细”标签页，如图 8.4 所示。

⑦ 此时系统会根据供应商代码和收货人的信息进行订单明细查询，并把查到的明细显示在“订单明细”列表中。这时可以选择一个订单明细，然后单击“添加明细”

图 8.4　送货单明细

按钮以便添加与该订单明细相应的送货单明细，系统自动将订单明细与货物信息表进行匹配，然后将匹配后得到的送货明细显示在“送货单明细”列表中。送货单明细中的数量、长、宽、高等信息都可以修改，修改后单击“保存”按钮，会把数据保存到数据库中，如图 8.5 所示。

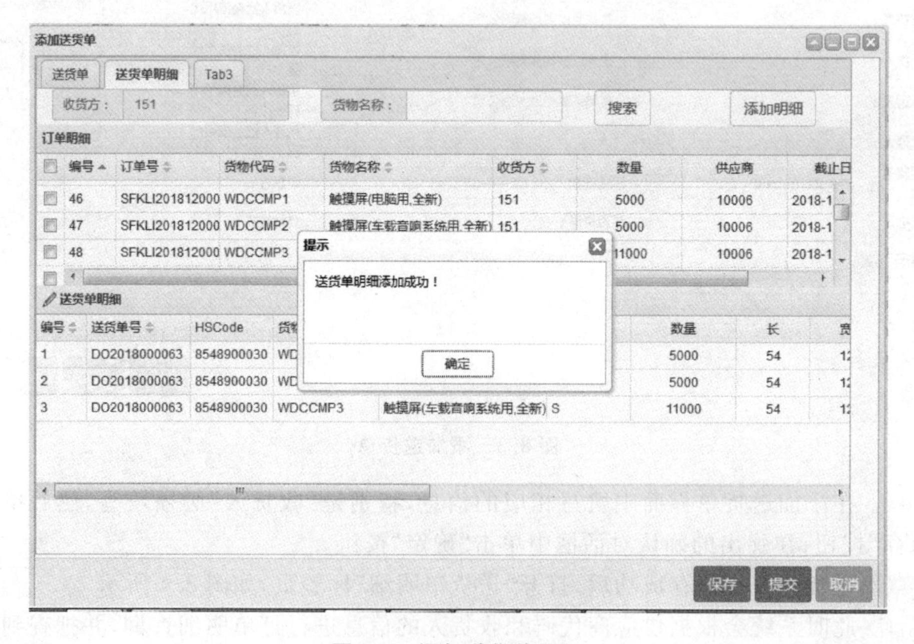

图 8.5　添加送货单明细

⑧ 在确认送货单数据没有问题后，可以单击“提交”按钮，如图 8.6 所示。

图 8.6　提交送货单

⑨ 在送货单提交成功之后，“保存”按钮将不可用，如图 8.7 所示。

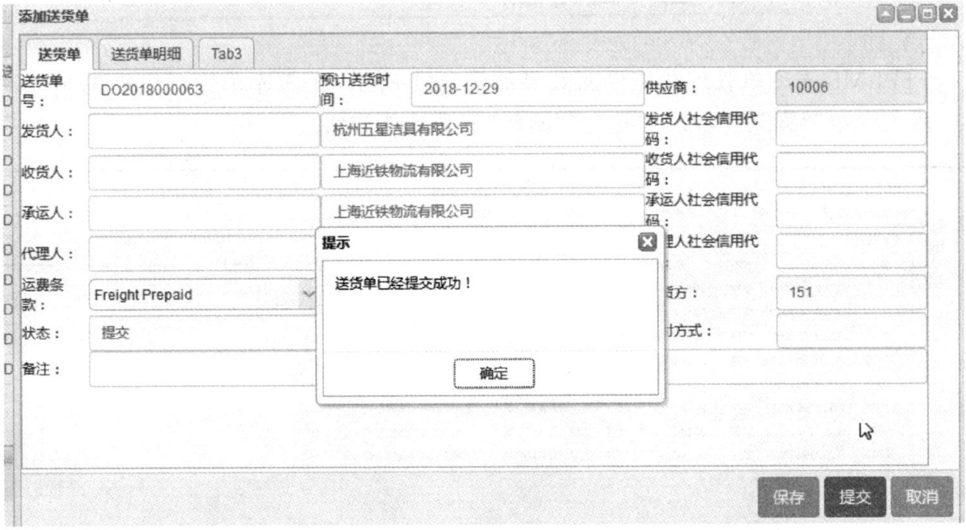

图 8.7　提交成功

第9章

入库单管理

9.1 入库单管理介绍

第8章完成了一个送货单的原型,接下来实现入库单管理功能。

简单的入库单功能流程是:仓库操作员记录车队送来的车辆信息、送货单信息和司机信息等一些主要信息,然后根据送货单生成一张入库单。要求入库单管理功能可以增加货物明细的库位信息,同时还要具备查询功能。

9.2 入库单管理页面功能

TPLMS入库单管理功能界面效果如图9.1所示,在入库单管理表格的顶端有“生成入库单”“删除”“修改”“提交”“刷新”五个功能按钮。

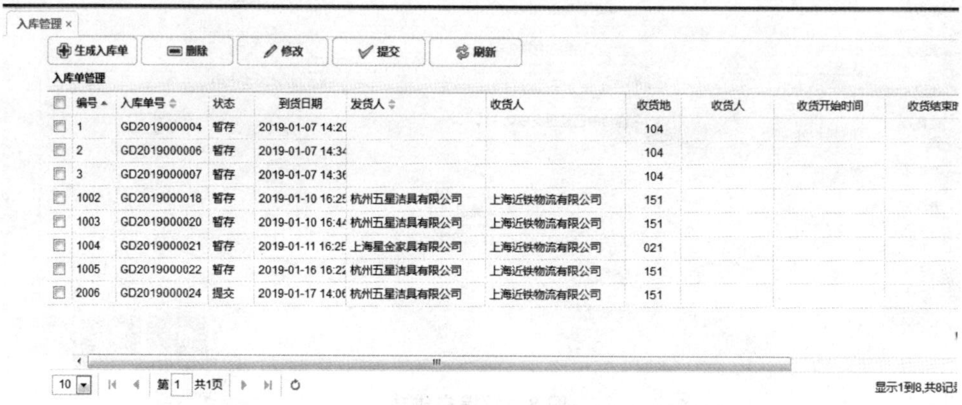

入库管理 ×

生成入库单 | 删除 | 修改 | 提交 | 刷新

入库单管理

编号	入库单号	状态	到货日期	发货人	收货人	收货地	收货人	收货开始时间	收货结束
1	GD2019000004	暂存	2019-01-07 14:2			104			
2	GD2019000006	暂存	2019-01-07 14:3			104			
3	GD2019000007	暂存	2019-01-07 14:3			104			
1002	GD2019000018	暂存	2019-01-10 16:2	杭州五星洁具有限公司	上海近铁物流有限公司	151			
1003	GD2019000020	暂存	2019-01-10 16:4	杭州五星洁具有限公司	上海近铁物流有限公司	151			
1004	GD2019000021	暂存	2019-01-11 16:2	上海星金家具有限公司	上海近铁物流有限公司	021			
1005	GD2019000022	暂存	2019-01-16 16:2	杭州五星洁具有限公司	上海近铁物流有限公司	151			
2006	GD2019000024	提交	2019-01-17 14:0	杭州五星洁具有限公司	上海近铁物流有限公司	151			

10 第1 共1页 显示1到8,共8记

图9.1 入库单管理

9.3 入库单管理流程分析

入库单管理流程分析框图如图9.2所示。

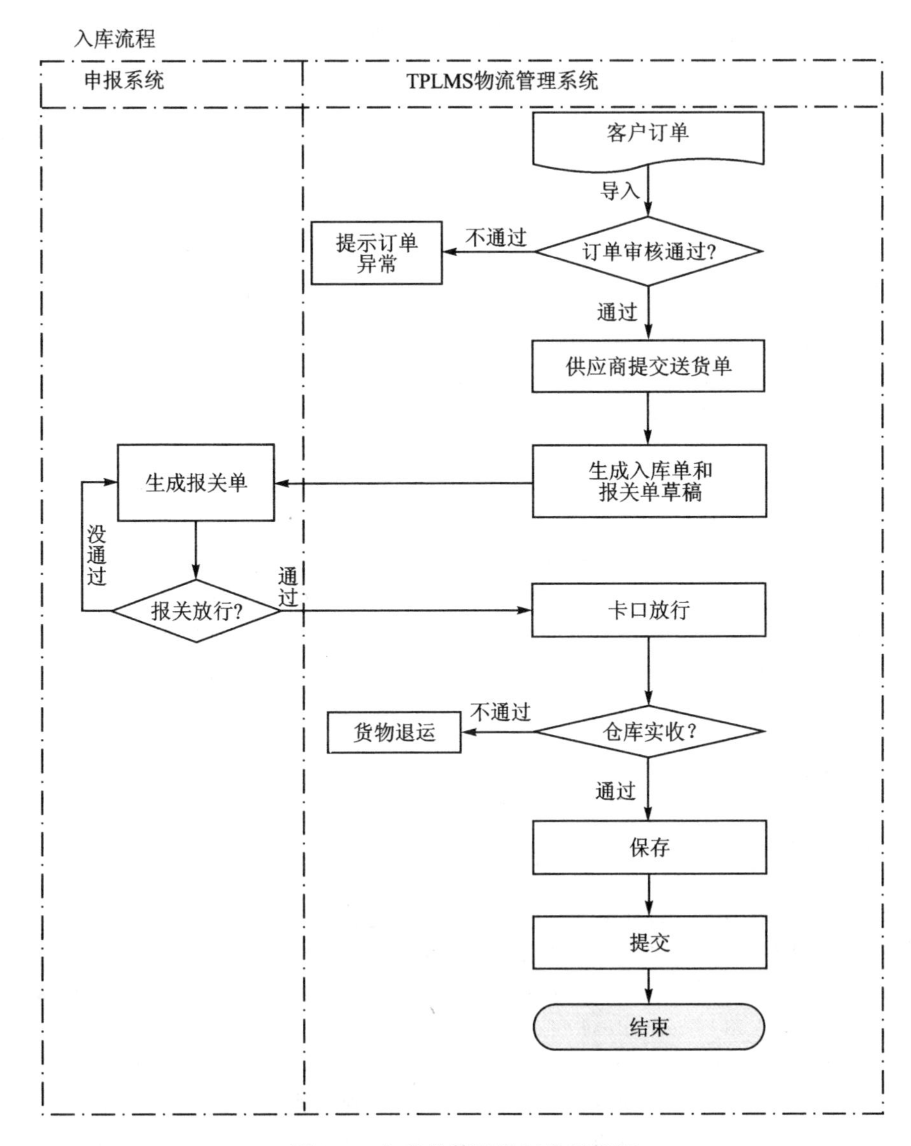

图 9.2 入库单管理流程分析框图

9.4 入库单管理实现过程

供应商需要一个前端页面来填写相关的入库信息,同时还需要一个入库单管理页面,下面分别进行介绍。

9.4.1 Index. cshmtl 页面

在 Visual Studio 2017 的“解决方案资源管理器”中选中“JST. TPLMS. Web”项

目，在 Views 目录中创建 InStockMgr 目录，并添加 Index.cshmtl 文件，代码如下：

```
@{
    Layout = null;
}
<!DOCTYPE html>

<html>
<head>
<meta name = "viewport" content = "width = device - width" />
<link href = "~/lib/bootstrap/dist/css/bootstrap.min.css" rel = "stylesheet" />
<script src = "~/lib/bootstrap/dist/js/bootstrap.js"></script>
<script src = "~/js/jquery.min.js"></script>
<script src = "~/js/easyui/jquery.easyui.min.js"></script>
<link href = "~/js/easyui/themes/default/easyui.css" rel = "stylesheet" />
<link href = "~/js/easyui/themes/icon.css" rel = "stylesheet" />
<script src = "~/js/easyui/locale/easyui - lang - zh_CN.js"></script>
<script src = "~/js/easyui/views/datagrid - detailview.js"></script>
<title>入库单管理</title>
</head>
<body>
<script src = "~/js/business/inomgr.js"></script>
<div data - options = "region:'center'" style = "overflow: hidden;">
<div id = "containter" style = "width: 1000px; height: auto; margin: 0px auto;">
<! -- toolbar -- >
<div style = "margin - bottom:1px;font - weight:bold;">
<a href = "#" id = "add" class = "easyui - linkbutton" data - options = "iconCls:'icon - add'" style = "width:100px; height:30px; background - color: #0993D3;">生成入库单</a>
<a href = "#" id = "del" class = "easyui - linkbutton" data - options = "iconCls:'icon - remove'" style = "width:100px; height:30px; background - color: #0993D3;">删除</a>
<a href = "#" id = "edit" class = "easyui - linkbutton" data - options = "iconCls:'icon - edit'" style = "width:100px; height:30px; background - color: #0993D3;">修改</a>
<a href = "#" id = "submits" class = "easyui - linkbutton" data - options = "iconCls:'icon - ok'" style = "width:100px; height:30px; background - color: #0993D3;">提交</a>
<a href = "#" id = "reload" class = "easyui - linkbutton" data - options = "iconCls:'icon - reload'" style = "width:100px; height:30px; background - color: #0993D3;">刷新</a>
</div>
<! -- panel -- >
<div data - options = "region:'center',split:false" style = "height:500px;">
<! -- 表格 -- >
<table id = "dgINO"></table>
</div>
```

```
〈/div〉
〈/div〉
〈! ---------------------- 送货单信息 --------------------〉
〈div id = "divImportDO" class = "easyui - dialog" closed = "true" style = "top:10px;"
data - options = "buttons: '#dlg - buttons - po'"〉
〈! -- panel -- 〉
〈div data - options = "region:'center',split:false" style = "height:460px;"〉
〈! -- 表格 -- 〉
〈table id = "dgDO"〉〈/table〉
〈/div〉
〈/div〉
〈div id = "dlg - buttons - po"〉
〈input type = "submit" id = "btnImportDO" value = "导入" class = "btn btn - primary" /〉
〈input type = "submit" id = "btnCancleDO" value = "取消" class = "btn btn - info" /〉
〈/div〉
〈! ---------------------- 右键菜单(暂时未用) --------------------〉
〈div id = "menu" class = "easyui - menu" style = "width: 120px; display: none"〉
〈div onclick = "" iconcls = "icon - add"〉
            增加
〈/div〉
〈div onclick = "" iconcls = "icon - remove"〉
            删除
〈/div〉
〈div onclick = "editorMethod();" iconcls = "icon - edit"〉
            修改
〈/div〉
〈/div〉
〈! ---------------------- 新增修改入库单信息 --------------------〉
〈div id = "divAddUpdINO" class = "easyui - dialog" closed = "true" style = "top:10px;"
data - options = "buttons: '#dlg - buttons'"〉
〈div id = "box"〉
〈div title = "入库单"〉
〈table〉
〈tr〉
〈td〉〈input type = "hidden" name = "ID" id = "IDUpdate" /〉〈/td〉
〈/tr〉
〈tr〉
〈td〉入库单号:〈/td〉
〈td〉〈input type = "text" id = "UpdNO" name = "UNO" class = "form - control input - sm" /〉
〈/td〉
〈td〉到货日期:〈/td〉
〈td〉〈input type = "text" id = "OTDDateUpdate" name = "UOTDDate" class = "form - control input -
```

```
sm" /〉
    〈/td〉
    〈td〉 状态:〈/td〉
    〈td〉〈input type = "text" id = "StatusUpdate" name = "UStatus" class = "form - control
input - sm" /〉〈/td〉
    〈/tr〉
    〈tr〉
    〈td〉 发货人:〈/td〉
    〈td〉〈input type = "text" id = "ConsignerNoUpdate" name = "UConsignerNo" class = "form -
control input - sm" /〉〈/td〉
    〈td colspan = "2"〉
    〈input type = "text" id = "ConsignerNameUpdate" name = "UConsignerName" class = "form -
control input - sm" /〉
    〈/td〉
    〈td〉社会信用代码:〈/td〉
    〈td〉〈input type = "text" id = "ConsignerSccdUpdate" name = "UConsignerSccd" class =
"form - control input - sm" /〉
    〈/td〉
    〈/tr〉
    〈tr〉
    〈td〉 收货人:〈/td〉
    〈td〉〈input type = "text" id = "ConsigneeNoUpdate" name = "UConsigneeNo" class = "form -
control input - sm" /〉〈/td〉
    〈td colspan = "2"〉
    〈input type = "text" id = "ConsigneeNameUpdate" name = "UConsigneeName" class = "form -
control input - sm" /〉
    〈/td〉
    〈td〉社会信用代码:〈/td〉
    〈td〉〈input type = "text" id = "ConsigneeSccdUpdate" name = "UConsigneeSccd" class =
"form - control input - sm" /〉
    〈/td〉
    〈/tr〉
    〈tr〉
    〈td〉 经营企业:〈/td〉
    〈td〉〈input type = "text" id = "BizpoEtpsNoUpdate" name = "UBizpoEtpsNo" class = "form -
control input - sm" /〉〈/td〉
    〈td colspan = "2"〉
    〈input type = "text" id = "BizpoEtpsNameUpdate" name = "UBizpoEtpsName" class = "form -
control input - sm" /〉
    〈/td〉
    〈td〉社会信用代码:〈/td〉
    〈td〉〈input type = "text" id = "BizpoEtpsSccdUpdate" name = "UBizpoEtpsSccd" class =
```

```
"form - control input - sm" /〉
    〈/td〉
    〈/tr〉
    〈tr〉
    〈td〉 代理人:〈/td〉
    〈td〉〈input type = "text" id = "AgentNoUpdate" name = "UAgentNo" class = "form - control
input - sm" /〉〈/td〉
    〈td colspan = "2"〉
    〈input type = "text" id = "AgentNameUpdate" name = "UAgentName" class = "form - control
input - sm" /〉
    〈/td〉
    〈td〉社会信用代码:〈/td〉
    〈td〉〈input type = "text" id = "AgentSccdUpdate" name = "UAgentSccd" class = "form - control
input - sm" /〉
    〈/td〉
    〈/tr〉
    〈tr〉
    〈td〉理货员:〈/td〉
    〈td〉〈input type = "text" id = "RcvOperUpdate" name = "URcvOper" class = "form - control
input - sm" /〉〈/td〉
    〈td〉收货开始时间:〈/td〉
    〈td〉〈input type = "text" id = "SRcvTimeUpdate" name = "USRcvTime" class = "form - control
input - sm" /〉
    〈/td〉
    〈td〉收货结束时间:〈/td〉
    〈td〉〈input type = "text" id = "ERcvTimeUpdate" name = "UERcvTime" class = "form - control
input - sm" /〉
    〈/td〉
    〈/tr〉
    〈tr〉
    〈td〉净重:〈/td〉
    〈td〉〈input type = "text" id = "NetWtUpdate" name = "UNetWt" class = "form - control input - sm" /〉
〈/td〉
    〈td〉收货开始时间:〈/td〉
    〈td〉〈input type = "text" id = "SRcvTimeUpdate" name = "USRcvTime" class = "form - control
input - sm" /〉
    〈/td〉
    〈td〉收货结束时间:〈/td〉
    〈td〉〈input type = "text" id = "ERcvTimeUpdate" name = "UERcvTime" class = "form - control
input - sm" /〉
    〈/td〉
    〈/tr〉
```

```
<tr>
<td> 包装:</td>
<td><input type = "text" id = "PackageTypeUpdate" name = "UPackageType" class = "form - control input - sm" />
</td>
<td>件数:</td>
<td><input type = "text" id = "PackageQtyUpdate" name = "UPackageQty" class = "form - control input - sm" />
</td>
<td>毛重:</td>
<td><input type = "text" id = "GrossWtUpdate" name = "UGrossWt" class = "form - control input - sm" />
</td>
</tr>
<tr>
<td> 检验员:</td>
<td><input type = "text" id = "AccepterUpdate" name = "UAccepter" class = "form - control input - sm" />
</td>
<td>操作员:</td>
<td><input type = "text" id = "OperUpdate" name = "UOper" class = "form - control input - sm" />
</td>
<td>收货方:</td>
<td><input type = "text" id = "RcvUpdate" name = "URcv" class = "form - control input - sm" />
</td>
</tr>
<tr>
<td> 备注:</td>
<td colspan = "5">
<input type = "text" id = "RemarkUpdate" name = "URemark" class = "form - control input - sm" /></td>
</tr>
</table>
</div>
<div title = "入库单明细">
<! -- panel -- >
<div data - options = "region:'center',split:false" style = "height:420px;">
<! -- 表格 -- >
<table id = "dgINOD"></table>
</div>
```

```
</div>
<div title="Tab3">
            tab3
</div>
</div>
</div>
<div id="dlg-buttons">
<input type="submit" id="btnAddLoc" value="添加库位" class="btn btn-default" />
<input type="submit" id="btnSave" value="保存" class="btn btn-primary" />
<input type="submit" id="btnSubmit" value="提交" class="btn btn-primary" />
<input type="submit" id="btnCancle" value="取消" class="btn btn-info" />
</div>
<script type="text/javascript">
    // var editFlag = undefined;
    $(function () {
        initable();
        reloaded();
        updINOInfo();
        showINODialog();
        deleteINO();
        init();
        $('#box').tabs({
            width: 780,      //选项卡容器宽度
            height: 465,     //选项卡容器高度
            onSelect: function (title, index) {
                var rcv = $("#RcvUpdate").val();
                if (title == "入库单明细") {
                    $("#rcv").val(rcv);
                }
            }
        });
    });
</script>
</body>
</html>
```

9.4.2 入库单管理前端功能

在 Visual Studio 2017 的“解决方案资源管理器”中选中“JST. TPLMS. Web”项目，在“wwwroot\js\business”目录中添加一个新的脚本文件 inomgr.js，用于实现入库单管理前端页面的功能，代码如下：

```
//-----------------系统管理-->入库单管理---------------------//
var editIndex = undefined;
var mainIndex = undefined;
//刷新数据
function initable() {
    $("#dgINO").datagrid({
        url: "/InStockMgr/List",
        title: "入库单管理",
        pagination: true,
        pageSize: 10,
        pageList: [10, 20, 30],
        fit: true,
        fitColumns: false,
        loadMsg: "正在加载入库单信息...",
        nowarp: false,
        border: false,
        idField: "Id",
        sortName: "Id",
        sortOrder: "asc",
        frozenColumns: [[//冻结列
            { field: "ck", checkbox: true, align: "left", width: 50 }
        ]],
        columns: [[
            { title: "编号", field: "Id", width: 50, sortable: true },
            { title: "入库单号", field: "InStockNo", width: 100, sortable: true },
            { title: "状态", field: "Status", width: 50 },
            { field: 'OTDDate', title: '到货日期', width: 100, align: 'center' },
            { title: "发货人", field: "ConsignerName", width: 150, sortable: true },
            { title: "收货人", field: "ConsigneeName", width: 150, sortable: false },
            { field: 'Rcv', title: '收货地', width: 60, align: 'center' },
            { field: 'RcvOper', title: '收货人', width: 100, align: 'center' },
            { field: 'SRcvTime', title: '收货开始时间', width: 120, align: 'center' },
            { field: 'ERcvTime', title: '收货结束时间', width: 120, align: 'center' },
            { field: 'CreateTime', title: '创建时间', width: 100, align: 'center' },
            { title: "操作", field: "Id", width: 70, formatter: function (value, row, 
index) {
                    var str = '';
                    //自定义处理
                    str += "<a>" + row.Id + "</a>";
                    return str;
                }
            }
```

```
        ]]
    });
}
//显示送货单数据
function ShowDO() {
    $("#dgDO").datagrid({
        url: "/DOMgr/ImportList",
        title: "送货单管理",
        pagination: true,
        pageSize: 10,
        pageList: [10, 20, 30],
        fit: true,
        fitColumns: false,
        loadMsg: "正在加载送货单信息...",
        nowarp: false,
        border: false,
        idField: "Id",
        sortName: "Id",
        sortOrder: "asc",
        frozenColumns: [[//冻结列
            { field: "ck", checkbox: true, align: "left", width: 50 }
        ]],
        columns: [[
            { title: "编号", field: "Id", width: 50, sortable: true },
            { title: "送货单号", field: "DeliveryNo", width: 100, sortable: true },
            { title: "状态", field: "Status", width: 50 },
            { title: "发货人", field: "ConsignerName", width: 150, sortable: true },
            { title: "收货人", field: "ConsigneeName", width: 150, sortable: false },
            { field: 'Rcv', title: '收货地', width: 60, align: 'center' },
            { field: 'FreightClause', title: '运输条款', width: 100, align: 'center' },
            { field: 'ForwardingClause', title: '运费条款', width: 100, align: 'center' },
            { field: 'DeliveryDate', title: '预计送货时间', width: 100, align: 'center' },
            { field: 'CreateTime', title: '创建时间', width: 100, align: 'center' }
        ]]
    });
}
function reloaded() {   //reload
    $("#reload").click(function () {
        $('#dgINO').datagrid('reload');
    });
}
//修改单击按钮事件
```

```
function updINOInfo() {
    $("#edit").click(function () {
        //判断选中行
        var row = $("#dgINO").datagrid('getSelected');
        if (row) {
            $.messager.confirm('编辑','您想要编辑吗?', function (r) {
                if (r) {
                    //先绑定
                    showINO(row);
                    //打开对话框编辑
                    $("#divAddUpdINO").dialog({
                        closed: false,
                        title: "修改入库单",
                        modal: true,
                        width: 820,
                        height: 550,
                        collapsible: true,
                        minimizable: true,
                        maximizable: true,
                        resizable: true,
                    });
                    ShowDetail(row.InStockNo);
                }
            });
            SetEnabled(row.Status);
        } else {
            $.messager.alert('提示',' 请选择要编辑的行!','warning');
        }
    });
}
//删除入库单
function deleteINO() {
    $("#del").click(function () {
        var rows = $("#dgINO").datagrid("getSelections");
        if (rows.length > 0) {
            $.messager.confirm("提示","确定要删除吗?", function (res) {
                if (res) {
                    var codes = [];
                    for (var i = 0; i < rows.length; i++) {
                        codes.push(rows[i].Id);
                    }
                    $.post("/InStockMgr/Delete", { "ids": codes.join(',') },
```

```
function (data) {
                                if (data == "OK") {
                                    $.messager.alert("提示", "删除成功!");
                                    $("#dgINO").datagrid("clearChecked");
                                    $("#dgINO").datagrid("clearSelections");
                                    $("#dgINO").datagrid("load", {});
                                }
                                else if (data == "NO") {
                                    $.messager.alert("提示", "删除失败!");
                                    return;
                                }
                            });
                        }
                    });
                }
            })
        }
        //清空文本框
        function clearAll() {
            $("#IDUpdate").val("");
            $("#UpdNO").val("");
            $("#OTDDateUpdate").val(getNowFormatDate());
            $("#RcvUpdate").val("");
            $("#RemarkUpdate").val("");
            $("#SRcvTimeUpdate").val("");
            $("#ERcvTimeUpdate").val("");
        }
        function GetNo() {
            $.get("/InStockMgr/GetNo", function (data) {
                var obj = JSON.parse(data);
                $("#UpdNO").val(obj.No);
                $("#IDUpdate").val(obj.Id);
                initable();
            });
        }
        //获取当前时间,格式为 YYYY-MM-DD
        function getNowFormatDate() {
            var date = new Date();
            var seperator1 = "-";
            var year = date.getFullYear();
            var month = date.getMonth() + 1;
            var strDate = date.getDate();
```

```
    if (month >= 1 && month <= 9) {
        month = "0" + month;
    }
    if (strDate >= 0 && strDate <= 9) {
        strDate = "0" + strDate;
    }
    var currentdate = year + seperator1 + month + seperator1 + strDate;
    return currentdate;
}
//将表单数据转为 json 字符串
function form2Json(id) {
    var arr = $("#" + id).serializeArray();
    var jsonStr = "";
    jsonStr += '{';
    for (var i = 0; i < arr.length; i++) {
        jsonStr += '"' + arr[i].name + '":"' + arr[i].value + '",';
    }
    jsonStr = jsonStr.substring(0, (jsonStr.length - 1));
    jsonStr += '}';
    var json = JSON.parse(jsonStr);
    return json;
}
function SetEnabled(status) {
    if (status == "提交") {
        $("#btnSave").prop('disabled', true);
        $("#btnAddLoc").prop('disabled', true);
    }
    else {
        $("#btnSave").removeAttr("disabled");
        $("#btnAddLoc").removeAttr("disabled");
    }
}
//弹出导入送货单的对话框
function showINODialog() {
    $("#add").click(function () {
        $("#divImportDO").dialog({
            closed: false,
            title: "生成入库单",
            modal: true,
            width: 820,
            height: 550,
            collapsible: true,
```

```
            minimizable: true,
            maximizable: true,
            resizable: true
        });
        ShowDO();
        $("#dgDO").datagrid("clearChecked");
        $("#dgDO").datagrid("clearSelections");
    });
    $("#btnSave").click(function () {
        //保存
        var id = $("#IDUpdate").val();
        if (id == "" || id == undefined) {
            //验证
            $.messager.confirm('确认','您确认要保存吗?', function (r) {
                if (r) {
                    var obj_No = $("#UpdNO").val();
                    var obj_Rcv = $("#RcvUpdate").val();
                    if (obj_No == "" || obj_Rcv == "" || obj_SupId == "") {
                        $.messager.alert('提示','请填写相关必填项!', 'warning');
                        return;
                    }
                    var postData = GetINO();
                    $.post("/InStockMgr/Add", postData, function (data) {
                        if (data == "OK") {
                            $.messager.alert("提示", "保存成功!");
                            initable();
                            collapseRows();
                        }
                        else if (data == "NO") {
                            $.messager.alert("提示", "保存失败!");
                            return;
                        }
                    });
                }
            })
        }
        else {
            saveDetail();
            initable();
            collapseRows();
        }
    });
```

```
        $("#btnImportDO").click(function () {
            //保存
            var rows = $('#dgDO').datagrid('getSelections');
            if (rows.length > 0) {
                //验证
                $.messager.confirm('确认','您确认将根据选中的送货单生成入库单吗？',
function (r) {
                    if (r) {
                        var ids = [];
                        for (var i = 0; i < rows.length; i++) {
                            ids.push(rows[i].Id);
                        }
                        var postData = {
                            "Ids": ids.join(',')
                        };
                        $.post("/InStockMgr/ImportDO", postData, function (data) {
                            if (data == "OK") {
                                $('#dgDO').datagrid('reload');
                                $.messager.alert("提示","入库单生成成功!");
                                initable();
                            }
                            else if (data == "NO") {
                                $.messager.alert("提示","入库单生成失败!");
                                return;
                            }
                        });
                    }
                })
            }
        });
    }
    //添加明细
    function ShowDetail(no) {
        var lastIndex;
        $("#dgINOD").datagrid({
            url: "/InStockMgr/GetDetail?no=" + no,
            title: "入库单明细",
            pagination: false,
            fit: true,
            fitColumns: false,
            loadMsg: "正在加载入库单明细信息...",
            nowarp: false,
```

```
border: false,
idField: "Id",
sortName: "Id",
sortOrder: "asc",
singleSelect: true,
iconCls: 'icon-edit',
columns: [[
    { title: "编号", field: "SeqNo", width: 50, sortable: true },
    { title: "入库单号", field: "InStock", width: 100, sortable: true },
    { title: "HSCode", field: "HSCode", width: 80, sortable: false },
    { title: "货物代码", field: "CargoCode", width: 100, sortable: true },
    { title: "货物名称", field: "CargoName", width: 160, sortable: false },
    { title: "规格型号", field: "Spcf", width: 80, sortable: false },
    { title: "数量", field: "Qty", width: 100, align: 'center', editor: {
            type: 'numberbox', options: {
                required: true, min: 0, precision: 4
            }
        }
    },
    { title: "长", field: "Length", width: 70, align: 'center', editor: {
            type: 'numberbox', options: {
                required: true, min: 0, precision: 2
            }
        }
    },
    { title: "宽", field: "Width", width: 70, align: 'center', editor: {
            type: 'numberbox', options: {
                required: true, min: 0, precision: 2
            }
        }
    },
    { title: "高", field: "Height", width: 70, align: 'center', editor: {
            type: 'numberbox', options: {
                required: true, min: 0, precision: 2
            }
        }
    },
    { title: "产销国", field: "Country", width: 70, align: 'center' },
    { title: "单价", field: "Price", width: 100, align: 'center', editor: {
            type: 'numberbox', options: {
                required: true, min: 0, precision: 2
            }
```

```
                    }
                },
                { title: "总价", field: "TotalAmt", width: 100, align: 'center', editor: {
                        type: 'numberbox', options: {
                            required: true, min: 0, precision: 2
                        }
                    }
                },
                { title: "包装", field: "Package", width: 70, align: 'center' },
                { title: "计量单位", field: "Unit", width: 70, align: 'center' },
                { title: "总体积", field: "Vol", width: 70, align: 'center', editor: {
                        type: 'numberbox', options: {
                            required: true, min: 0, precision: 4
                        }
                    }
                },
                { title: "品牌", field: "Brand", width: 70, align: 'center' }
            ]],
            view: detailview,
            detailFormatter: function (index, row) {
                return '<div style="padding:2px"><table id="dgINODItem-' + index + '">
</table></div>';
            },
            onExpandRow: function (index, row) {
                var ddv = $('#dgINODItem-' + index);
                ddv.datagrid({
                    url: '/InStockMgr/GetLocs? inodId=' + row.Id,
                    fitColumns: false,
                    singleSelect: true,
                    rownumbers: true,
                    loadMsg: '',
                    height: 'auto',
                    columns: [[
                        { field: 'SeqNo', title: '序号', width: 50 },
                        { field: 'Qty', title: '数量', width: 120 ,editor: {
                                type: 'numberbox', options: {
                                    required: true, min: 0, precision: 2
                                }
                            }
                        },
                        { field: 'Loc', title: '库位', width: 150, editor: {
                                type: 'text', options: {
```

```
                        required: true
                    }
                }
            },
            { field: 'Remark', title: ' 备注 ', width: 200 },

            { field: 'Id', title: 'Id', width: 50, hidden: 'true' },
            { field: 'InStockOrderDetailId', title: 'InodId', width: 50, hidden:
'true' }
        ]],
        onResize: function () {
            $ ('#dgINOD').datagrid('fixDetailRowHeight', index);
        },
        onLoadSuccess: function () {
            setTimeout(function () {
                $ ('#dgINOD').datagrid('fixDetailRowHeight', index);
            }, 0);
            editIndex = undefined;//主网格换行
        },
        onAfterEdit: function (rowIndex, rowData, changes) {
            editIndex = undefined;
        },
        onClickRow: function (index1, row1) {
            if (editIndex != index1) {
                if (endEditing(ddv))
                {
                    ddv.datagrid('selectRow', index1).datagrid('beginEdit',
index1);

                    editIndex = index1;
                }
                else { ddv.datagrid('selectRow', editIndex); }
            }
        }
    });
    $ ('#dgINOD').datagrid('fixDetailRowHeight', index);
},
onClickRow: function (index, rowData) {
    if (lastIndex != index) {
        $ ('#dgINOD').datagrid('endEdit', lastIndex);
        editrow(index);
    }
    lastIndex = index;
```

```
                mainIndex = index;
            },
            onBeginEdit: function (rowIndex, rowData) {
                setEditing(rowIndex);
            }
        });
    }
    function SubGridAddRow() {
        var ddv = $('#dgINODItem-' + mainIndex);
        var row = $('#dgINOD').datagrid('getSelected');
        if (mainIndex != undefined) {
            ddv.datagrid('endEdit', editIndex);
        }
        if (editIndex == undefined) {
            ddv.datagrid('insertRow', {
                index: 0,
                row: { InStockOrderDetailId:row.Id}
            });
            ddv.datagrid('beginEdit', 0);
            editIndex = 0;
        }
    }
    function endEditing(ddv) {
        var changes = ddv.datagrid('getChanges');
        if (editIndex == undefined)
        { return true }
        if (ddv.datagrid('validateRow', editIndex)) {
            //验证前一行
            //返回编辑器,结束编辑
            ddv.datagrid('endEdit', editIndex);
            editIndex = undefined;
            return true;
        } else { return false; }
    }
    //折叠展开的子网格
    function collapseRows() {
        var rows = $('#dgINOD').datagrid('getRows');
        $.each(rows, function (i, k) {
            //获取当前所有展开的子网格
            var expander = $('#dgINOD').datagrid('getExpander', i);
            if (expander.length && expander.hasClass('datagrid-row-collapse')) {
                if (k.id != row.id) {
```

```
                //折叠上一次展开的子网格
                $('#dgINOD').datagrid('collapseRow', i);
            }
        }
    });
}
//计算价格小计
function setEditing(rowIndex) {
    var editors = $('#dgINOD').datagrid('getEditors', rowIndex);
    var priceEditor = editors[4];
    var qtyEditor = editors[0];
    var lengthEditor = editors[1];
    var widthEditor = editors[2];
    var heightEditor = editors[3];
    var totalVolEditor = editors[6];
    var totalAmtEditor = editors[5];
    priceEditor.target.numberbox({
        onChange: function () { calculate();}
    });
    qtyEditor.target.numberbox({
        onChange: function () {
            calculate();
            calculateVol();
        }
    });
    lengthEditor.target.numberbox({
        onChange: function () { calculateVol(); }
    });
    widthEditor.target.numberbox({
        onChange: function () { calculateVol(); }
    });
    heightEditor.target.numberbox({
        onChange: function () { calculateVol(); }
    });
    function calculate() {
        var cost = (priceEditor.target.val()) * (qtyEditor.target.val());
        console.log(cost);
        totalAmtEditor.target.numberbox("setValue", cost);
    }
    function calculateVol() {
        var vol = (lengthEditor.target.val() / 100.0) * (widthEditor.target.val() / 
100.0) * (heightEditor.target.val() / 100.0) * (qtyEditor.target.val());
```

```
            console.log(vol);
            totalVolEditor.target.numberbox("setValue", vol);
        }
    }
    function editrow(index) {
        $('#dgINOD').datagrid('selectRow', index)
                .datagrid('beginEdit', index);
    }
    function endEdit() {
        var rows = $('#dgINOD').datagrid('getRows');
        for (var i = 0; i < rows.length; i++) {
            $('#dgINOD').datagrid('endEdit', i);
        }
    }
    function endEditSub(ddv) {
        if (mainIndex != undefined) {
            var rows = ddv.datagrid('getRows');
            for (var i = 0; i < rows.length; i++) {
                ddv.datagrid('endEdit', i);
            }
        }
    }
    function saveDetail() {
        endEdit();
        var ddv = $('#dgINODItem-' + mainIndex);
        $.messager.confirm('确认', '您确认要修改吗？', function (r) {
            var effectRow = new Object();
            var postData = GetINO();
            if (postData.id) {
                effectRow["postdata"] = JSON.stringify(postData);
            }
            if (mainIndex != undefined) {
                endEditSub(ddv);
                var changes = ddv.datagrid('getChanges');
                if (changes.length) {
                    var insed = ddv.datagrid('getChanges', "inserted");
                    var deled = ddv.datagrid('getChanges', "deleted");
                    var upded = ddv.datagrid('getChanges', "updated");
                    if (insed.length) {
                        effectRow["subinserted"] = JSON.stringify(insed);
                    }
                    if (deled.length) {
```

```
                    effectRow["subdeleted"] = JSON.stringify(deled);
                }
                if (upded.length) {
                    effectRow["subupdated"] = JSON.stringify(upded);
                }
            }
        }
        if ($('#dgINOD').datagrid('getChanges').length) {
            var inserted = $('#dgINOD').datagrid('getChanges', "inserted");
            var deleted = $('#dgINOD').datagrid('getChanges', "deleted");
            var updated = $('#dgINOD').datagrid('getChanges', "updated");
            if (inserted.length) {
                effectRow["inserted"] = JSON.stringify(inserted);
            }
            if (deleted.length) {
                effectRow["deleted"] = JSON.stringify(deleted);
            }
            if (updated.length) {
                effectRow["updated"] = JSON.stringify(updated);
            }
        }
        $.post("/InStockMgr/Update", effectRow, function (data) {
            if (data.success) {
                $.messager.alert("提示", "保存成功!");
                $('#dgINOD').datagrid('acceptChanges');
            }
            else {
                $.messager.alert("提示", data.msg);
                return;
            }
        }, "JSON");
    })
}
function init() {
    $("#btnCancle").click(function () {
        $("#divAddUpdINO").dialog("close");
        $('#dgINO').datagrid('reload');
    });
    $("#btnCancleDO").click(function () {
        $("#divImportDO").dialog("close");
        $('#dgINO').datagrid('reload');
    });
```

```
    $("#btnAddLoc").click(function () {
        SubGridAddRow();
    });
    $("#btnSubmit").click(function () {
        //保存
        var id =  $("#IDUpdate").val();
        if (id == "" || id == undefined) {
            $.messager.alert("提示", "入库单没有保存,请先保存!");
            return;
        }
        //验证
        $.messager.confirm('确认', '您确认要提交入库单吗?', function (r) {
            if (r) {
                var postData = {
                    "Id": id
                };
                $.post("/InStockMgr/Submit", postData, function (data) {
                    if (data == "OK") {
                        $.messager.alert("提示", "入库单已经提交成功!");
                        $("#StatusUpdate").val("提交");
                        SetEnabled("提交");
                    }
                    else if (data == "NO") {
                        $.messager.alert("提示", "入库单提交失败!");
                        return;
                    }
                });
            }
        })
    });
}
function GetINO() {
    var postData = {
        "id": $("#IDUpdate").val(),
        "InStockNo": $("#UpdNO").val(),
        "OTDDate": $("#OTDDateUpdate").val(),
        "ConsignerNo": $("#ConsignerNoUpdate").val(),
        "ConsignerName": $("#ConsignerNameUpdate").val(),
        "ConsignerSccd": $("#ConsignerSccdUpdate").val(),
        "ConsigneeNo": $("#ConsigneeNoUpdate").val(),
        "ConsigneeName": $("#ConsigneeNameUpdate").val(),
        "ConsigneeSccd": $("#ConsigneeSccdUpdate").val(),
```

```
        "BizpoEtpsNo": $("#BizpoEtpsNoUpdate").val(),
        "BizpoEtpsName": $("#BizpoEtpsNameUpdate").val(),
        "BizpoEtpsSccd": $("#BizpoEtpsSccdUpdate").val(),
        "AgentNo": $("#AgentNoUpdate").val(),
        "AgentName": $("#AgentNameUpdate").val(),
        "AgentSccd": $("#AgentSccdUpdate").val(),
        "RcvOper": $("#RcvOperUpdate").val(),
        "Remark": $("#RemarkUpdate").val(),
        "SRcvTime": $("#SRcvTimeUpdate").val(),
        "Rcv": $("#RcvUpdate").val(),
        "Status": $("#StatusUpdate").val(),
        "ERcvTime": $("#ERcvTimeUpdate").val(),
        "PackageType": $("#PackageTypeUpdate").val(),
        "PackageQty": $("#PackageQtyUpdate").val(),
        "GrossWt": $("#GrossWtUpdate").val(),
        "Accepter": $("#AccepterUpdate").val(),
        "Oper": $("#OperUpdate").val(),
        "NetWt": $("#NetWtUpdate").val()
    };
    return postData;
}
function showINO(row) {
    $("#IDUpdate").val(row.Id);
    $("#UpdNO").val(row.InStockNo);
    $("#OTDDateUpdate").val(row.OTDDate);
    $("#ConsignerNoUpdate").val(row.ConsignerNo);
    $("#ConsignerNameUpdate").val(row.ConsignerName);
    $("#ConsignerSccdUpdate").val(row.ConsignerSccd);
    $("#ConsigneeNoUpdate").val(row.ConsigneeNo);
    $("#ConsigneeNameUpdate").val(row.ConsigneeName);
    $("#ConsigneeSccdUpdate").val(row.ConsigneeSccd);
    $("#BizpoEtpsNoUpdate").val(row.BizpoEtpsNo),
    $("#BizpoEtpsNameUpdate").val(row.BizpoEtpsName),
    $("#BizpoEtpsSccdUpdate").val(row.BizpoEtpsSccd),
    $("#SRcvTimeUpdate").val(row.SRcvTime);
    $("#ERcvTimeUpdate").val(row.ERcvTime);
    $("#PackageTypeUpdate").val(row.PackageType);
    $("#AgentNoUpdate").val(row.AgentNo);
    $("#AgentNameUpdate").val(row.AgentName);
    $("#AgentSccdUpdate").val(row.AgentSccd);
    $("#PackageQtyUpdate").val(row.PackageQty),
    $("#RemarkUpdate").val(row.Remark);
```

```
        $("#RcvUpdate").val(row.Rcv);
        $("#StatusUpdate").val(row.Status);
        $("#GrossWtUpdate").val(row.GrossWt);
        $("#AccepterUpdate").val(row.Accepter);
        $("#OperUpdate").val(row.Oper);
        $("#NetWtUpdate").val(row.NetWt);
        $("#RcvOperUpdate").val(row.RcvOper);
    }
//----------------系统管理-->入库单管理结束--------------------//
```

9.4.3 实体类

在 Visual Studio 2017 的"解决方案资源管理器"中选中"JST.TPLMS.Entitys"项目,添加三个与前端进行交互的实体类 InStockOrder、InStockOrderDetail 和 InStockOrderDetailLoc,代码如下:

```
using System;
using System.Collections.Generic;
using System.ComponentModel.DataAnnotations.Schema;
using System.Text;

namespace JST.TPLMS.Entitys
{
    public class InStockOrder
    {
        public InStockOrder()
        {
            this.Id = 0;
            this.AgentName = string.Empty;
            this.AgentNo = string.Empty;
            this.AgentSccd = string.Empty;
            this.ConsigneeName = string.Empty;
            this.ConsigneeNo = string.Empty;
            this.ConsigneeSccd = string.Empty;
            this.ConsignerName = string.Empty;
            this.ConsignerNo = string.Empty;
            this.ConsignerSccd = string.Empty;
            this.OTDDate = DateTime.Now;
            this.InStockNo = string.Empty;
            this.PackageQty = 0;
            this.PackageType = string.Empty;
            this.RcvOper = string.Empty;
```

```
        this.SRcvTime = string.Empty;
        this.Rcv = string.Empty;
        this.Remark = string.Empty;
        this.ERcvTime = string.Empty;
        this.BizopEtpsName = string.Empty;
        this.BizopEtpsNo = string.Empty;
        this.Status = string.Empty;
        this.BizpoEtpsSccd = string.Empty;
        this.CreateTime = DateTime.Now;
        this.Accepter = string.Empty;
        this.StshipTrsarvNatcd = string.Empty;
        this.GrossWt = 0;
        this.NetWt = 0;
        this.CreateTime = DateTime.Now;
        this.Oper = string.Empty;
    }
    [DatabaseGeneratedAttribute(DatabaseGeneratedOption.Identity)]
    public int Id { get; set; }
    public string InStockNo { get; set; }
    public string ConsignerSccd { get; set; }
    public string ConsignerNo { get; set; }
    public string ConsignerName { get; set; }
    public string ConsigneeSccd { get; set; }
    public string ConsigneeNo { get; set; }
    public string ConsigneeName { get; set; }
    public string BizpoEtpsSccd { get; set; }
    public string BizopEtpsNo { get; set; }
    public string BizopEtpsName { get; set; }
    public string AgentSccd { get; set; }
    public string AgentNo { get; set; }
    public string AgentName { get; set; }
    public DateTime OTDDate { get; set; }
    public string SRcvTime { get; set; }
    public string ERcvTime { get; set; }
    public string RcvOper { get; set; }
    public string Rcv { get; set; }
    public string Status { get; set; }
    public string Accepter { get; set; }
    public string Remark { get; set; }
    public string Oper { get; set; }
    public string StshipTrsarvNatcd { get; set; }
    public string PackageType { get; set; }
```

```
        public decimal? PackageQty { get; set; }
        public decimal? GrossWt { get; set; }
        public decimal? NetWt { get; set; }
        public DateTime CreateTime { get; set; }
        [NotMapped]
        public List<InStockOrderDetail> InStockOrderDetail { get; set; }
        [NotMapped]
        public List<InStockOrderDetailLoc> InStockOrderDetailLoc { get; set; }
    }
}

using System;
using System.Collections.Generic;
using System.ComponentModel.DataAnnotations;
using System.ComponentModel.DataAnnotations.Schema;
using System.Text;

namespace JST.TPLMS.Entitys
{
    public class InStockOrderDetail
    {
        public InStockOrderDetail()
        {
            this.Id = 0;
            this.Qty = 0;
            this.CargoCode = string.Empty;
            this.CargoName = string.Empty;
            this.Brand = string.Empty;
            this.Country = string.Empty;
            this.CreateTime = DateTime.Now;
            this.Curr = string.Empty;
            this.GrossWt = 0;
            this.Height = 0;
            this.HSCode = string.Empty;
            this.Length = 0;
            this.SecdLawfQty = 0;
            this.LawfQty = 0;
            this.NetWt = 0;
            this.Package = string.Empty;
            this.Price = 0;
            this.Spcf = string.Empty;
            this.Unit = string.Empty;
```

```
        this.InStockNo = string.Empty;
        this.LawfUnit = string.Empty;
        this.Vol = 0;
        this.Width = 0;
        this.LawfUnit = string.Empty;
        this.SecdLawfUnit = string.Empty;
        this.SeqNo = 0;
        this.Batch = string.Empty;
        this.DeliveryOrderDetailId = 0;
    }
    [DatabaseGeneratedAttribute(DatabaseGeneratedOption.Identity)]
    public int Id { get; set; }
    public int SupplierId { get; set; }
    public string CargoCode { get; set; }
    [MaxLength(10)]
    public string HSCode { get; set; }
    public string CargoName { get; set; }
    public string Spcf { get; set; }
    public string Unit { get; set; }
    public string Country { get; set; }
    public string Brand { get; set; }
    public string Curr { get; set; }
    public string Package { get; set; }
    public decimal Length { get; set; }
    public decimal Width { get; set; }
    public decimal Height { get; set; }
    public decimal Vol { get; set; }
    public decimal Price { get; set; }
    public decimal TotalAmt { get; set; }
    public decimal GrossWt { get; set; }
    public decimal NetWt { get; set; }
    [NotMapped]
    public DateTime CreateTime { get; set; }
    public string InStockNo { get; set; }
    public int SeqNo { get; set; }
    public decimal Qty { get; set; }
    public decimal LawfQty { get; set; }
    public decimal SecdLawfQty { get; set; }
    public string LawfUnit { get; set; }
    public string SecdLawfUnit { get; set; }
    public string Batch { get; set; }
    public int DeliveryOrderDetailId { get; set; }
```

```
        [NotMapped]
        public string Loc { get; set; }
    }
}


using System;
using System.Collections.Generic;
using System.ComponentModel.DataAnnotations;
using System.ComponentModel.DataAnnotations.Schema;
using System.Text;

namespace JST.TPLMS.Entitys
{
    public class InStockOrderDetailLoc
    {
        public InStockOrderDetailLoc()
        {
            this.Id = 0;
            this.Qty = 0;
            this.SeqNo = 0;
            this.OutQty = 0;
            this.Loc = string.Empty;
            this.CreateTime = DateTime.Now;
            this.InStockOrderDetailId = 0;
        }
        [DatabaseGeneratedAttribute(DatabaseGeneratedOption.Identity)]
        public int Id { get; set; }
        public int InStockOrderDetailId { get; set; }
        public string Loc { get; set; }
        public int SeqNo { get; set; }
        public decimal Qty { get; set; }
        public decimal OutQty { get; set; }
        public DateTime CreateTime { get; set; }
    }
}
```

9.4.4 InStockOrderRepository 类

在 Visual Studio 2017 的“解决方案资源管理器”中选中“JST.TPLMS.Repository”项目，添加一个新的类 InStockOrderRepository，主要用于实现入库单表头的操作，代码如下：

```
using JST.TPLMS.Contract;
using JST.TPLMS.DataBase;
using JST.TPLMS.Entitys;
using Microsoft.EntityFrameworkCore;
using System;
using System.Collections.Generic;
using System.Data.SqlClient;
using System.Globalization;
using System.Linq;
using System.Text;
using System.Transactions;

namespace JST.TPLMS.Repository
{
    public class InStockOrderRepository: BaseRepository<InStockOrder>, IInStockOrder-
Repository
    {
        public InStockOrderRepository(TPLMSDbContext m_Context):base(m_Context)
        {
        }
        public bool Delete(string ids)
        {
            bool result = true;
            try
            {
                SqlParameter[] param = {
                    new System.Data.SqlClient.SqlParameter("@id",System.Data.
SqlDbType.VarChar,50)
                };
                param[0].Value = ids + ",";
                //通过存储过程,删除入库单明细,还原送货单状态
                var cnt = ExecProcedure("SP_RollbackGDE2DO", param);
            }
            catch (Exception ex)
            {
                throw ex;
            }
            return result;
        }
        public IEnumerable<DeliveryOrder> GetDeliveryOrders(DateTime sdate, DateTime
edate, string no, int supplierId, string rcv, string status)
        {
```

```
            var DOs = from m in Context.DeliveryOrder select m;
            DOs = DOs.Where(m => m.CreateTime > sdate && m.CreateTime < edate &&
m.SupplierId == supplierId);
            if (!String.IsNullOrEmpty(status))
            {
                DOs = DOs.Where(s => s.Status.Contains(status));
            }
            if (!String.IsNullOrEmpty(rcv))
            {
                DOs = DOs.Where(x => x.Rcv == rcv);
            }
            return DOs;
        }
        public IEnumerable<InStockOrder> LoadInStockOrders(int pageindex, int page-
size, int supplierId)
        {
            var q = from c in Context.InStockOrder join o in Context.InStockOrder-
Detail on c.InStockNo equals o.InStockNo where o.SupplierId == supplierId select c;
            return q.OrderBy(u => u.Id).Skip((pageindex - 1) * pagesize).Take
(pagesize);
        }
        public IEnumerable<InStockOrder> GetInStockOrders(DateTime sdate, DateTime
edate, string no, int supplierId, string rcv, string status)
        {
            var inos = from m in Context.InStockOrder join o in Context.InStock-
OrderDetail on m.InStockNo equals o.InStockNo where o.SupplierId == supplierId select m;
            inos = inos.Where(m => m.CreateTime > sdate && m.CreateTime < edate );
            if (!String.IsNullOrEmpty(status))
            {
                inos = inos.Where(s => s.Status.Contains(status));
            }
            if (!String.IsNullOrEmpty(rcv))
            {
                inos = inos.Where(x => x.Rcv == rcv);
            }
            return inos;
        }
    }
}
```

9.4.5 InStockOrderDetailRepository 类

在 Visual Studio 2017 的“解决方案资源管理器”中选中“JST.TPLMS.Repository”

项目,添加一个新的类 InStockOrderDetailRepository,主要用于实现入库单表体的操作,代码如下:

```
using JST.TPLMS.Contract;
using JST.TPLMS.DataBase;
using JST.TPLMS.Entitys;
using System;
using System.Collections.Generic;
using System.Globalization;
using System.Linq;
using System.Text;
using System.Transactions;

namespace JST.TPLMS.Repository
{
    public class InStockOrderDetailRepository: BaseRepository<InStockOrderDetail>,
IInStockOrderDetailRepository
    {
        public InStockOrderDetailRepository(TPLMSDbContext m_Context): base(m_
Context)
        {
        }
        public bool Delete(string No)
        {
            var moduleList = Context.InStockOrderDetail.Where(m =>m.InStockNo == No);
            bool result = true;
            Delete(moduleList.ToArray());
            return result;
        }
        public int MaxSeqNo(string no)
        {
            var dod = Context.InStockOrderDetail.Where(m => m.InStockNo == no).
OrderByDescending(u => u.SeqNo).FirstOrDefault();
            if (dod == null)
            {
                return 0;
            }
            return dod.SeqNo;
        }
        public IEnumerable<InStockOrderDetail> LoadInStockOrderDetails(int page-
index, int pagesize)
        {
```

```
        return Context.InStockOrderDetail.OrderBy(u => u.Id).Skip((pageindex - 1) *
pagesize).Take(pagesize);
    }
    public IEnumerable<InStockOrderDetail> GetInStockOrderDetails(string no)
    {
        var moduleList = Context.InStockOrderDetail.Where(m => m.InStockNo == no);
        return moduleList;
    }
    public IEnumerable<InStockOrderDetail> GetInodLocs(string rcv, string cargo-
Name)
    {
        var DOs = from m in Context.InStockOrderDetail join c in Context.In-
StockOrderDetailLoc on m.Id equals c.InStockOrderDetailId join o in Context.InStockOrder
on m.InStockNo equals o.InStockNo where o.Rcv == rcv && c.Qty - c.OutQty > 0 select
new InStockOrderDetail
        {
            Batch = m.Batch,
            Brand = m.Brand,
            CargoCode = m.CargoCode,
            CargoName = m.CargoName,
            Country = m.Country,
            Curr = m.Curr,
            GrossWt = m.GrossWt,
            Height = m.Height,
            HSCode = m.HSCode,
            InStockNo = m.InStockNo,
            LawfQty = m.LawfQty,
            LawfUnit = m.LawfUnit,
            Length = m.Length,
            NetWt = m.NetWt,
            Package = m.Package,
            Price = m.Price,
            SecdLawfQty = m.SecdLawfQty,
            SecdLawfUnit = m.SecdLawfUnit,
            Spcf = m.Spcf,
            SupplierId = m.SupplierId,
            TotalAmt = m.TotalAmt,
            Unit = m.Unit,
            Vol = m.Vol,
            Width = m.Width,
            Id = c.Id,
            Qty = c.Qty - c.OutQty,
```

```
                Loc = c.Loc,
                SeqNo = c.SeqNo
            };
            if (!String.IsNullOrEmpty(cargoName))
            {
                DOs = DOs.Where(s => s.CargoName.Contains(cargoName));
            }
            return DOs;
        }
    }
}
```

9.4.6 InStockOrderDetailLocRepository 类

在 Visual Studio 2017 的"解决方案资源管理器"中选中"JST.TPLMS.Repository"项目,添加一个新的类 InStockOrderDetailLocRepository,主要用于实现入库单货物具体库位的操作,代码如下:

```
using JST.TPLMS.Contract;
using JST.TPLMS.DataBase;
using JST.TPLMS.Entitys;
using System;
using System.Collections.Generic;
using System.Globalization;
using System.Linq;
using System.Text;
using System.Transactions;

namespace JST.TPLMS.Repository
{
    public class InStockOrderDetailLocRepository: BaseRepository<InStockOrderDetail-
Loc>, IInStockOrderDetailLocRepository
    {
        public InStockOrderDetailLocRepository(TPLMSDbContext m_Context):base(m_
Context)
        {
        }
        public bool Delete(string No)
        {
            List<int> list = Context.InStockOrderDetail.Where(u => u.InStockNo ==
No).Select(u => u.Id).ToList();
            var moduleList = Context.InStockOrderDetailLoc.Where(m => list.
```

```
Contains(m.InStockOrderDetailId));
                bool result = true;
                Delete(moduleList.ToArray());
                return result;
            }
            public int MaxSeqNo(int Id)
            {
                var loc = Context.InStockOrderDetailLoc.Where(m => m.InStockOrder-
DetailId == Id).OrderByDescending(u => u.SeqNo).FirstOrDefault();
                if (loc == null)
                {
                    return 0;
                }
                return loc.SeqNo;
            }
            IEnumerable<InStockOrderDetailLoc> IInStockOrderDetailLocRepository.LoadIn-
StockOrderDetails(int pageindex, int pagesize)
            {
                return Context.InStockOrderDetailLoc.OrderBy(u => u.Id).Skip((page-
index - 1) * pagesize).Take(pagesize);
            }
            public IEnumerable<InStockOrderDetailLoc> GetInStockOrderDetails(string no,
int instockDetailId)
            {
                List<int> list;
                if (!string.IsNullOrEmpty(no))
                {
                    list = Context.InStockOrderDetail.Where(u => u.InStockNo == no).
Select(u => u.Id).ToList();
                    if (instockDetailId == 0)
                    {
                        return Context.InStockOrderDetailLoc.Where(m => list.Contains
(m.InStockOrderDetailId));
                    }
                }
                var moduleList = Context.InStockOrderDetailLoc.Where(m => m.InStock-
OrderDetailId == instockDetailId);
                return moduleList;
            }
        }
    }
```

9.4.7 服务类 InStockOrderService

在 Visual Studio 2017 的“解决方案资源管理器”中选中“JST. TPLMS. Service”项目，添加三个新的类 InStockOrderService、InStockOrderService 和 InStockOrder-DetailLoc，用于实现入库单管理中的“生成入库单”“删除”“修改”“提交”“刷新”操作，代码如下：

```
using JST.TPLMS.Contract;
using JST.TPLMS.Core;
using JST.TPLMS.Entitys;
using JST.TPLMS.Util.Helpers;
using System;
using System.Collections.Generic;
using System.Data.SqlClient;
using System.Linq.Expressions;
using System.Text;

namespace JST.TPLMS.Service
{
    public class InStockOrderService
    {
        private IInStockOrderRepository _inoMgr;
        private InStockOrder _ino;
        private List<InStockOrder> _inos;    //入库单列表
        private IInStockOrderDetailRepository _inodMgr;
        private IInStockOrderDetailLocRepository _inodLocMgr;
        private IDeliveryOrderRepository _doMgr;
        public InStockOrderService ( IDeliveryOrderRepository doMgr, IInStockOrder-
Repository inoMgr, IInStockOrderDetailRepository  inodMgr, IInStockOrderDetailLocRepository
inodLocMgr)
        {
            _inoMgr = inoMgr;
            _inodMgr = inodMgr;
            _doMgr = doMgr;
            _inodLocMgr = inodLocMgr;
        }
        public dynamic LoadInOs(int pageindex, int pagesize)
        {
            Expression<Func<InStockOrder, bool>> exp = u => u.Id > 0;
            //入库单列表
            var dos = _inoMgr.Find(pageindex, pagesize, exp);
```

```
        int total = _inoMgr.GetCount(exp);
        List<InStockOrder> list = new List<InStockOrder>();
        foreach (var item in dos)
        {
            list.Add(item);
        }
        return new
        {
            total = total,
            rows = list
        };
    }
    public string Save(InStockOrder ino)
    {
        try
        {
            InStockOrder order = new InStockOrder();
            ino = ReflectionHelper.Copy<InStockOrder, InStockOrder>(ino, order);
            foreach (var item in ino.InStockOrderDetail)
            {
                _inodMgr.Update(item);
            }
            foreach (var loc in ino.InStockOrderDetailLoc)
            {
                if (loc.Id == 0)
                {
                    int currSeqno = _inodLocMgr.MaxSeqNo(loc.InStockOrderDetailId);
                    loc.SeqNo = currSeqno + 1;
                    _inodLocMgr.Add(loc);
                }
                else
                {
                    _inodLocMgr.Update(loc);
                }
            }
            ino.InStockOrderDetail = null;
            ino.InStockOrderDetailLoc = null;
            ino.Status = EnumStatus.暂存.ToString();
            //更新入库单
            _inoMgr.Update(ino);
        }
        catch (Exception ex)
```

```
        {
            throw ex;
        }
        return "OK";
    }
    public string Submit(string Id)
    {
        try
        {
            int DoId = NumberHelper.ToInt(Id);
            Expression<Func<InStockOrder, bool>> exp = u => u.Id == DoId;
            var dorder = _inoMgr.FindSingle(exp);
            dorder.InStockOrderDetail = null;
            dorder.Status = EnumStatus.提交.ToString();
            //提交入库单
            _inoMgr.Update(dorder);
        }
        catch (Exception ex)
        {
            throw ex;
        }
        return "OK";
    }
    public string Add(InStockOrder ino)
    {
        try
        {
            InStockOrder order = new InStockOrder();
            ino = ReflectionHelper.Copy<InStockOrder, InStockOrder>(ino, order);
            //添加入库单
            _inoMgr.Add(ino);
        }
        catch (Exception ex)
        {
            throw ex;
        }
        return "OK";
    }
    public string Add(string no)
    {
        InStockOrder order = new InStockOrder();
        order.InStockNo = no;
```

```
        order.Status = EnumStatus.新建.ToString();
        Add(order);
        int id = GetId(no);
        return id.ToString();
    }
    public string Delete(string ids)
    {
        try
        {
            //删除入库单
            _inoMgr.Delete(ids);
        }
        catch (Exception ex)
        {
            throw ex;
        }
        return "OK";
    }
    public string GetNo(string name)
    {
        string no = string.Empty;
        try
        {
            //获取入库单号
            no = _inoMgr.GetNo(name);
        }
        catch (Exception ex)
        {
            throw ex;
        }
        return no;
    }
    public string ImportDO(string ids)
    {
        int no = 0;
        try
        {
            SqlParameter[] param = {
                new System.Data.SqlClient.SqlParameter("@id",System.Data.
SqlDbType.VarChar,50)
            };
            param[0].Value = ids + ",";
```

```
                //导入送货单明细
                no = _inoMgr.ExecProcedure("SP_ImportDO2GDE",param);
            }
            catch (Exception ex)
            {
                throw ex;
            }
            return "OK";
        }
        public int GetId(string no)
        {
            Expression<Func<InStockOrder, bool>> exp = u => u.InStockNo == no;
            var po = _inoMgr.FindSingle(exp);
            if (po == null)
            {
                return 0;
            }
            return po.Id;
        }
    }
}
```

9.4.8 服务类 InStockOrderDetailService

在 Visual Studio 2017 的“解决方案资源管理器”中选中“JST.TPLMS.Service”项目，添加一个新的类 InStockOrderDetailService，主要用于实现入库单表体的操作，代码如下：

```
using JST.TPLMS.Contract;
using JST.TPLMS.Entitys;
using JST.TPLMS.Util.Helpers;
using System;
using System.Collections.Generic;
using System.Data;
using System.Linq.Expressions;
using System.Text;

namespace JST.TPLMS.Service
{
    public class InStockOrderDetailService
    {
        private IInStockOrderDetailRepository _inodMgr;
```

```
private InStockOrderDetail _dod;
private List<InStockOrderDetail> _dods;    //入库单明细
public InStockOrderDetailService(IInStockOrderDetailRepository inodMgr)
{
    _inodMgr = inodMgr;
}
public dynamic LoadInods(int pageindex, int pagesize)
{
    //查询入库单明细表
    Expression<Func<InStockOrderDetail, bool>> exp = u => u.Id > 0;
    var dods = _inodMgr.Find(pageindex, pagesize, exp);
    int total = _inodMgr.GetCount(exp);
    List<InStockOrderDetail> list = new List<InStockOrderDetail>();
    foreach (var item in dods)
    {
        list.Add(item);
    }
    return new
    {
        total = total,
        rows = list
    };
}
public dynamic LoadInods(string no)
{
    List<InStockOrderDetail> list = new List<InStockOrderDetail>();
    if (string.IsNullOrEmpty(no))
    {
        return new
        {
            total = list.Count,
            rows = list
        };
    }
    //入库单明细表
    Expression<Func<InStockOrderDetail,bool>>exp = u =>u.InStockNo == no;
    var dods = _inodMgr.Find(exp);
    foreach (var item in dods)
    {
        list.Add(item);
    }
    return new
```

```
        {
            total = list.Count,
            rows = list
        };
    }
    public dynamic LoadInodLocs(string rcv,string cargoName)
    {
        List<InStockOrderDetail> list = new List<InStockOrderDetail>();
        //入库单库位明细表
        var dods = _inodMgr.GetInodLocs(rcv,cargoName);
        foreach (var item in dods)
        {
            list.Add(item);
        }
        return new
        {
            total = list.Count,
            rows = list
        };
    }
    public string Save(InStockOrderDetail u)
    {
        try
        {
            //更新入库单明细
            _inodMgr.Update(u);
        }
        catch (Exception ex)
        {
            throw ex;
        }
        return "OK";
    }

    public string Add(InStockOrderDetail u)
    {
        try
        {
            //添加入库单明细
            _inodMgr.Add(u);
        }
        catch (Exception ex)
```

```
            {
                throw ex;
            }
            return "OK";
        }
        public string Delete(string no)
        {
            try
            {
                //删除入库单明细
                _inodMgr.Delete(no);
            }
            catch (Exception ex)
            {
                throw ex;
            }
            return "OK";
        }
    }
}
```

9.4.9 服务类 InStockOrderDetailLocService

在 Visual Studio 2017 的"解决方案资源管理器"中选中"JST.TPLMS.Service"项目，添加一个新的类 InStockOrderDetailLocService，主要用于实现入库单货物具体库位的操作，代码如下：

```
using JST.TPLMS.Contract;
using JST.TPLMS.Entitys;
using JST.TPLMS.Util.Helpers;
using System;
using System.Collections.Generic;
using System.Data;
using System.Linq.Expressions;
using System.Text;

namespace JST.TPLMS.Service
{
    public class InStockOrderDetailLocService
    {
        private IInStockOrderDetailLocRepository _inodLocMgr;
        private InStockOrderDetailLoc _inodLoc;
```

```
        private List<InStockOrderDetailLoc> _inodLocs;    //库位列表
        public InStockOrderDetailLocService ( IInStockOrderDetailLocRepository inod-
locMgr)
        {
            _inodLocMgr = inodlocMgr;
        }
        public dynamic LoadLocs(int pageindex, int pagesize)
        {
            //入库单库位表
            Expression<Func<InStockOrderDetailLoc, bool>> exp = u => u.Id > 0;
            var dods = _inodLocMgr.Find(pageindex, pagesize, exp);
            int total = _inodLocMgr.GetCount(exp);
            List<InStockOrderDetailLoc> list = new List<InStockOrderDetailLoc>();
            foreach (var item in dods)
            {
                list.Add(item);
            }
            return new
            {
                total = total,
                rows = list
            };
        }
        public dynamic LoadLocs(int inodId)
        {
            List<InStockOrderDetailLoc> list = new List<InStockOrderDetailLoc>();
            if (inodId <= 0)
            {
                return new
                {
                    total = list.Count,
                    rows = list
                };
            }
            //入库单库位明细表
            Expression<Func<InStockOrderDetailLoc, bool>> exp = u => u.InStock-
OrderDetailId == inodId;
            var dods = _inodLocMgr.Find(exp);
            foreach (var item in dods)
            {
                list.Add(item);
            }
```

```
        return new
        {
            total = list.Count,
            rows = list
        };
    }
    public string Save(InStockOrderDetailLoc u)
    {
        try
        {
            //更新入库单库位表
            _inodLocMgr.Update(u);
        }
        catch (Exception ex)
        {
            throw ex;
        }
        return "OK";
    }
    public string Add(InStockOrderDetailLoc u)
    {
        try
        {
            //添加入库单库位表
            _inodLocMgr.Add(u);
        }
        catch (Exception ex)
        {
            throw ex;
        }
        return "OK";
    }
    public string Delete(string no)
    {
        try
        {
        //删除入库单库位表
            _inodLocMgr.Delete(no);
        }
        catch (Exception ex)
        {
            throw ex;
```

```
            }
            return "OK";
        }
    }
}
```

9.4.10 InStockMgrController 类

在 Visual Studio 2017 的“解决方案资源管理器”中选中“JST. TPLMS. Web”项目，打开“Controllers”目录下的“InStockMgrController”类，添加“刷新”(List)“添加”(Add)“修改”(Update)“删除”(Delete)“提交”(Submit)等方法，同时实现 GetNo 获取入库单号、GetDetail 查询入库单明细和 ImportDO 根据送货单生成入库单的方法，代码如下：

```
using System;
using System.Collections.Generic;
using System.Linq;
using System.Threading.Tasks;
using JST.TPLMS.Core;
using JST.TPLMS.Service;
using JST.TPLMS.Util;
using JST.TPLMS.Util.Helpers;
using Microsoft.AspNetCore.Http;
using Microsoft.AspNetCore.Mvc;

namespace JST.TPLMS.Web.Controllers
{
    public class InStockMgrController: BaseController
    {
        InStockOrderService inoSvr;
        InStockOrderDetailService inodSvr;
        InStockOrderDetailLocService inodLocSvr;
        public InStockMgrController ( InStockOrderService  _inosvr,  InStockOrderDetail-
Service _inodsvr,InStockOrderDetailLocService _inodLocsvr)
        {
            inoSvr = _inosvr;
            inodSvr = _inodsvr;
            inodLocSvr = _inodLocsvr;
        }
        // GET: InStockMgr
        public ActionResult Index()
        {
```

```
        return View();
    }
    public string GetDetail(string no)
    {
        int Id = inoSvr.GetId(no);
        var podList = inodSvr.LoadInods(no);
        var json = JsonHelper.Instance.Serialize(podList);
        return json;
    }
    public string GetDetails(string rcv,string cargoName)
    {
        var  inodList = inodSvr.LoadInodLocs(rcv,cargoName);
        var json = JsonHelper.Instance.Serialize(inodList);
        return json;
    }
    public string GetLocs(string inodId)
    {
        int locId;
        int.TryParse(inodId,out locId);
        var locList = inodLocSvr.LoadLocs(locId);
        var json = JsonHelper.Instance.Serialize(locList);
        return json;
    }
    public string List()
    {
        var page = Request.Form["page"].ToString();
        var size = Request.Form["rows"].ToString();
        int pageIndex = page == null ? 1 : int.Parse(page);
        int pageSize = size == null ? 20 : int.Parse(size);
        var poList = inoSvr.LoadInOs(pageIndex, pageSize);
        var json = JsonHelper.Instance.Serialize(poList);
        return json;
    }
    public AjaxResult Update(Entitys.InStockOrder u)
    {
        string result = "NO";
        List<Entitys.InStockOrderDetail> list = new List<Entitys.InStockOrder-
Detail>();
        List <Entitys.InStockOrderDetailLoc>  listLoc  =  new  List <Entitys.
InStockOrderDetailLoc>();
        try
        {
            string deleted = Request.Form["deleted"];
```

```
string inserted = Request.Form["inserted"];
string updated = Request.Form["updated"];
string head = Request.Form["postdata"];
if (!string.IsNullOrEmpty(head))
{
    //把 json 字符串转换成对象
    u = JsonHelper. Instance. Deserialize <Entitys.InStockOrder>
(head);
}
// TODO: Add update logic here
if (!string.IsNullOrEmpty(deleted))
{
    //把 json 字符串转换成对象
    List<Entitys. InStockOrderDetail> listDeleted = JsonHelper.
Instance.Deserialize<List<Entitys.InStockOrderDetail>>(deleted);
    //TODO 下面就可以根据转换后的对象进行相应的操作了
    if (listDeleted != null && listDeleted.Count > 0)
    {
        list.AddRange(listDeleted.ToArray());
    }
}
if (!string.IsNullOrEmpty(inserted))
{
    //把 json 字符串转换成对象
    List<Entitys. InStockOrderDetail> listInserted = JsonHelper.
Instance.Deserialize<List<Entitys.InStockOrderDetail>>(inserted);
    if (listInserted != null && listInserted.Count > 0)
    {
        list.AddRange(listInserted.ToArray());
    }
}
if (!string.IsNullOrEmpty(updated))
{
    //把 json 字符串转换成对象
    List<Entitys. InStockOrderDetail> listUpdated = JsonHelper.
Instance.Deserialize<List<Entitys.InStockOrderDetail>>(updated);
    if (listUpdated != null && listUpdated.Count > 0)
    {
        list.AddRange(listUpdated.ToArray());
    }
}
string subdeleted = Request.Form["subdeleted"];
string subinsed = Request.Form["subinserted"];
```

```
                string subupded = Request.Form["subupdated"];

                // TODO: Add update logic here
                if (!string.IsNullOrEmpty(subdeled))
                {
                    //把 json 字符串转换成对象
                    List<Entitys.InStockOrderDetailLoc> listLocDeleted = JsonHelper.
Instance.Deserialize<List<Entitys.InStockOrderDetailLoc>>(subdeled);
                    //TODO 下面就可以根据转换后的对象进行相应的操作了
                    if (listLocDeleted != null && listLocDeleted.Count > 0)
                    {
                        listLoc.AddRange(listLocDeleted.ToArray());
                    }
                }
                if (!string.IsNullOrEmpty(subinsed))
                {
                    //把 json 字符串转换成对象
                    List<Entitys.InStockOrderDetailLoc> listLocInserted = Json-
Helper.Instance.Deserialize<List<Entitys.InStockOrderDetailLoc>>(subinsed);
                    if (listLocInserted != null && listLocInserted.Count > 0)
                    {
                        listLoc.AddRange(listLocInserted.ToArray());
                    }
                }
                if (!string.IsNullOrEmpty(subupded))
                {
                    //把 json 字符串转换成对象
                    List<Entitys.InStockOrderDetailLoc> listLocUpdated = JsonHelper.
Instance.Deserialize<List<Entitys.InStockOrderDetailLoc>>(subupded);
                    if (listLocUpdated != null && listLocUpdated.Count > 0)
                    {
                        listLoc.AddRange(listLocUpdated.ToArray());
                    }
                }
                if (u == null)
                {
                    return Error("没有表头!");
                }
                u.InStockOrderDetail = list;
                u.InStockOrderDetailLoc = listLoc;
                result = inoSvr.Save(u);
            }
            catch
```

```
    {
    }
    if (result == "OK")
    {
        return Success();
    }
    else
        return Error("更新失败!");
}
public ActionResult Add(Entitys.InStockOrder u)
{
    string result = "NO";
    try
    {
        // TODO: Add logic here
        result = inoSvr.Add(u);
    }
    catch
    {
    }
    return Content(result);
}
public ActionResult Submit(string Id)
{
    string result = "NO";
    try
    {
        // 提交送货单
        result = inoSvr.Submit(Id);
    }
    catch
    {
    }
    return Content(result);
}
public ActionResult Delete(string ids)
{
    string result = "NO";
    try
    {
        // TODO: Add Delete logic here
        result = inoSvr.Delete(ids);
    }
```

```
            catch
            {
            }
            return Content(result);
        }
        public ActionResult ImportDO(string Ids)
        {
            string result = "NO";
            try
            {
                // TODO: 导入送货单
                result = inoSvr.ImportDO(Ids);
            }
            catch
            {
            }
            return Content(result);
        }
        public string GetNo()
        {
            string result = "NO";
            string id = string.Empty;
            try
            {
                // TODO: Add Delete logic here
                result = inoSvr.GetNo(EnumOrderNoType.GDE.ToString());
                id = inoSvr.Add(result).ToString();
            }
            catch (Exception ex)
            {
                string s = ex.Message;
            }
            var json = JsonHelper.Instance.Serialize(new { Id = id, No = result });
            return json;
        }
    }
}
```

9.5 测试入库单管理功能

测试入库单管理功能的步骤是：

① 在 Visual Studio 2017 中按 F5 键运行应用程序。

② 在浏览器的地址栏中输入“http://localhost:5000/”,然后输入管理员的用户名和密码进行登录。登录成功后在模块管理中添加新模块“入库管理”。然后打开“角色管理”功能,给“操作员”角色赋予“入库管理”模块权限。

③ 退出管理员用户,使用操作员用户重新登录系统,在主界面的菜单中选择“入库管理”菜单项,浏览器中呈现一个货物信息列表和五个按钮,如图 9.1 所示。

④ 新增入库单:单击“生成入库单”按钮,弹出一个“生成入库单”的操作界面,如图 9.3 所示。

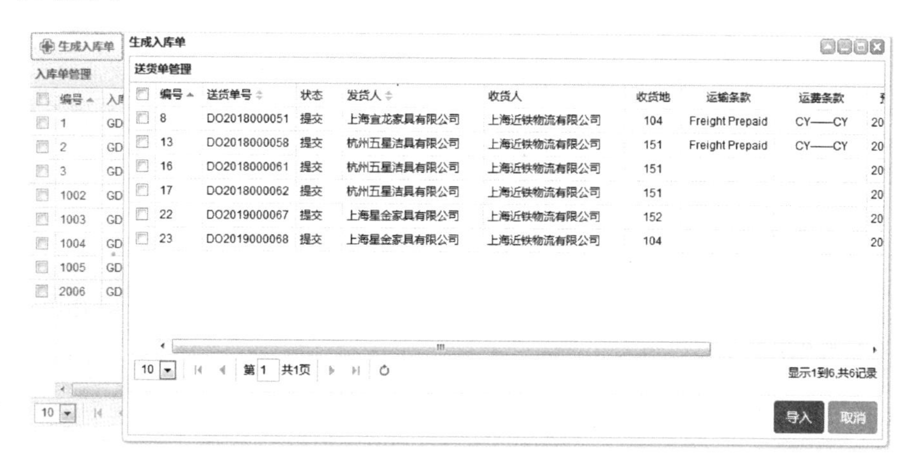

图 9.3 生成入库单

⑤ 在“生成入库单”界面的“送货单管理”列表中选择需要生成入库单的送货单,然后单击“导入”按钮,弹出“确认”对话框,单击“确定”按钮,如图 9.4 所示。

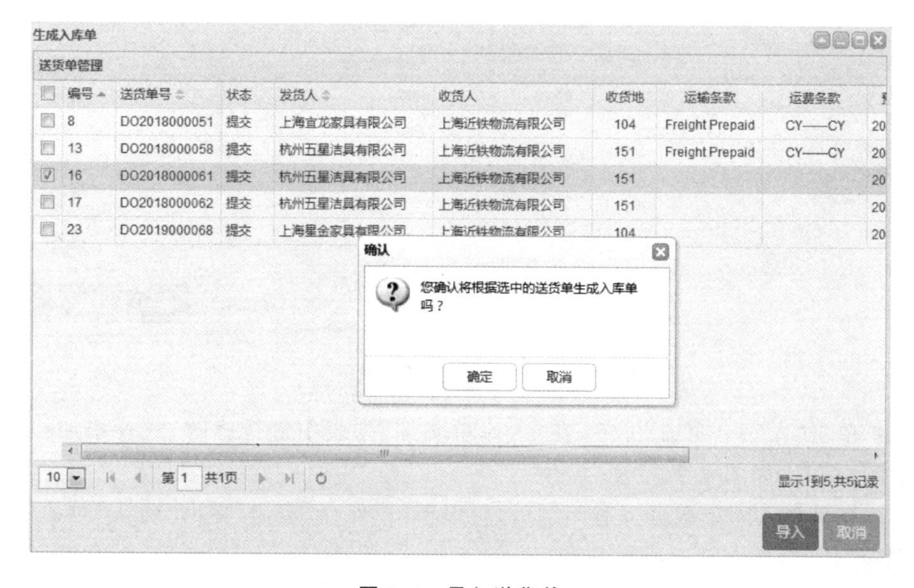

图 9.4 导入送货单

⑥ 此时系统会在“入库单管理”列表中生成一张入库单,如图 9.5 所示。

入库管理 ×

生成入库单　删除　修改　提交　刷新

入库单管理

	编号	入库单号	状态	到货日期	发货人	收货人	收货地	收货人	收货开始时间	收货结束时
☐	1	GD2019000004	暂存	2019-01-07 14:2			104			
☐	2	GD2019000006	暂存	2019-01-07 14:3			104			
☐	3	GD2019000007	暂存	2019-01-07 14:3			104			
☐	1002	GD2019000018	暂存	2019-01-10 16:2	杭州五星洁具有限公司	上海近铁物流有限公司	151			
☐	1003	GD2019000020	暂存	2019-01-10 16:4	杭州五星洁具有限公司	上海近铁物流有限公司	151			
☐	1004	GD2019000021	暂存	2019-01-11 16:2	上海星金家具有限公司	上海近铁物流有限公司	021			
☐	1005	GD2019000022	暂存	2019-01-16 16:2	杭州五星洁具有限公司	上海近铁物流有限公司	151			
☐	2006	GD2019000024	提交	2019-01-17 14:0	杭州五星洁具有限公司	上海近铁物流有限公司	151			
☑	2010	GD2019000028	暂存	2019-01-17 15:0	上海星金家具有限公司	上海近铁物流有限公司	152			

10　第 1 共1页　显示1到9,共9记录

图 9.5　入库单生成

⑦ 在“入库单管理”列表中选中一条入库单记录,单击“修改”按钮,弹出一个修改入库单的操作界面,如图 9.6 所示。

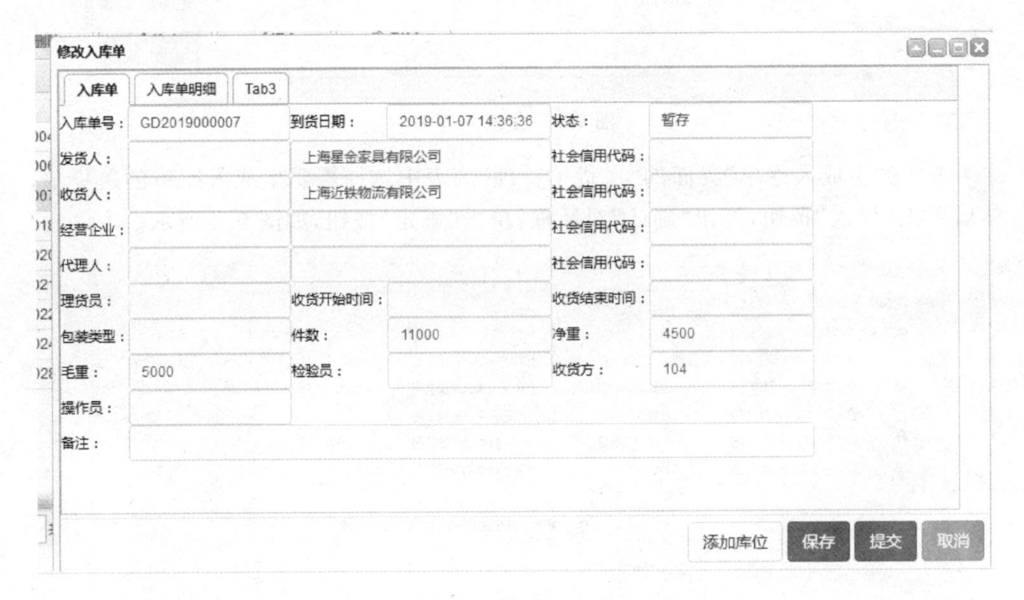

图 9.6　修改入库单

⑧ 单击“入库单明细”标签,在“入库单明细”列表中进行修改,或者添加相应的货物库位信息,如图 9.7 所示。

⑨ 在确认入库单数据没有问题后,可以单击“保存”按钮,弹出“确认”对话框,单击“确定”按钮,如图 9.8 所示。

⑩ 在入库单数据保存成功后,可以单击“提交”按钮,提交成功后,“保存”按钮将

不可用。

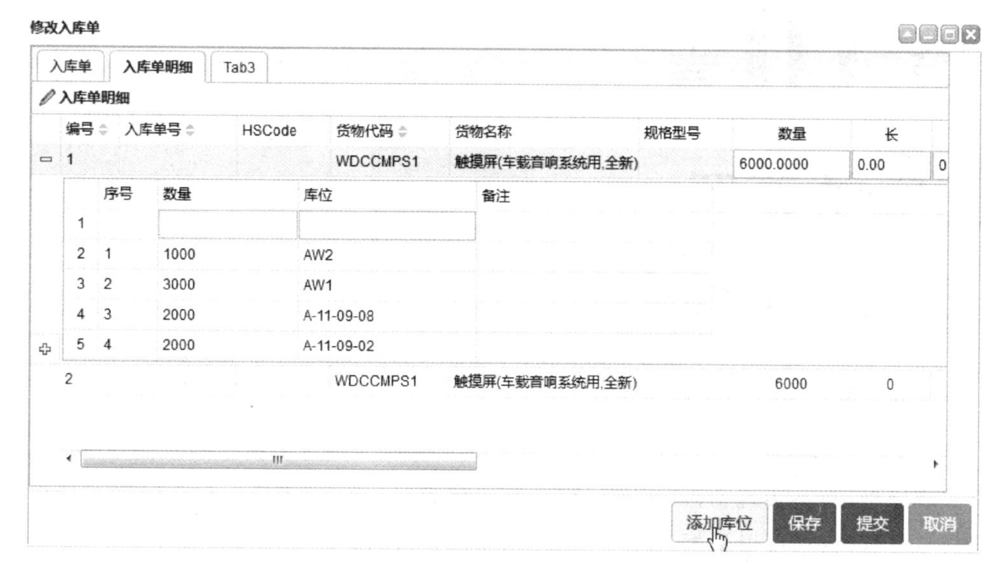

图 9.7　入库单明细

图 9.8　保存入库单

第10章

出库单管理

10.1 出库单管理介绍

第9章实现了一个入库单管理的原型,接下来实现出库单管理功能。

简单的出库单管理功能的流程是:根据客户提供的销售单制作出库单,但是这次只实现原型,暂不实现销售单功能,有兴趣的读者可以自行实现。对于出库单,可以对数量进行修改,可以根据入库单挑选相应的货物,同时还要实现查询功能。

此外,操作员在登录 TPLMS 系统之后,在出库单管理功能模块中还应可以填写一些航运信息,如 POL、POD、ETA、ETD,以及集装箱箱号和大小类型等。

10.2 出库单管理页面功能

TPLMS 出库单管理功能界面效果如图 10.1 所示,在出库单管理表格顶端有“添加”“删除”“修改”“提交”“刷新”五个功能按钮。

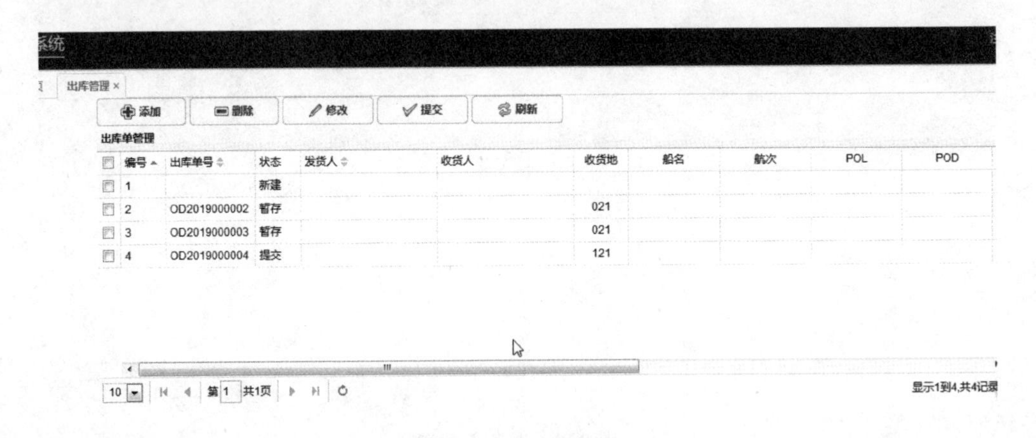

图 10.1 出库单管理

10.3 出库单管理流程分析

出库单管理流程分析框图如图 10.2 所示。

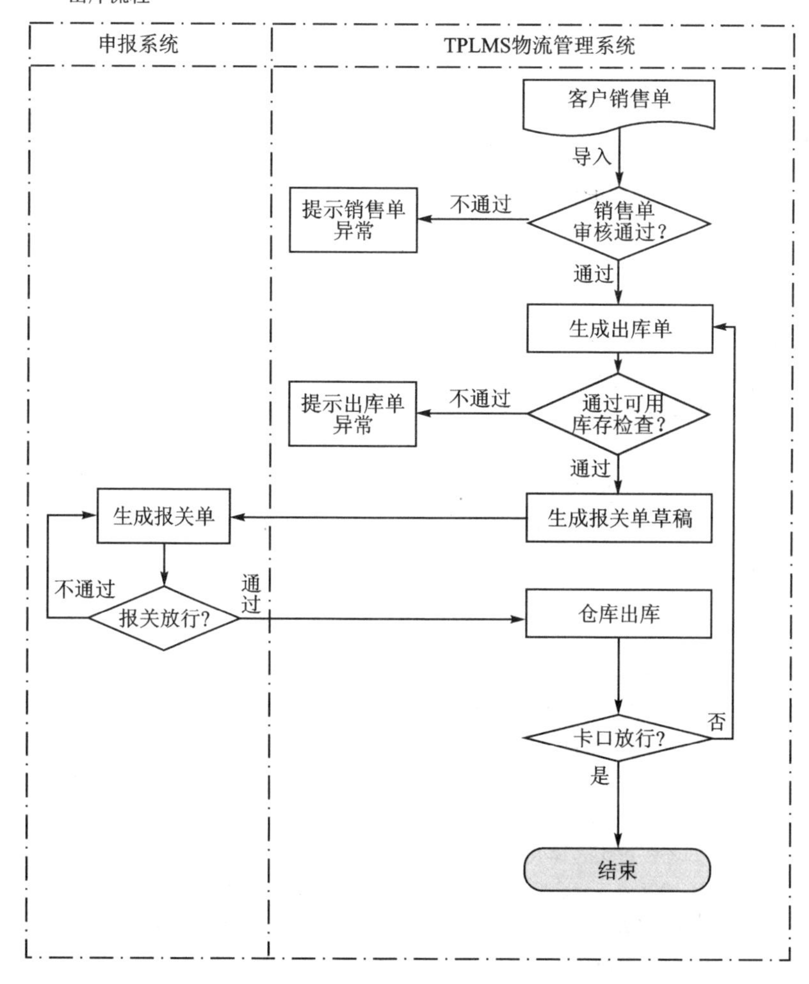

图 10.2 出库单管理流程分析框图

10.4 出库单管理实现过程

仓库操作员需要一个前端页面用于填写与货物出库相关的信息,同时需要一个出库单管理页面。下面分别进行介绍。

10.4.1 Index.cshmtl页面

在Visual Studio 2017的“解决方案资源管理器”中选中“JST.TPLMS.Web”项目，在Views目录中创建OutStockMgr目录，并添加一个Index.cshmtl文件，代码如下：

```
@{
    Layout = null;
}
<!DOCTYPE html>
<html>
<head>
<meta name = "viewport" content = "width = device - width" />
<link href = "~/lib/bootstrap/dist/css/bootstrap.min.css" rel = "stylesheet" />
<script src = "~/lib/bootstrap/dist/js/bootstrap.js"></script>
<script src = "~/js/jquery.min.js"></script>
<script src = "~/js/easyui/jquery.easyui.min.js"></script>
<link href = "~/js/easyui/themes/default/easyui.css" rel = "stylesheet" />
<link href = "~/js/easyui/themes/icon.css" rel = "stylesheet" />
<script src = "~/js/easyui/locale/easyui - lang - zh_CN.js"></script>
<title>出库单管理</title>
</head>
<body>
<script src = "~/js/business/outstockmgr.js"></script>
<div data - options = "region:'center'" style = "overflow: hidden;">
<div id = "containter" style = "width: 1000px; height: auto; margin: 0px auto;">
<!-- toolbar -->
<div style = "margin - bottom:1px;font - weight:bold;">
<a href = "#" id = "add" class = "easyui - linkbutton" data - options = "iconCls:'icon -
add'" style = "width:100px; height:30px; background - color: #0993D3;">添加</a>
<a href = "#" id = "del" class = "easyui - linkbutton" data - options = "iconCls:'icon -
remove'" style = "width:100px; height:30px; background - color: #0993D3;">删除</a>
<a href = "#" id = "edit" class = "easyui - linkbutton" data - options = "iconCls:'icon -
edit'" style = "width:100px; height:30px; background - color: #0993D3;">修改</a>
<a href = "#" id = "submits" class = "easyui - linkbutton" data - options = "iconCls:
'icon - ok'" style = "width:100px; height:30px; background - color: #0993D3;">提交</a>
<a href = "#" id = "reload" class = "easyui - linkbutton" data - options = "iconCls:'icon -
reload'" style = "width:100px; height:30px; background - color: #0993D3;">刷新</a>
</div>
<!-- panel -->
<div data - options = "region:'center',split:false" style = "height:500px;">
```

```
<!-- 表格 -->
<table id="dgOUO"></table>
</div>
</div>
</div>
<!------------------------右键菜单(暂时未用)--------------------->
<div id="menu" class="easyui-menu" style="width: 120px; display: none">
<div onclick="" iconcls="icon-add">
            增加
</div>
<div onclick="" iconcls="icon-remove">
            删除
</div>
<div onclick="editorMethod();" iconcls="icon-edit">
            修改
</div>
</div>
<!----------------------新增修改出库单信息--------------------->
<div id="divAddUpdOUO" class="easyui-dialog" closed="true" style="top:10px;"
data-options="buttons: '#dlg-buttons'">
<div id="box">
<div title="出库单">
<table>
<tr>
<td><input type="hidden" name="ID" id="IDUpdate" /></td>
</tr>
<tr>
<td> 出库单号:</td>
<td><input type="text" id="UpdNO" name="UNO" class="form-control input-sm" />
</td>
<td>出库日期:</td>
<td><input type="text" id="ShipDateUpdate" name="UShipDate" class="form-control
input-sm" />
</td>
<td> 状态:</td>
<td><input type="text" id="StatusUpdate" name="UStatus" class="form-control input-
sm" /></td>
</tr>
<tr>
<td> 发货人:</td>
<td><input type="text" id="ConsignerNoUpdate" name="UConsignerNo" class="form-
control input-sm" /></td>
```

```
<td colspan = "2">
<input type = "text" id = "ConsignerNameUpdate" name = "UConsignerName" class = "form - control input - sm" />
</td>
<td>发货人社会信用代码:</td>
<td><input type = "text" id = "ConsignerSccdUpdate" name = "UConsignerSccd" class = "form - control input - sm" />
</td>
</tr>
<tr>
<td> 收货人:</td>
<td><input type = "text" id = "ConsigneeNoUpdate" name = "UConsigneeNo" class = "form - control input - sm" /></td>
<td colspan = "2">
<input type = "text" id = "ConsigneeNameUpdate" name = "UConsigneeName" class = "form - control input - sm" />
</td>
<td>收货人社会信用代码:</td>
<td><input type = "text" id = "ConsigneeSccdUpdate" name = "UConsigneeSccd" class = "form - control input - sm" />
</td>
</tr>
<tr>
<td> 承运人:</td>
<td><input type = "text" id = "CarrierUpdate" name = "UCarrier" class = "form - control input - sm" /></td>
<td> BLNO:</td>
<td ><input type = "text" id = "BLNOUpdate" name = "UBLNO" class = "form - control input - sm" />
</td>
<td>S/O NO:</td>
<td><input type = "text" id = "SONOUpdate" name = "USONO" class = "form - control input - sm" />
</td>
</tr>
<tr>
<td> 代理人:</td>
<td><input type = "text" id = "AgentNoUpdate" name = "UAgentNo" class = "form - control input - sm" /></td>
<td colspan = "2">
<input type = "text" id = "AgentNameUpdate" name = "UAgentName" class = "form - control input - sm" />
```

```
〈/td〉
〈td〉代理人社会信用代码:〈/td〉
〈td〉〈input type = "text" id = "AgentSccdUpdate" name = "UAgentSccd" class = "form - control input - sm" /〉
〈/td〉
〈/tr〉
〈tr〉
〈td〉 船名:〈/td〉
〈td〉〈input type = "text" id = "VesselUpdate" name = "UVessel" class = "form - control input - sm" /〉
〈/td〉
〈td〉航次:〈/td〉
〈td〉〈input type = "text" id = "VoyageUpdate" name = "UVoyage" class = "form - control input - sm" /〉
〈/td〉
〈td〉截柜日期:〈/td〉
〈td〉〈input type = "text" id = "CloseingDateUpdate" name = "UCloseingDate" class = "form - control input - sm" /〉
〈/td〉
〈/tr〉
〈tr〉
〈td〉 ETA:〈/td〉
〈td〉〈input type = "text" id = "ETAUpdate" name = "UETA" class = "form - control input - sm" /〉
〈/td〉
〈td〉ETD:〈/td〉
〈td〉〈input type = "text" id = "ETDUpdate" name = "UETD" class = "form - control input - sm" /〉
〈/td〉
〈td〉集装箱号:〈/td〉
〈td〉〈input type = "text" id = "ContainerNoUpdate" name = "UContainerNo" class = "form - control input - sm" /〉
〈/td〉
〈/tr〉
〈tr〉
〈td〉 集装箱类型:〈/td〉
〈td〉〈input type = "text" id = "ContainerTypeUpdate" name = "UContainerType" class = "form - control input - sm" /〉
〈/td〉
〈td〉集装箱大小:〈/td〉
〈td〉〈input type = "text" id = "ContainerSizeUpdate" name = "UContainerSize" class = "form - control input - sm" /〉
〈/td〉
〈td〉起抵运国:〈/td〉
```

```
<td><input type = "text" id = "StshipTrsarvNatcdUpdate" name = "UStshipTrsarvNatcd"
class = "form - control input - sm" />
</td>
</tr>
<tr>
<td> POL:</td>
<td><input type = "text" id = "POLUpdate" name = "UPOL" class = "form - control input - sm" />
</td>
<td>POD:</td>
<td><input type = "text" id = "PODUpdate" name = "UPOD" class = "form - control input - sm" />
</td>
<td>收货方:</td>
<td><input type = "text" id = "RcvUpdate" name = "URcv" class = "form - control input - sm" />
</td>
</tr>
<tr>
<td> 包装类型:</td>
<td><input type = "text" id = "PackageTypeUpdate" name = "UPackageType" class = "form -
control input - sm" /></td>
<td>件数:</td>
<td><input type = "text" id = "PackageQtyUpdate" name = "UPackageQty" class = "form -
control input - sm" />
</td>
<td>净重:</td>
<td><input type = "text" id = "NetWtUpdate" name = "UNetWt" class = "form - control
input - sm" />
</td>
</tr>
<tr>
<td> 毛重:</td>
<td><input type = "text" id = "GrossWtUpdate" name = "UGrossWt" class = "form - control
input - sm" />
</td>
<td>是否拼箱:</td>
<td><input type = "text" id = "LCLFCLUpdate" name = "ULCLFCL" class = "form - control
input - sm" />
</td>
<td></td>
<td>
</td>
</tr>
<tr>
```

```
〈td〉 理货开始时间:〈/td〉
〈td〉〈input type = "text" id = "STallyTimeUpdate" name = "USTallyTime" class = "form - control input - sm" /〉
〈/td〉
〈td〉理货结束时间:〈/td〉
〈td〉〈input type = "text" id = "ETallyTimeUpdate" name = "UETallyTime" class = "form - control input - sm" /〉
〈/td〉
〈td〉理货员:〈/td〉
〈td〉〈input type = "text" id = "WarehouseOperUpdate" name = "UWarehouseOper" class = "form - control input - sm" /〉
〈/td〉
〈/tr〉
〈tr〉
〈td〉 备注:〈/td〉
〈td colspan = "5"〉
〈input type = "text" id = "RemarkUpdate" name = "URemark" class = "form - control input - sm" /〉〈/td〉
〈/tr〉
〈/table〉
〈/div〉
〈div title = "出库单明细"〉
〈div〉
〈div id = "search"〉
〈form name = "searchform" method = "post" action = "" id = "searchform"〉
〈div class = "container - fluid"〉
〈div class = "row"〉
〈div class = "col - sm - 4"〉
〈div class = "input - group input - group - sm"〉
〈span class = "input - group - addon" id = "sizing - addon3"〉收货方:〈/span〉
〈input type = "text" id = "rcv" size = 10 class = "form - control input - sm" aria - describedby = "sizing - addon3" readonly /〉
〈/div〉
〈/div〉
〈div class = "col - sm - 4"〉
〈div class = "input - group input - group - sm"〉
〈span class = "input - group - addon" id = "sizing - addon4"〉货物名称:〈/span〉
〈input type = "text" id = "cargoName" size = 30 class = "form - control input - sm" aria - describedby = "sizing - addon4" /〉
〈/div〉
〈/div〉
〈div class = "col - sm - 2"〉
```

```
<a id="btnSearch" class="btn btn-default" onclick="searchFunc()">搜索</a>
</div>
<div class="col-sm-2">
<a id="btnAddDetail" class="btn btn-default">添加明细</a>
</div>
</div>
</div>
</form>
</div>
<div data-options="region:'center',split:false" style="height:150px;">
<!-- 表格 -->
<table id="dgINOD"></table>
</div>
</div>
<!-- panel -->
<div data-options="region:'center',split:false" style="height:200px;">
<!-- 表格 -->
<table id="dgOUOD"></table>
</div>
</div>
<div title="Tab3">
                tab3
</div>
</div>
</div>
<div id="dlg-buttons">
<input type="submit" id="btnSave" value="保存" class="btn btn-primary" />
<input type="submit" id="btnSubmit" value="提交" class="btn btn-primary" />
<input type="submit" id="btnCancle" value="取消" class="btn btn-info" />
</div>
<script type="text/javascript">
    $(function () {
        initable();
        reloaded();
        updOUOInfo();
        showOUODialog();
        deleteOUO();
        init();
        $('#box').tabs({
            width: 780,        //选项卡容器宽度
            height: 465,       //选项卡容器高度
            onSelect: function (title, index) {
```

```
            var rcv =  $("#RcvUpdate").val();
            if (title == "出库单明细") {
                ShowINODDetail();
                $("#rcv").val(rcv);
            }
        }
    });
});
</script>
</body>
</html>
```

10.4.2 出库单管理前端功能

在 Visual Studio 2017 的“解决方案资源管理器”中选中“JST. TPLMS. Web”项目，在“wwwroot\js\business”目录中添加一个新的脚本文件 ouomgr. js，用于实现出库单管理前端页面的功能，代码如下：

```
//------------------系统管理-->出库单管理--------------------//
//刷新数据
function initable() {
    $("#dgOUO").datagrid({
        url: "/OutStockMgr/List",
        title: "出库单管理",
        pagination: true,
        pageSize: 10,
        pageList: [10, 20, 30],
        fit: true,
        fitColumns: false,
        loadMsg: "正在加载出库单信息...",
        nowarp: false,
        border: false,
        idField: "Id",
        sortName: "Id",
        sortOrder: "asc",
        frozenColumns: [[//冻结列
            { field: "ck", checkbox: true, align: "left", width: 50 }
        ]],
        columns: [[
            { title: "编号", field: "Id", width: 50, sortable: true },
            { title: "出库单号", field: "OutStockNo", width: 100, sortable: true },
            { title: "状态", field: "Status", width: 50 },
```

```
                { title: "发货人", field: "ConsignerName", width: 150, sortable: true },
                { title: "收货人", field: "ConsigneeName", width: 150, sortable: false },
                { field: 'Rcv', title: '收货地', width: 60, align: 'center' },
                { field: 'Vessel', title: '船名', width: 100, align: 'center' },
                { field: 'Voyage', title: '航次', width: 100, align: 'center' },
                { field: 'POL', title: 'POL', width: 100, align: 'center' },
                { field: 'POD', title: 'POD', width: 100, align: 'center' },
                { field: 'ETA', title: 'ETA', width: 100, align: 'center' },
                { field: 'ETD', title: 'ETD', width: 100, align: 'center' },
                { field: 'ShipDate', title: '出库时间', width: 100, align: 'center' },
                { field: 'CloseingDate', title: '截柜日期', width: 100, align: 'center' },
                { field: 'CreateTime', title: '创建时间', width: 100, align: 'center' },
                { title: "操作", field: "Id", width: 70, formatter: function (value, row,
index) {
                    var str = '';
                    //自定义处理
                    str += "<a>" + row.Id + "</a>";
                    return str;
                }
                }
            ]]
        });
    }
    function reloaded() {   //reload
        $("#reload").click(function () {
            $('#dgOUO').datagrid('reload');
        });
    }
    //修改单击按钮事件
    function updOUOInfo()
    {
        $("#edit").click(function () {
            //判断选中行
            var row = $("#dgOUO").datagrid('getSelected');
            if (row) {
                $.messager.confirm('编辑', '您想要编辑吗?', function (r) {
                    if (r) {
                        //先绑定
                        showOUO(row);
                        //打开对话框编辑
                        $("#divAddUpdOUO").dialog({
                            closed: false,
```

```
                        title: "修改出库单",
                        modal: true,
                        width: 820,
                        height: 550,
                        collapsible: true,
                        minimizable: true,
                        maximizable: true,
                        resizable: true,
                    });
                    ShowDetail(row.OutStockNo);
                }
            });
            SetEnabled(row.Status);
        } else {
            $.messager.alert('提示','请选择要编辑的行!','warning');
        }
    });
}
//删除出库单
function deleteOUO() {
    $("#del").click(function () {
        var rows = $("#dgOUO").datagrid("getSelections");
        if (rows.length > 0) {
            $.messager.confirm("提示","确定要删除吗?", function (res) {
                if (res) {
                    var codes = [];
                    for (var i = 0; i < rows.length; i++) {
                        codes.push(rows[i].Id);
                    }
                    $.post("/OutStockMgr/Delete", { "ids": codes.join(',') }, function
(data) {
                        if (data == "OK") {
                            $.messager.alert("提示","删除成功!");
                            $("#dgOUO").datagrid("clearChecked");
                            $("#dgOUO").datagrid("clearSelections");
                            $("#dgOUO").datagrid("load", {});
                        }
                        else if (data == "NO") {
                            $.messager.alert("提示","删除失败!");
                            return;
                        }
                    });
```

```
                }
            });
        }
    })
}
//清空文本框
function clearAll() {
    $("#IDUpdate").val("");
    $("#UpdNO").val("");
    $("#ShipDateUpdate").val(getNowFormatDate());
    $("#RcvUpdate").val("");
    $("#StatusUpdate").val("");
    $("#RemarkUpdate").val("");
    $("#rcv").val("");
    $("#cargoName").val("");
}
function GetNo() {
    $.get("/OutStockMgr/GetNo", function (data) {
        var obj = JSON.parse(data);
        $("#UpdNO").val(obj.No);
        $("#IDUpdate").val(obj.Id);
        initable();
    });
}
//获取当前时间,格式为 YYYY-MM-DD
function getNowFormatDate() {
    var date = new Date();
    var seperator1 = "-";
    var year = date.getFullYear();
    var month = date.getMonth() + 1;
    var strDate = date.getDate();
    if (month >= 1 && month <= 9) {
        month = "0" + month;
    }
    if (strDate >= 0 && strDate <= 9) {
        strDate = "0" + strDate;
    }
    var currentdate = year + seperator1 + month + seperator1 + strDate;
    return currentdate;
}
//将表单数据转为 json 字符串
function form2Json(id) {
```

```
        var arr = $("#" + id).serializeArray();
        var jsonStr = "";
        jsonStr += '{';
        for (var i = 0; i < arr.length; i++) {
            jsonStr += '"' + arr[i].name + '":"' + arr[i].value + '",';
        };
        jsonStr = jsonStr.substring(0, (jsonStr.length - 1));
        jsonStr += '}';
        var json = JSON.parse(jsonStr);
        return json;
    }
    function searchFunc() {
        var jsonStr = '{"cargoName":"' + $("#cargoName").val() + '"}';
        var queryParams = JSON.parse(jsonStr);
        $("#dgINOD").datagrid({ queryParams: queryParams });
    } //扩展方法
    //单击清空按钮触发事件
    function clearSearch() {
        $("#dgINOD").datagrid("load", {}); //重新加载数据,若无填写数据,则向后台传递
//的值为空
        $("#searchForm").find("input").val(""); //找到 form 表单下的所有 input 标签并
//清空
    }
    function SetEnabled(status) {
        if (status == "提交") {
            $("#btnSave").prop('disabled', true);
        }
        else {
            $("#btnSave").removeAttr("disabled");
        }
    }
    //弹出添加订单的对话框
    function showOUODialog() {
        $("#add").click(function () {
            clearAll();
            $("#divAddUpdOUO").dialog({
                closed: false,
                title: "添加出库单",
                modal: true,
                width: 820,
                height: 550,
                collapsible: true,
```

```
            minimizable: true,
            maximizable: true,
            resizable: true
        });
        GetNo();
        ShowDetail("");
    });
    $("#btnSave").click(function () {
        //保存
        var id = $("#IDUpdate").val();
        if (id == "" || id == undefined) {
            //验证
            $.messager.confirm('确认','您确认要保存吗？', function (r) {
                if (r) {
                    var obj_No = $("#UpdNO").val();
                    var obj_Rcv = $("#RcvUpdate").val();
                    var obj_ContNo = $("#ContainerNoUpdate").val();

                    if (obj_No == "" || obj_Rcv == "" || obj_ContNo == "") {
                        $.messager.alert('提示',' 请填写相关必填项！','warning');
                        return;
                    }
                    var postData = GetOUO();
                    $.post("/OutStockMgr/Add", postData, function (data) {
                        if (data == "OK") {
                            $.messager.alert("提示","保存成功!");
                            initable();
                        }
                        else if (data == "NO") {
                            $.messager.alert("提示","保存失败!");
                            return;
                        }
                    });
                }
            })
        }
        else {
            saveDetail();
            initable();
        }
    });
    $("#btnAddDetail").click(function () {
```

```
        //保存
        var no = $("#UpdNO").val();
        if (no == "" || no == undefined) {
            $.messager.alert("提示", "没有生成出库单号!");
            return;
        }
        var rows = $('#dgINOD').datagrid('getSelections');
        if (rows.length > 0) {
            //验证
            $.messager.confirm('确认', '您确认要添加所选择货物吗? ', function (r) {
                if (r) {
                    var ids = [];
                    for (var i = 0; i < rows.length; i++) {
                        ids.push(rows[i].Id);
                    }
                    var postData = {
                        "Ids": ids.join(','),
                        "No": no
                    };
                    $.post("/OutStockMgr/AddDetail", postData, function (data) {
                        if (data == "OK") {
                            $.messager.alert("提示", "出库单明细添加成功!");
                            $("#dgINOD").datagrid("clearChecked");
                            $("#dgINOD").datagrid("clearSelections");
                            ShowDetail(no);
                            ShowINODDetail();
                        }
                        else if (data == "NO") {
                            $.messager.alert("提示", "出库单明细添加失败!");
                            return;
                        }
                    });
                }
            })
        }
    });
}
//添加明细
function ShowDetail(no) {
    var lastIndex;
    $("#dgOUOD").datagrid({
        url: "/OutStockMgr/GetDetail? no = " + no,
```

```
title: "出库单明细",
pagination: false,
fit: true,
fitColumns: false,
loadMsg: "正在加载出库单明细信息...",
nowarp: false,
border: false,
idField: "Id",
sortName: "Id",
sortOrder: "asc",
singleSelect: true,
iconCls: 'icon - edit',
columns: [[
    { title: "编号", field: "SeqNo", width: 50, sortable: true },
    { title: "出库单号", field: "OutStockNo", width: 100, sortable: true },
    { title: "HSCode", field: "HSCode", width: 80, sortable: false },
    { title: "货物代码", field: "CargoCode", width: 100, sortable: true },
    { title: "货物名称", field: "CargoName", width: 160, sortable: false },
    { title: "规格型号", field: "Spcf", width: 80, sortable: false },
    { title: "数量", field: "Qty", width: 100, align: 'center', editor: {
            type: 'numberbox', options: {
                required: true, min: 0, precision: 4
            }
        }
    },
    { title: "长", field: "Length", width: 70, align: 'center', editor: {
            type: 'numberbox', options: {
                required: true, min: 0, precision: 2
            }
        }
    },
    { title: "宽", field: "Width", width: 70, align: 'center', editor: {
            type: 'numberbox', options: {
                required: true, min: 0, precision: 2
            }
        }
    },
    { title: "高", field: "Height", width: 70, align: 'center', editor: {
            type: 'numberbox', options: {
                required: true, min: 0, precision: 2
            }
        }
```

```
                },
                { title: "产销国", field: "Country", width: 70, align: 'center' },
                { title: "单价", field: "Price", width: 100, align: 'center', editor: {
                        type: 'numberbox', options: {
                            required: true, min: 0, precision: 2
                        }
                    }
                },
                { title: "总价", field: "TotalAmt", width: 100, align: 'center', editor: {
                        type: 'numberbox', options: {
                            required: true, min: 0, precision: 2
                        }
                    }
                },
                { title: "包装", field: "Package", width: 70, align: 'center' },
                { title: "计量单位", field: "Unit", width: 70, align: 'center' },
                { title: "总体积", field: "Vol", width: 70, align: 'center', editor: {
                        type: 'numberbox', options: {
                            required: true, min: 0, precision: 4
                        }
                    }
                },
                { title: "品牌", field: "Brand", width: 70, align: 'center' }
            ]],
            onClickRow: function (index, rowData) {
                if (lastIndex != index) {
                    $('#dgOUOD').datagrid('endEdit', lastIndex);
                    editrow(index);
                }
                lastIndex = index;
            },
            onBeginEdit: function (rowIndex, rowData) {
                setEditing(rowIndex);
            }
        });
}
//计算报价小计
function setEditing(rowIndex) {
    var editors = $('#dgOUOD').datagrid('getEditors', rowIndex);
    var priceEditor = editors[4];
    var qtyEditor = editors[0];
    var lengthEditor = editors[1];
```

```
        var widthEditor = editors[2];
        var heightEditor = editors[3];
        var totalVolEditor = editors[6];
        var totalAmtEditor = editors[5];
        priceEditor.target.numberbox({
            onChange: function () { calculate();}
        });
        qtyEditor.target.numberbox({
            onChange: function () {
                calculate();
                calculateVol();
            }
        });
        lengthEditor.target.numberbox({
            onChange: function () { calculateVol(); }
        });
        widthEditor.target.numberbox({
            onChange: function () { calculateVol(); }
        });
        heightEditor.target.numberbox({
            onChange: function () { calculateVol(); }
        });
        function calculate() {
            var cost = (priceEditor.target.val()) * (qtyEditor.target.val());
            console.log(cost);
            totalAmtEditor.target.numberbox("setValue", cost);
        }
        function calculateVol() {
            var vol = (lengthEditor.target.val() / 100.0) * (widthEditor.target.val() / 
100.0) * (heightEditor.target.val() / 100.0) * (qtyEditor.target.val());
            console.log(vol);
            totalVolEditor.target.numberbox("setValue", vol);
        }
    }
    function editrow(index) {
        $('#dgOUOD').datagrid('selectRow', index)
                .datagrid('beginEdit', index);
    }
    function endEdit() {
        var rows = $('#dgOUOD').datagrid('getRows');
        for (var i = 0; i < rows.length; i++) {
            $('#dgOUOD').datagrid('endEdit', i);
```

```
        }
    }
    function saveDetail() {
        endEdit();
        $.messager.confirm('确认','您确认要修改吗?', function (r) {
            var effectRow = new Object();
            var postData = GetOUO();
            if (postData.id) {
                effectRow["postdata"] = JSON.stringify(postData);
            }
            if ($('#dgOUOD').datagrid('getChanges').length) {
                var inserted = $('#dgOUOD').datagrid('getChanges', "inserted");
                var deleted = $('#dgOUOD').datagrid('getChanges', "deleted");
                var updated = $('#dgOUOD').datagrid('getChanges', "updated");
                if (inserted.length) {
                    effectRow["inserted"] = JSON.stringify(inserted);
                }
                if (deleted.length) {
                    effectRow["deleted"] = JSON.stringify(deleted);
                }
                if (updated.length) {
                    effectRow["updated"] = JSON.stringify(updated);
                }
            }
            $.post("/OutStockMgr/Update", effectRow, function (data) {
                if (data.success) {
                    $.messager.alert("提示", "保存成功!");
                    $('#dgOUOD').datagrid('acceptChanges');
                }
                else {
                    $.messager.alert("提示", data.msg);
                    return;
                }
            }, "JSON");
        })
    }
    function init() {
        $("#btnCancle").click(function () {
            $("#divAddUpdOUO").dialog("close");
            $('#dgOUO').datagrid('reload');
        });
        $("#btnSubmit").click(function () {
```

```
            //保存
            var id =  $("#IDUpdate").val();
            if (id == "" || id == undefined) {
                $.messager.alert("提示", "出库单没有保存,请先保存!");
                return;
            }
            //验证
            $.messager.confirm('确认', '您确认要提交出库单吗? ', function (r) {
                if (r) {
                    var postData = {
                        "Id": id
                    };
                    $.post("/OutStockMgr/Submit", postData, function (data) {
                        if (data == "OK") {
                            $.messager.alert("提示", "出库单已经提交成功!");
                            $("#dgINOD").datagrid("clearChecked");
                            $("#dgINOD").datagrid("clearSelections");
                            $("#StatusUpdate").val("提交");
                            SetEnabled("提交");
                        }
                        else if (data == "NO") {
                            $.messager.alert("提示", "出库单提交失败!");
                            return;
                        }
                    });
                }
            })
        });
    }
    function ShowINODDetail() {
        $("#dgINOD").datagrid({
            url: "/InStockMgr/GetDetails? rcv=" + $("#RcvUpdate").val() + "&cargoName=" +
$("#cargoName").val(),
            title: "入库单明细",
            pagination: false,
            fit: true,
            fitColumns: false,
            loadMsg: "正在加载入库单明细信息...",
            nowarp: false,
            border: false,
            idField: "Id",
            sortName: "Id",
```

```
        sortOrder: "asc",
        frozenColumns: [[//冻结列
            { field: "ck", checkbox: true, align: "left", width: 50 }
        ]],
        columns: [[
            { title: "编号", field: "Id", width: 40, sortable: true },
            { title: "供应商", field: "SupplierId", width: 80},
            { title: "入库单号", field: "InStockNO", width: 100, sortable: true },
            { title: "货物代码", field: "CargoCode", width: 80, sortable: true },
            { title: "货物名称", field: "CargoName", width: 160 },
            { title: "数量", field: "Qty", width: 100, align: 'center'},
            { title: "计量单位", field: "Unit", width: 80 },
            { title: "库位", field: "Loc", width: 100, align: 'center' }
        ]]
    });
}
function GetOUO() {
    var postData = {
        "id": $("#IDUpdate").val(),
        "OutStockNo": $("#UpdNO").val(),
        "BLNo": $("#BLNoUpdate").val(),
        "ShipDate": $("#ShipDateDateUpdate").val(),
        "Vessel": $("#VesselUpdate").val(),
        "Voyage": $("#VoyageNameUpdate").val(),
        "CloseingDate": $("#CloseingDateUpdate").val(),
        "ConsigneeNo": $("#ConsigneeNoUpdate").val(),
        "ConsigneeName": $("#ConsigneeNameUpdate").val(),
        "ConsigneeSccd": $("#ConsigneeSccdUpdate").val(),
        "ShipperNo": $("#ShipperNoUpdate").val(),
        "ShipperName": $("#ShipperNameUpdate").val(),
        "ShipperSccd": $("#ShipperSccdUpdate").val(),
        "AgentNo": $("#AgentNoUpdate").val(),
        "AgentName": $("#AgentNameUpdate").val(),
        "AgentSccd": $("#AgentSccdUpdate").val(),
        "ETA": $("#ETAUpdate").val(),
        "Remark": $("#RemarkUpdate").val(),
        "ETD": $("#ETDUpdate").val(),
        "Rcv": $("#RcvUpdate").val(),
        "Status": $("#StatusUpdate").val(),
        "LCLFCL": $("#LCLFCLUpdate").val(),
        "ContainerNo": $("#ContainerNoUpdate").val(),
        "WarehouseOper": $("#WarehouseOperUpdate").val(),
```

```
            "STallyTime": $("#STallyTimeUpdate").val(),
            "ETallyTime": $("#ETallyTimeUpdate").val(),
            "POL": $("#POLUpdate").val(),
            "POD": $("#PODUpdate").val(),
            "ContainerSize": $("#ContainerSizeUpdate").val(),
            "ContainerType": $("#ContainerTypeUpdate").val(),
            "SONo": $("#SONoUpdate").val(),
            "PackageType": $("#PackageTypeUpdate").val(),
            "PackageQty": $("#PackageQtyUpdate").val(),
            "GrossWt": $("#GrossWtUpdate").val(),
            "NetWt": $("#NetWtUpdate").val(),
            "Oper": $("#ContainerNoUpdate").val()
        };
        return postData;
    }
    function showOUO(row) {
        $("#IDUpdate").val(row.Id);
        $("#UpdNO").val(row.OutStockNo);
        $("#ShipDateUpdate").val(row.ShipDate);
        $("#BLNoUpdate").val(row.BLNo);
        $("#VesselUpdate").val(row.Vessel);
        $("#VoyageUpdate").val(row.Voyage);
        $("#ConsigneeNoUpdate").val(row.ConsigneeNo);
        $("#ConsigneeNameUpdate").val(row.ConsigneeName);
        $("#ConsigneeSccdUpdate").val(row.ConsigneeSccd);
        $("#ShipperNoUpdate").val(row.ShipperNo);
        $("#ShipperNameUpdate").val(row.ShipperName);
        $("#ShipperSccdUpdate").val(row.ShipperSccd);
        $("#AgentNoUpdate").val(row.AgentNo);
        $("#AgentNameUpdate").val(row.AgentName);
        $("#AgentSccdUpdate").val(row.AgentSccd);
        $("#ContainerNoUpdate").val(row.ContainerNo);
        $("#RemarkUpdate").val(row.Remark);
        $("#RcvUpdate").val(row.Rcv);
        $("#StatusUpdate").val(row.Status);
        $("#LCLFCLUpdate").val(row.LCLFCL);
        $("#ETAUpdate").val(row.ETA);
        $("#ETDUpdate").val(row.ETD);
        $("#WarehouseOperUpdate").val(row.WarehouseOper);
        $("#STallyTimeUpdate").val(row.STallyTime);
        $("#ETallyTimeUpdate").val(row.ETallyTime);
        $("#POLUpdate").val(row.POL);
```

```
        $("#PODUpdate").val(row.POD);
        $("#ContainerSizeUpdate").val(row.ContainerSize);
        $("#ContainerTypeUpdate").val(row.ContainerType);
        $("#SONoUpdate").val(row.SONo);
        $("#PackageTypeUpdate").val(row.PackageType);
        $("#PackageQtyUpdate").val(row.PackageQty);
        $("#GrossWtUpdate").val(row.GrossWt);
        $("#NetWtUpdate").val(row.NetWt);
}
//-----------------系统管理--〉出库单管理结束--------------------//
```

10.4.3 实体类

在 Visual Studio 2017 的"解决方案资源管理器"中选中"JST.TPLMS.Entitys"项目，添加两个用于与前端页面进行交互的实体类 OutStockOrder 和 OutStockOrderDetail，代码如下：

```
using System;
using System.Collections.Generic;
using System.ComponentModel.DataAnnotations.Schema;
using System.Text;

namespace JST.TPLMS.Entitys
{
    public class OutStockOrder
    {
        public OutStockOrder()
        {
            this.Id = 0;
            this.AgentName = string.Empty;
            this.AgentNo = string.Empty;
            this.AgentSccd = string.Empty;
            this.ConsigneeName = string.Empty;
            this.ConsigneeNo = string.Empty;
            this.ConsigneeSccd = string.Empty;
            this.BLNo = string.Empty;
            this.Carrier = string.Empty;
            this.CloseingDate = string.Empty;
            this.ContainerSize = string.Empty;
            this.ContainerNo = string.Empty;
            this.ContainerType = string.Empty;
            this.ShipDate = DateTime.Now;
```

```
        this.ETA = string.Empty;
        this.FCLLCL = string.Empty;
        this.ETallyTime = string.Empty;
        this.Rcv = string.Empty;
        this.Remark = string.Empty;
        this.ShipperName = string.Empty;
        this.ShipperNo = string.Empty;
        this.ShipperSccd = string.Empty;
        this.Status = string.Empty;
        this.GrossWt = 0;
        this.ETD = string.Empty;
        this.NetWt = 0;
        this.Oper = string.Empty;
        this.OutStockNo = string.Empty;
        this.PackageQty = 0;
        this.PackageType = string.Empty;
        this.POD = string.Empty;
        this.POL = string.Empty;
        this.SONo = string.Empty;
        this.STallyTime = string.Empty;
        this.StshipTrsarvNatcd = string.Empty;
        this.Vessel = string.Empty;
        this.Voyage = string.Empty;
        this.WarehouseOper = string.Empty;
        this.CreateTime = DateTime.Now;
    }
    [DatabaseGeneratedAttribute(DatabaseGeneratedOption.Identity)]
    public int Id { get; set; }
    public string OutStockNo { get; set; }
    public string ShipperSccd { get; set; }
    public string ShipperNo { get; set; }
    public string ShipperName { get; set; }
    public string ConsigneeSccd { get; set; }
    public string ConsigneeNo { get; set; }
    public string ConsigneeName { get; set; }
    public string Carrier { get; set; }
    public string BLNo { get; set; }
    public string SONo { get; set; }
    public string AgentSccd { get; set; }
    public string AgentNo { get; set; }
    public string AgentName { get; set; }
    public string Vessel { get; set; }
```

```
        public DateTime ShipDate { get; set; }
        public string Voyage { get; set; }
        public string CloseingDate { get; set; }
        public string ETA { get; set; }
        public string ETD { get; set; }
        public string Rcv { get; set; }
        public string Status { get; set; }
        public string FCLLCL { get; set; }
        public string Remark { get; set; }
        public string ContainerNo { get; set; }
        public string ContainerType { get; set; }
        public string ContainerSize { get; set; }
        public string STallyTime { get; set; }
        public string ETallyTime { get; set; }
        public string WarehouseOper { get; set; }
        public string POL { get; set; }
        public string POD { get; set; }
        public string Oper { get; set; }
        public string StshipTrsarvNatcd { get; set; }
        public string PackageType { get; set; }
        public decimal PackageQty { get; set; }
        public decimal GrossWt { get; set; }
        public decimal NetWt { get; set; }
        public DateTime CreateTime { get; set; }
        [NotMapped]
        public List<OutStockOrderDetail> OutStockOrderDetail { get; set; }
    }
}

using System;
using System.Collections.Generic;
using System.ComponentModel.DataAnnotations;
using System.ComponentModel.DataAnnotations.Schema;
using System.Text;

namespace JST.TPLMS.Entitys
{
    public class OutStockOrderDetail
    {
        public OutStockOrderDetail()
        {
            this.Id = 0;
```

```
        this.Qty = 0;
        this.CargoCode = string.Empty;
        this.CargoName = string.Empty;
        this.Brand = string.Empty;
        this.Country = string.Empty;
        this.CreateTime = DateTime.Now;
        this.Curr = string.Empty;
        this.GrossWt = 0;
        this.Height = 0;
        this.HSCode = string.Empty;
        this.Length = 0;
        this.SecdLawfQty = 0;
        this.LawfQty = 0;
        this.NetWt = 0;
        this.Package = string.Empty;
        this.Price = 0;
        this.Spcf = string.Empty;
        this.Unit = string.Empty;
        this.OutStockNo = string.Empty;
        this.Vol = 0;
        this.Width = 0;
        this.SeqNo = 0;
        this.Loc = string.Empty;
        this.Batch = string.Empty;
        this.InStockOrderDetailLocId = 0;
    }
    [DatabaseGeneratedAttribute(DatabaseGeneratedOption.Identity)]
    public int Id { get; set; }
    public string CargoCode { get; set; }
    [MaxLength(10)]
    public string HSCode { get; set; }
    public string CargoName { get; set; }
    public string Spcf { get; set; }
    public string Unit { get; set; }
    public string Country { get; set; }
    public string Brand { get; set; }
    public string Curr { get; set; }
    public string Package { get; set; }
    public decimal Length { get; set; }
    public decimal Width { get; set; }
    public decimal Height { get; set; }
    public decimal Vol { get; set; }
```

```
            public decimal Price { get; set; }
            public decimal TotalAmt { get; set; }
            public decimal GrossWt { get; set; }
            public decimal NetWt { get; set; }
            [NotMapped]
            public DateTime CreateTime { get; set; }
            public string OutStockNo { get; set; }
            public int SeqNo { get; set; }
            public decimal Qty { get; set; }
            public decimal LawfQty { get; set; }
            public decimal SecdLawfQty { get; set; }
            public int SupplierId { get; set; }
            public string Loc { get; set; }
            public string Batch { get; set; }
            public int InStockOrderDetailLocId { get;set;}
        }
    }
```

10.4.4 OutStockOrderRepository 类

在 Visual Studio 2017 的“解决方案资源管理器”中选中“JST. TPLMS. Repository”项目，添加一个新的类 OutStockOrderRepository，主要用于实现出库单表头的操作，代码如下：

```
    using JST.TPLMS.Contract;
    using JST.TPLMS.DataBase;
    using JST.TPLMS.Entitys;
    using System;
    using System.Collections.Generic;
    using System.Globalization;
    using System.Linq;
    using System.Text;
    using System.Transactions;

    namespace JST.TPLMS.Repository
    {
        public class OutStockOrderRepository: BaseRepository<OutStockOrder>, IOutStock-
OrderRepository
        {
            public OutStockOrderRepository(TPLMSDbContext m_Context):base(m_Context)
            {
            }
```

```
            public bool Delete(string ids)
            {
                var idList = ids.Split(',');
                bool result = true;
                var dos = Context.OutStockOrder.Where(m => idList.Contains(m.Id.To-
String())); //查询出主表数据
                foreach (var DO in dos)
                {
                    var dods = Context.OutStockOrderDetail.Where(m => m.OutStockNo ==
DO.OutStockNo);
                    //foreach 内部不允许修改状态
                    foreach (var dod in dods)
                    {
                        Context.OutStockOrderDetail.Remove(dod);//标记从表的数据为
//Deleted 状态
                    }
                    Context.OutStockOrder.Remove(DO);//标记主表的状态为 Deleted
                }
                Context.SaveChanges();
                return result;
            }
            public IEnumerable<OutStockOrder> LoadOutStockOrders ( int pageindex, int
pagesize)
            {
                return Context.OutStockOrder.OrderBy(u => u.Id).Skip((pageindex - 1) *
pagesize).Take(pagesize);
            }
            public IEnumerable<OutStockOrder> GetOutStockOrders(DateTime sdate, DateTime
edate, string no, string rcv, string status)
            {
                var DOs = from m in Context.OutStockOrder select m;
                DOs = DOs.Where(m => m.CreateTime > sdate && m.CreateTime < edate );
                if (!String.IsNullOrEmpty(status))
                {
                    DOs = DOs.Where(s => s.Status.Contains(status));
                }
                if (!String.IsNullOrEmpty(rcv))
                {
                    DOs = DOs.Where(x => x.Rcv == rcv);
                }
                return DOs;
            }
```

```
        }
    }
```

10.4.5 OutStockOrderDetailRepository 类

在 Visual Studio 2017 的"解决方案资源管理器"中选中"JST. TPLMS. Repository"项目，添加一个新的类 OutStockOrderDetailRepository，主要用于实现出库单表体的操作，代码如下：

```
using JST.TPLMS.Contract;
using JST.TPLMS.DataBase;
using JST.TPLMS.Entitys;
using System;
using System.Collections.Generic;
using System.Globalization;
using System.Linq;
using System.Text;
using System.Transactions;

namespace JST.TPLMS.Repository
{
    public class OutStockOrderDetailRepository:BaseRepository<OutStockOrderDetail>, IOut-
StockOrderDetailRepository
    {
        public OutStockOrderDetailRepository(TPLMSDbContext m_Context): base(m_
Context)
        {
        }
        public bool Delete(string No)
        {
            var moduleList = Context.OutStockOrder.Where(m => m.OutStockNo == No);
            bool result = true;
            Delete(moduleList.ToArray());
            return result;
        }
        public IEnumerable<OutStockOrderDetail> LoadOutStockOrderDetails(int pageindex,
int pagesize)
        {
            return Context.OutStockOrderDetail.OrderBy(u => u.Id).Skip((pageindex - 1) *
pagesize).Take(pagesize);
        }
        public int MaxSeqNo(string no)
```

```
            {
                var dod= Context.OutStockOrderDetail.Where(m => m.OutStockNo == no).
OrderByDescending(u => u.SeqNo).FirstOrDefault();
                if (dod==null)
                {
                    return 0;
                }
                return dod.SeqNo;
            }
            public IEnumerable<OutStockOrderDetail> GetOutStockOrderDetails(string no)
            {
                var moduleList = Context.OutStockOrderDetail.Where(m =>m.OutStockNo == no);
                return moduleList;
            }
        }
    }
```

10.4.6 服务类 OutStockOrderService

在 Visual Studio 2017 的“解决方案资源管理器”中选中“JST. TPLMS. Service”项目,添加一个新的类 OutStockOrderService,主要用于实现出库单表头的操作,包括出库单管理中的“添加”“删除”“修改”“提交”“刷新”操作,代码如下:

```
using JST.TPLMS.Contract;
using JST.TPLMS.Core;
using JST.TPLMS.Entitys;
using JST.TPLMS.Util.Helpers;
using System;
using System.Collections.Generic;
using System.Data.SqlClient;
using System.Linq.Expressions;
using System.Text;

namespace JST.TPLMS.Service
{
    public class OutStockOrderService
    {
        private IOutStockOrderRepository _ouoMgr;
        private OutStockOrder _ouo;
        private List<OutStockOrder> _ouos;    //出库单列表
        private IOutStockOrderDetailRepository _ouodMgr;
        private IInStockOrderDetailRepository _inodMgr;
```

```
            public OutStockOrderService(IOutStockOrderRepository doMgr, IOutStockOrder-
DetailRepository dodMgr, IInStockOrderDetailRepository podMgr)
            {
                _ouoMgr = doMgr;
                _ouodMgr = dodMgr;
                _inodMgr = podMgr;
            }
            public dynamic LoadOuos(int pageindex, int pagesize,string status)
            {
                Expression<Func<OutStockOrder, bool>> exp = u => u.Id > 0;
                if (!string.IsNullOrEmpty(status))
                {
                    exp = u => u.Status == status;
                }
                //出库单列表
                var dos = _ouoMgr.Find(pageindex, pagesize, exp);
                int total = _ouoMgr.GetCount(exp);
                List<OutStockOrder> list = new List<OutStockOrder>();
                foreach (var item in dos)
                {
                    list.Add(item);
                }
                return new
                {
                    total = total,
                    rows = list
                };
            }
            public string Save(OutStockOrder dorder)
            {
                try
                {
                    OutStockOrder order = new OutStockOrder();
                    dorder = ReflectionHelper.Copy<OutStockOrder, OutStockOrder>
(dorder, order);
                    foreach (var item in dorder.OutStockOrderDetail)
                    {
                        _ouodMgr.Update(item);
                    }
                    dorder.OutStockOrderDetail = null;
                    dorder.Status = EnumStatus.暂存.ToString();
                    //出库单
```

```
                    _ouoMgr.Update(dorder);
                    SqlParameter[] param = {
                        new System.Data.SqlClient.SqlParameter("@no", System.Data.
SqlDbType.VarChar,50)
                    };
                    param[0].Value = order.OutStockNo;
                    _inodMgr.ExecProcedure("SP_UpdInStockOutQty", param);
                }
                catch (Exception ex)
                {
                    throw ex;
                }
                return "OK";
            }
            public string Submit(string Id)
            {
                try
                {
                    int DoId = NumberHelper.ToInt(Id);
                    Expression<Func<OutStockOrder, bool>> exp = u => u.Id == DoId;
                    var dorder = _ouoMgr.FindSingle(exp);
                    dorder.OutStockOrderDetail = null;
                    dorder.Status = EnumStatus.提交.ToString();
                    //修改出库单
                    _ouoMgr.Update(dorder);
                }
                catch (Exception ex)
                {
                    throw ex;
                }
                return "OK";
            }
            public string Add(OutStockOrder po)
            {
                try
                {
                    OutStockOrder order = new OutStockOrder();
                    po = ReflectionHelper.Copy<OutStockOrder, OutStockOrder>(po, order);
                    //添加出库单
                    _ouoMgr.Add(po);
                }
                catch (Exception ex)
```

```
        {
            throw ex;
        }
        return "OK";
    }
    public string Add(string no)
    {
        OutStockOrder order = new OutStockOrder();
        order.OutStockNo = no;
        order.Status = EnumStatus.新建.ToString();
        Add(order);
        int id = GetId(no);
        return id.ToString();
    }
    public string Delete(string ids)
    {
        try
        {
            //删除出库单
            _ouoMgr.Delete(ids);
        }
        catch (Exception ex)
        {
            throw ex;
        }
        return "OK";
    }
    public string GetNo(string name)
    {
        string no = string.Empty;
        try
        {
            //获取出库单号
            no = _ouoMgr.GetNo(name);
        }
        catch (Exception ex)
        {
            throw ex;
        }
        return no;
    }
    public int GetId(string no)
```

```
        {
            Expression<Func<OutStockOrder, bool>> exp = u => u.OutStockNo == no;
            var po = _ouoMgr.FindSingle(exp);
            if (po == null)
            {
                return 0;
            }
            return po.Id;
        }
    }
}
```

10.4.7 服务类 OutStockOrderDetailService

在 Visual Studio 2017 的"解决方案资源管理器"中选中"JST. TPLMS. Service"项目,添加一个新的类 OutStockOrderDetailService 来实现对出库单表体的操作,代码如下:

```
using JST.TPLMS.Contract;
using JST.TPLMS.Entitys;
using JST.TPLMS.Util.Helpers;
using System;
using System.Collections.Generic;
using System.Data;
using System.Linq.Expressions;
using System.Text;

namespace JST.TPLMS.Service
{
    public class OutStockOrderDetailService
    {
        private IOutStockOrderDetailRepository _ouodMgr;
        private OutStockOrderDetail _ouod;
        private List<OutStockOrderDetail> _ouods;    //出库单明细列表
        private IInStockOrderDetailRepository _inodMgr;
        private IInStockOrderDetailLocRepository _inodLocMgr;
        public OutStockOrderDetailService(IOutStockOrderDetailRepository dodMgr, IInStock-
OrderDetailRepository inodMgr, IInStockOrderDetailLocRepository inodLocMgr)
        {
            _ouodMgr = dodMgr;
            _inodMgr = inodMgr;
            _inodLocMgr = inodLocMgr;
```

```
}
public dynamic LoadOuods(int pageindex, int pagesize)
{
    //查询出库单明细
    Expression<Func<OutStockOrderDetail, bool>> exp = u => u.Id > 0;
    var dods = _ouodMgr.Find(pageindex, pagesize, exp);
    int total = _ouodMgr.GetCount(exp);
    List<OutStockOrderDetail> list = new List<OutStockOrderDetail>();
    foreach (var item in dods)
    {
        list.Add(item);
    }
    return new
    {
        total = total,
        rows = list
    };
}
public dynamic LoadOuods(string no)
{
    List<OutStockOrderDetail> list = new List<OutStockOrderDetail>();
    if (string.IsNullOrEmpty(no))
    {
        return new
        {
            total = list.Count,
            rows = list
        };
    }
    //出库单明细表
    Expression<Func<OutStockOrderDetail, bool>> exp = u => u.OutStockNo == no;
    var dods = _ouodMgr.Find(exp);
    foreach (var item in dods)
    {
        list.Add(item);
    }
    return new
    {
        total = list.Count,
        rows = list
    };
}
```

```
public string Save(OutStockOrderDetail u)
{
    try
    {
        //更新出库单明细
        _ouodMgr.Update(u);
    }
    catch (Exception ex)
    {
        throw ex;
    }
    return "OK";
}
public string Save(string podId,string no)
{
    try
    {
        int cnt = _ouodMgr.MaxSeqNo(no);
        var idList = podId.Split(',');
        foreach (var id in idList)
        {
            int pdId = NumberHelper.ToInt(id);
            Expression<Func<InStockOrderDetailLoc, bool>> expLoc = u =>
u.Id == pdId ;
            var inLoc = _inodLocMgr.FindSingle(expLoc);
            if (inLoc == null)
            {
                continue;
            }
            Expression<Func<InStockOrderDetail, bool>> expInod = u =>
u.Id == inLoc.InStockOrderDetailId;
            var inod = _inodMgr.FindSingle(expInod);
            if (inod == null)
            {
                continue;
            }
            OutStockOrderDetail ouod = new OutStockOrderDetail();
            ouod = ReflectionHelper.Copy<InStockOrderDetail,OutStockOrder-
Detail>(inod, ouod);
            ouod.OutStockNo = no;
            ouod.SeqNo = cnt + 1;
            ouod.Qty = inLoc.Qty - inLoc.OutQty;
```

```
                    ouod.TotalAmt = ouod.Price * ouod.Qty;
                    ouod.Vol = inod.Vol * (ouod.Qty/inod.Qty);
                    ouod.GrossWt = inod.GrossWt * (ouod.Qty / inod.Qty);
                    ouod.NetWt = inod.NetWt * (ouod.Qty / inod.Qty);
                    ouod.InStockOrderDetailLocId = inLoc.Id;
                    //保存明细
                    Expression<Func<OutStockOrderDetail, bool>> exp = u => u.Out-
StockNo == ouod.OutStockNo && u.SeqNo == ouod.SeqNo ;
                    var dods = _ouodMgr.Find(exp);
                    // 如果 list.Count = 0,则当前明细信息已经被删除
                    List<OutStockOrderDetail> list = new List<OutStockOrder-
Detail>();
                    foreach (var item in dods)
                    {
                        list.Add(item);
                    }
                    if (list.Count == 0)
                    {
                        ouod.Id = 0;
                        Add(ouod);
                    }else{
                        Save(ouod);
                    }
                    inLoc.OutQty += ouod.Qty;
                    _inodLocMgr.Update(inLoc);
                    cnt++;
                }
            }
            catch (Exception ex)
            {
                throw ex;
            }
            return "OK";
        }
        public string Add(OutStockOrderDetail u)
        {
            try
            {
                //添加出库单明细
                _ouodMgr.Add(u);
            }
            catch (Exception ex)
```

```
                {
                    throw ex;
                }
                return "OK";
            }
            public string Delete(string no)
            {
                try
                {
                    //删除出库单明细
                    _ouodMgr.Delete(no);
                }
                catch (Exception ex)
                {
                    throw ex;
                }
                return "OK";
            }
        }
    }
```

10.4.8 OutStockMgrController类

在Visual Studio 2017的“解决方案资源管理器”中选中“JST.TPLMS.Web”项目，打开“Controllers”目录下的“OutStockMgrController”类，添加“刷新”(List)“添加”(Add)“修改”(Update)“删除”(Delete)“提交”(Submit)等方法，同时实现GetNo获取出库单号方法和GetDetail查询入库单明细方法，代码如下：

```
using System;
using System.Collections.Generic;
using System.Linq;
using System.Threading.Tasks;
using JST.TPLMS.Core;
using JST.TPLMS.Service;
using JST.TPLMS.Util;
using JST.TPLMS.Util.Helpers;
using Microsoft.AspNetCore.Http;
using Microsoft.AspNetCore.Mvc;

namespace JST.TPLMS.Web.Controllers
{
    public class OutStockMgrController: BaseController
```

```
        {
            OutStockOrderService doSvr;
            OutStockOrderDetailService dodSvr;
            AuthoriseService authSvr;
            public OutStockMgrController(OutStockOrderService poservice, OutStockOrder-
DetailService dodservice, AuthoriseService auth)
            {
                doSvr = poservice;
                dodSvr = dodservice;
                authSvr = auth;
            }
            // GET: OutStockMgr
            public ActionResult Index()
            {
                ViewData["SupplierId"] = GetSession(UserInfoKey.UserName.ToString());
                return View();
            }
            public string GetDetail(string no)
            {
                int Id = doSvr.GetId(no);
                var podList = dodSvr.LoadOuods(no);
                var json = JsonHelper.Instance.Serialize(podList);
                return json;
            }
            public string List()
            {
                var page = Request.Form["page"].ToString();
                var size = Request.Form["rows"].ToString();
                int pageIndex = page == null ? 1 : int.Parse(page);
                int pageSize = size == null ? 20 : int.Parse(size);
                var poList = doSvr.LoadOuos(pageIndex, pageSize, string.Empty);
                var json = JsonHelper.Instance.Serialize(poList);
                return json;
            }
            public AjaxResult Update(Entitys.OutStockOrder u)
            {
                string result = "NO";
                List<Entitys.OutStockOrderDetail> list = new List<Entitys.OutStockOr-
derDetail>();
                try
                {
                    string deleted = Request.Form["deleted"];
                    string inserted = Request.Form["inserted"];
```

```
                string updated = Request.Form["updated"];
                string head = Request.Form["postdata"];
                if (!string.IsNullOrEmpty(head))
                {
                    //把 json 字符串转换成对象
                    u = JsonHelper.Instance.Deserialize<Entitys.OutStockOrder>
(head);
                }
                // TODO: Add update logic here
                if (!string.IsNullOrEmpty(deleted))
                {
                    //把 json 字符串转换成对象
                    List<Entitys.OutStockOrderDetail> listDeleted = JsonHelper.
Instance.Deserialize<List<Entitys.OutStockOrderDetail>>(deleted);
                    //TODO 下面可以根据转换后的对象进行相应的操作
                    if (listDeleted != null && listDeleted.Count > 0)
                    {
                        list.AddRange(listDeleted.ToArray());
                    }
                }
                if (!string.IsNullOrEmpty(inserted))
                {
                    //把 json 字符串转换成对象
                    List<Entitys.OutStockOrderDetail> listInserted = JsonHelper.
Instance.Deserialize<List<Entitys.OutStockOrderDetail>>(inserted);
                    if (listInserted != null && listInserted.Count > 0)
                    {
                        list.AddRange(listInserted.ToArray());
                    }
                }
                if (!string.IsNullOrEmpty(updated))
                {
                    //把 json 字符串转换成对象
                    List<Entitys.OutStockOrderDetail> listUpdated = JsonHelper.
Instance.Deserialize<List<Entitys.OutStockOrderDetail>>(updated);
                    if (listUpdated != null && listUpdated.Count > 0)
                    {
                        list.AddRange(listUpdated.ToArray());
                    }
                }
                if (u == null)
                {
                    return Error("没有表头!");
```

```
            }
            u.OutStockOrderDetail = list;
            result = doSvr.Save(u);
        }
        catch
        {
        }
        if (result == "OK")
        {
            return Success();
        }
        else
            return Error("更新失败!");
    }
    public ActionResult Add(Entitys.OutStockOrder u)
    {
        string result = "NO";
        try
        {
            // TODO: Add logic here
            result = doSvr.Add(u);
        }
        catch
        {
        }
        return Content(result);
    }
    public ActionResult Submit(string Id)
    {
        string result = "NO";
        try
        {
            // 提交出库单
            result = doSvr.Submit(Id);
        }
        catch
        {
        }
        return Content(result);
    }
    public ActionResult Delete(string ids)
    {
        string result = "NO";
```

```
            try
            {
                // TODO: Add Delete logic here
                result = doSvr.Delete(ids);
            }
            catch
            {
            }
            return Content(result);
        }
        public ActionResult AddDetail(Entitys.JstParameter p)
        {
            string result = "NO";
            try
            {
                result = dodSvr.Save(p.Ids, p.No);
            }
            catch
            {
            }
            return Content(result);
        }
        public string GetNo()
        {
            string result = "NO";
            string id = string.Empty;
            try
            {
                // TODO: Add Delete logic here
                result = doSvr.GetNo(EnumOrderNoType.ODO.ToString());
                id = doSvr.Add(result);
            }
            catch (Exception ex)
            {
                string s = ex.Message;
            }
            var json = JsonHelper.Instance.Serialize(new { Id = id, No = result });
            return json;
        }
    }
}
```

10.5 测试出库单管理功能

测试出库单管理功能的步骤是：

① 在 Visual Studio 2017 中按 F5 键运行应用程序。

② 在浏览器的地址栏中输入“http://localhost:5000/”，然后输入管理员的用户名和密码进行登录。登录成功后在模块管理中添加新模块“出库管理”，然后打开“角色管理”，给“操作员”角色赋予“出库管理”模块权限。

③ 退出管理员用户，使用操作员用户重新登录系统，在主界面的菜单中选择“出库管理”菜单项，浏览器中呈现一个出库单信息列表和五个按钮，如图 10.1 所示。

④ 新增出库单：单击“添加”按钮，弹出一个“添加出库单”的操作界面，如图 10.3 所示。

图 10.3 新增出库单

⑤ 在“添加出库单”界面中填写相应的信息，特别是“收货人”必须填写，然后单击“保存”按钮，在弹出的“确认”对话框中单击“确定”按钮。

⑥ 在出库单表头保存成功后，打开“出库单明细”标签页，如图 10.4 所示。

⑦ 此时系统会根据供应商代码和收货人的信息进行入库单明细查询，并把查到的明细显示在“入库单明细”列表中，这时可以选择一个入库单明细，然后单击“添加明细”按钮，系统自动将入库单明细与货物信息表进行匹配，然后将匹配得到的出库明细显示在“出库单明细”列表中。出库单明细中的数量、长、宽、高等信息都可以修改，修改后单击“保存”按钮，会把数据保存到数据库中。

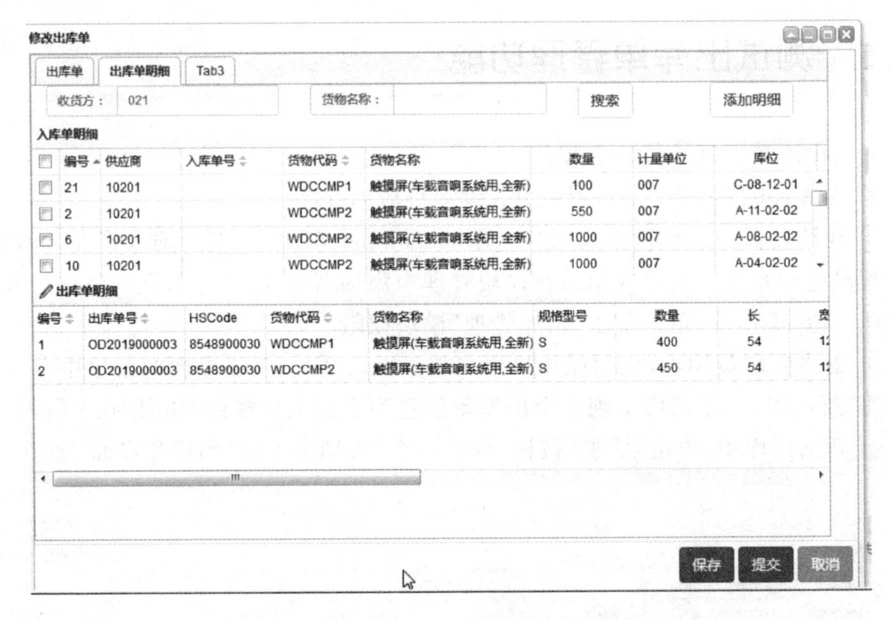

图 10.4　出库单明细

⑧ 在确认出库单数据没有问题后,可以单击“提交”按钮。

⑨ 在出库单提交成功之后,“保存”按钮将不可用。

第11章 日志与部署

NLog是一个记录日志的组件，与log4net一样被广泛使用，它可以将日志保存于文本文件、CSV、控制台、VS调试窗口和数据库等。微软推荐在ASP. NET Core中使用NLog作为日志组件。下面就来学习如何使用该日志组件。

11.1 添加NLog插件

11.1.1 通过NuGet安装

在Visual Studio 2017的“解决方案资源管理器”中右击“JST. TPLMS. Web”项目，在弹出的快捷菜单中选择“管理NuGet程序包”菜单项，如图11.1所示。

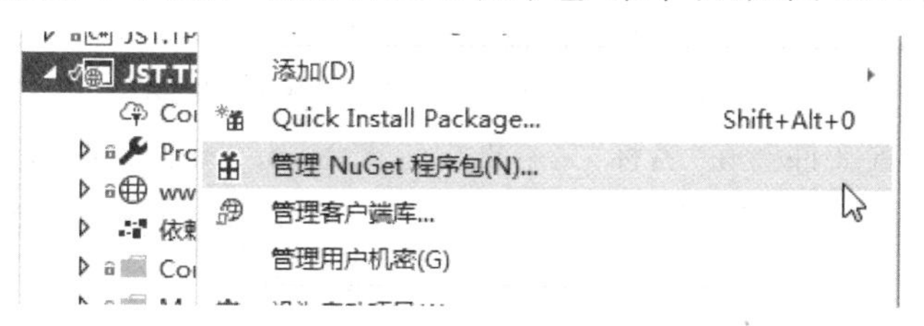

图11.1 管理NuGet程序包

11.1.2 下载相关的插件

在“NuGet包管理器”界面的搜索框中输入“NLog. Web”，在搜索结果中找到“NLog. Web. AspNetCore”包并安装，如图11.2所示。

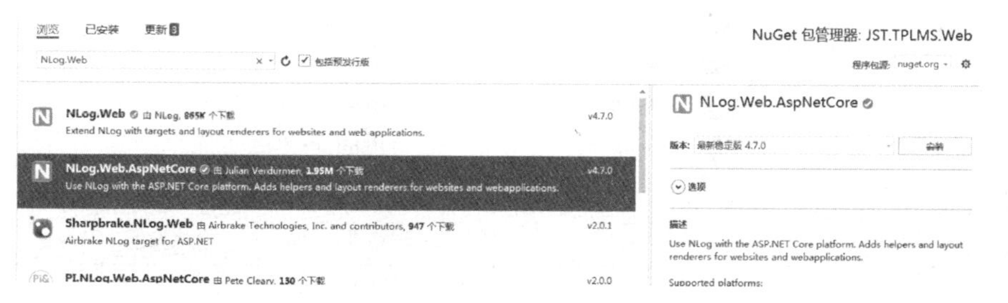

图11.2 安装NuGet包

显示的安装信息如图 11.3 所示。

```
输出
显示输出来源(S): 程序包管理器
  OK https://api.nuget.org/v3-flatcontainer/microsoft.extensions.logging/index.json 261 毫秒
  GET https://api.nuget.org/v3-flatcontainer/microsoft.extensions.logging/2.0.1/microsoft.extensions.logging.2.0.1.nupkg
  OK https://api.nuget.org/v3-flatcontainer/microsoft.extensions.logging/2.0.1/microsoft.extensions.logging.2.0.1.nupkg 151 毫秒
  OK https://api.nuget.org/v3-flatcontainer/nlog/index.json 697 毫秒
  GET https://api.nuget.org/v3-flatcontainer/nlog/4.5.10/nlog.4.5.10.nupkg
  OK https://api.nuget.org/v3-flatcontainer/nlog/4.5.10/nlog.4.5.10.nupkg 162 毫秒
正在安装 NLog 4.5.10。
正在安装 Microsoft.Extensions.Logging 2.0.1。
正在安装 NLog.Extensions.Logging 1.3.0。
正在安装 NLog.Web.AspNetCore 4.7.0。
正在安装 NuGet 程序包 NLog.Web.AspNetCore 4.7.0。
```

图 11.3　安装信息

11.1.3　NLog 配置文件

在通过 NuGet 安装 NLog 成功之后，也可以通过 NuGet 安装 NLog.Config 包，NuGet 会在项目目录下自动创建一个配置文件 NLog.config，该配置文件也可以直接手动建立；还可以将要配置的信息写到 App.config/Web.config 文件中，但推荐使用单独的 NLog.Config 配置文件，而不与其他配置信息混杂在一起。

11.1.4　手动创建 NLog 配置文件

在 Visual Studio 2017 的“解决方案资源管理器”中右击“JST.TPLMS.Web”项目，在弹出的快捷菜单中选择“添加”→“新建项”菜单项，在弹出的“添加新项”对话框中选择“Web 配置文件”，在“名称”文本框中输入 NLog.config，如图 11.4 所示。

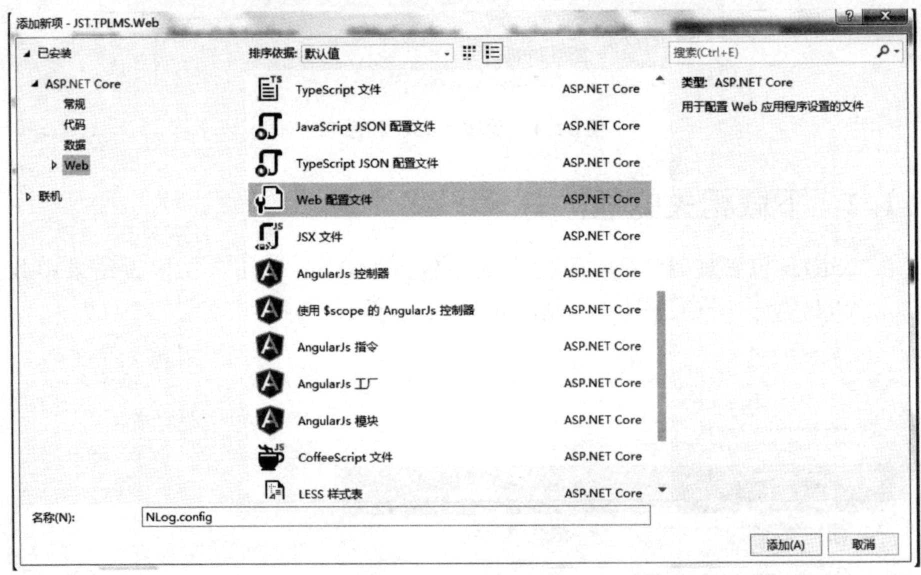

图 11.4　创建配置文件

11.1.5 修改 NLog.config 配置文件

配置文件的完整代码如下：

```
<?xml version="1.0" encoding="utf-8" ?>
<nlog xmlns="http://www.nlog-project.org/schemas/NLog.xsd" xmlns:xsi="http://www.w3.org/2001/XMLSchema-instance" autoReload="true" internalLogLevel="Warn" internalLogFile="internal-nlog.txt">
    <!-- 加载 ASP.NET Core 插件 -->
    <extensions>
    <add assembly="NLog.Web.AspNetCore"/>
    </extensions>
    <!-- 输出目的地 -->
    <targets>
    <!-- 输出到文件,该文件记录所有日志 -->
    <target name="allfile" xsi:type="AsyncWrapper" queueLimit="5000" overflowAction="Discard">
    <target xsi:type="File" fileName="${basedir}/logs/nlog-all-${shortdate}.txt" layout="${longdate} ${level:uppercase=true} ${event-context:item=Action} ${message} ${event-context:item=Amount} ${stacktrace}" />
    </target>
    <!-- 另外一个日志记录文件,跳过 Microsoft 开头相关日志信息 -->
    <target xsi:type="File" name="ownFile-web" fileName="${basedir}/logs/nlog-ownl-${shortdate}.txt" layout="${longdate}|${event-properties:item=EventId.Id}|${logger}|${uppercase:${level}}|${message}${exception}|url:${aspnet-request-url}|action:${aspnet-mvc-action}" />
    <!-- write to the void aka just remove -->
    <target xsi:type="Null" name="blackhole" />
    </targets>
    <!-- 写入目的地的规则 -->
    <rules>
    <!--全部记录,包括 Microsoft 开头的相关日志信息-->
    <logger name="*" minlevel="Trace" writeTo="allfile" />
    <!--跳过 Microsoft 开头的相关日志信息-->
    <logger name="Microsoft.*" minlevel="Trace" writeTo="blackhole" final="true" />
    <logger name="*" minlevel="Trace" writeTo="ownFile-web" />
    </rules>
</nlog>
```

NLog.config 配置文件中的重点内容是：

① 在根节点(nlog)下配置 autoReload、internalLogLevel 和 internalLogFile 三个节点，它们的具体作用如下：

- autoReload：修改配置文件后是否允许自动加载而无须重启程序。
- internalLogLevel：可选 Trace|Debug|Info|Warn|Error|Fatal 来决定内部日志的级别，Off 为关闭。
- internalLogFile：把内部的调试和异常信息都写入指定文件中，可以查看 NLog 输出日志时的内部信息，如配置文件是否有错。不过在项目发布后还是关闭此节点比较好，以免影响效率。

② 在 target 节点外面又罩了一个 〈target〉，并且 xsi：type 为 AsyncWrapper，表示这条 target 将异步输出，这里是将文件和数据库日志异步输出。target 节点的常用属性包括：

- name：自定义该 target 的名字，可供 rule 规则使用。
- type：定义类型，官方提供的可选类型有 Chainsaw|ColoredConsole | Console | Database| Debug | Debugger | EventLog | File | LogReceiverService | Mail | Memory| MethodCall | Network | NLogViewer | Null | OutputDebugString | PerfCounter|Trace|WebService。

最常用的类型是 File|Database|Colored Console|Mail。

- Layout：设置每条日志的格式，语法为“\${属性}”，可以把上下文信息插入到日志中，具体属性参见官方文档。

③ 在 rules 节点处分别指定了三个 target 输出日志的级别。NLog 用于输出日志的级别，包括 Trace、Debug、Info、Warn、Error 和 Fatal。rules 节点的常用属性包括：

- Name：日志源/记录者的名字（允许使用通配符 * ）。
- minlevel：规则所匹配的最低级别。
- writeTo：规则匹配时日志应该被写入的一系列目标，用逗号分隔。
- final：标记当前规则为最后一个规则，其后的规则即使匹配也不会被运行。

11.1.6 修改 Startup. cs 文件

在 Visual Studio 2017 的“解决方案资源管理器”的“JST. TPLMS. Web”项目中选中 Startup. cs 文件，然后修改 Configure 方法，代码如下：

```
using System;
using System.Collections.Generic;
using System.Linq;
using System.Threading.Tasks;
using Autofac;
using Autofac.Extensions.DependencyInjection;
using JST.TPLMS.DataBase;
using Microsoft.AspNetCore.Authentication.Cookies;
using Microsoft.AspNetCore.Builder;
```

```
using Microsoft.AspNetCore.Hosting;
using Microsoft.AspNetCore.Http;
using Microsoft.AspNetCore.Mvc;
using Microsoft.EntityFrameworkCore;
using Microsoft.Extensions.Configuration;
using Microsoft.Extensions.DependencyInjection;
using NLog.Web;
using NLog.Extensions.Logging;
using Microsoft.Extensions.Logging;

namespace JST.TPLMS.Web
{
    public class Startup
    {
        public Startup(IConfiguration configuration)
        {
            Configuration = configuration;
        }
        public IConfiguration Configuration { get; }
        //This method gets called by the runtime. Use this method to configure the HTTP
//request pipeline.
        public void Configure ( IApplicationBuilder app, IHostingEnvironment env,
ILoggerFactory loggerFactory)
        {
            if (env.IsDevelopment())
            {
                app.UseDeveloperExceptionPage();
            }
            else
            {
                app.UseExceptionHandler("/Home/Error");
            }
            app.UseStaticFiles();
            app.UseCookiePolicy();
            app.UseAuthentication();//认证与授权
            //session
            app.UseSession();
            app.UseMvc(routes = >
            {
                routes.MapRoute(
                    name: "default",
                    template: "{controller = Home}/{action = login}/{id?}");
```

```
                });
                env.ConfigureNLog("Nlog.config");
                loggerFactory.AddNLog();
            }
        }
    }
```

11.1.7 修改 Program. cs 文件

在 Visual Studio 2017 的“解决方案资源管理器”的“JST. TPLMS. Web”项目中选中 Program. cs 文件，然后修改 CreateWebHostBuilder 方法，代码如下：

```
using System;
using System.Collections.Generic;
using System.IO;
using System.Linq;
using System.Threading.Tasks;
using JST.TPLMS.DataBase;
using JST.TPLMS.Web.Models;
using Microsoft.AspNetCore;
using Microsoft.AspNetCore.Hosting;
using Microsoft.EntityFrameworkCore;
using Microsoft.Extensions.Configuration;
using Microsoft.Extensions.DependencyInjection;
using Microsoft.Extensions.Logging;
using NLog.Web;

namespace JST.TPLMS.Web
{
    public class Program
    {
        public static void Main(string[] args)
        {
            var logger = NLog.Web.NLogBuilder.ConfigureNLog("Nlog.config").Get-
CurrentClassLogger();
            var host = CreateWebHostBuilder(args).Build();
            using (var scope = host.Services.CreateScope())
            {
                var services = scope.ServiceProvider;
                try
                {
                    logger.Debug("应用启动");
```

```
                var context = services.GetRequiredService<TPLMSDbContext>();
                // requires using Microsoft.EntityFrameworkCore;
                context.Database.Migrate();
                // Requires using  JST.TPLMS.Web.Models;
                SeedData.Initialize(services);
            }
            catch (Exception ex)
            {
                logger.Debug(ex, "应用启动错误,数据库数据初始化错误.");
                logger.Error(ex, "应用启动错误,数据库数据初始化错误.");
            }
            finally
            {
                    NLog.LogManager.Shutdown();
            }
        }
        host.Run();
    }
    public static IWebHostBuilder CreateWebHostBuilder(string[] args) =>
        WebHost.CreateDefaultBuilder(args)
            .UseStartup<Startup>()
            .UseNLog(); // NLog: Setup NLog for Dependency injection;
  }
}
```

11.1.8 使用 NLog

在 Visual Studio 2017 的“解决方案资源管理器”的“JST. TPLMS. Web”项目中选中 HomeController. cs 文件，在构造函数和 Index、Login 方法中添加日志记录方法，代码如下：

```
using System;
using System.Collections.Generic;
using System.Diagnostics;
using System.Linq;
using System.Threading.Tasks;
using Microsoft.AspNetCore.Mvc;
using JST.TPLMS.Web.Models;
using JST.TPLMS.Util;
using JST.TPLMS.Service;
using JST.TPLMS.Util.Helpers;
```

```
using Microsoft.AspNetCore.Authentication;
using Microsoft.AspNetCore.Authentication.Cookies;
using System.Security.Claims;
using Microsoft.Extensions.Logging;

namespace JST.TPLMS.Web.Controllers
{
    public class HomeController: BaseController
    {
        private readonly ILogger<HomeController> _logger;
        AuthoriseService auth;
        ModuleService moduSvrMgr;
        public HomeController(AuthoriseService authorise,ModuleService msvr, ILogger
<HomeController> logger)
        {   auth = authorise;
            moduSvrMgr = msvr;
            _logger = logger;
            _logger.LogDebug(1, "NLog 注入 HomeController");
        }
        public IActionResult Index()
        {
            _logger.LogDebug(3, "启动 TPLMS 主界面");
            return View();
        }
        //[IgnoreLogin]
        public IActionResult Login()
        {
            _logger.LogDebug(2, "TPLMS 登录 ");
            return View();
        }
    }
}
```

11.1.9 运行程序

在 Visual Studio 2017 中按 F5 键运行应用程序，然后登录，应用程序会在 logs 目录下生成两个日志文件，如图 11.5 所示。打开 nlog-all-2018-12-29.txt 日志文件，内容如图 11.6 所示。

netcoreapp2.1 ▸ logs

帮助(H)

刻录　新建文件夹

名称

nlog-all-2018-12-29.txt

nlog-ownl-2018-12-29.txt

图 11.5　NLog 日志文件

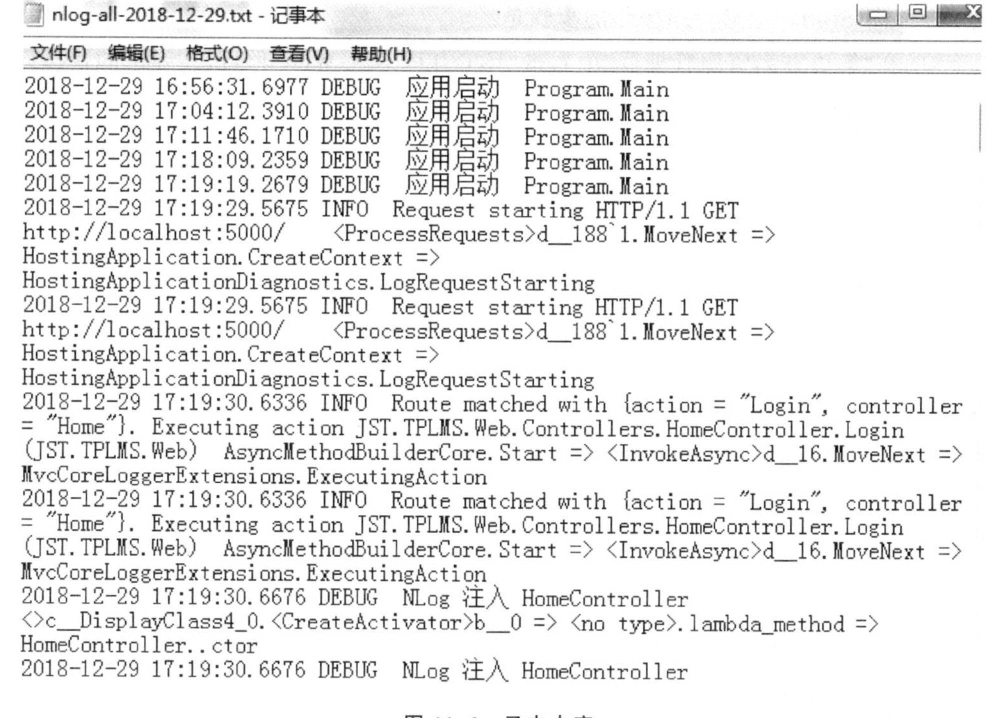

nlog-all-2018-12-29.txt - 记事本

文件(F)　编辑(E)　格式(O)　查看(V)　帮助(H)

```
2018-12-29 16:56:31.6977 DEBUG  应用启动  Program.Main
2018-12-29 17:04:12.3910 DEBUG  应用启动  Program.Main
2018-12-29 17:11:46.1710 DEBUG  应用启动  Program.Main
2018-12-29 17:18:09.2359 DEBUG  应用启动  Program.Main
2018-12-29 17:19:19.2679 DEBUG  应用启动  Program.Main
2018-12-29 17:19:29.5675 INFO  Request starting HTTP/1.1 GET
http://localhost:5000/    <ProcessRequests>d__188`1.MoveNext =>
HostingApplication.CreateContext =>
HostingApplicationDiagnostics.LogRequestStarting
2018-12-29 17:19:29.5675 INFO  Request starting HTTP/1.1 GET
http://localhost:5000/    <ProcessRequests>d__188`1.MoveNext =>
HostingApplication.CreateContext =>
HostingApplicationDiagnostics.LogRequestStarting
2018-12-29 17:19:30.6336 INFO  Route matched with {action = "Login", controller
= "Home"}. Executing action JST.TPLMS.Web.Controllers.HomeController.Login
(JST.TPLMS.Web)  AsyncMethodBuilderCore.Start => <InvokeAsync>d__16.MoveNext =>
MvcCoreLoggerExtensions.ExecutingAction
2018-12-29 17:19:30.6336 INFO  Route matched with {action = "Login", controller
= "Home"}. Executing action JST.TPLMS.Web.Controllers.HomeController.Login
(JST.TPLMS.Web)  AsyncMethodBuilderCore.Start => <InvokeAsync>d__16.MoveNext =>
MvcCoreLoggerExtensions.ExecutingAction
2018-12-29 17:19:30.6676 DEBUG  NLog 注入 HomeController
<>c__DisplayClass4_0.<CreateActivator>b__0 => <no type>.lambda_method =>
HomeController..ctor
2018-12-29 17:19:30.6676 DEBUG  NLog 注入 HomeController
```

图 11.6　日志内容

11.2　本地部署

11.2.1　命令行发布

用 dotnet publish 命令编译应用程序代码，并将编译的应用程序文件及其依赖项文件一起打包发布到文件夹中。当使用 Visual Studio 进行部署时，会自动先执行 dotnet publish 步骤，然后再将文件复制到部署目标中。

“发布”文件夹中包含一个或多个应用程序集文件、依赖项或.NET 运行时。

.NET Core 应用可以发布为“独立式部署”,也可以发布为“依赖框架的部署”。如果应用是独立式的,则包含 .NET 运行时的程序集文件;如果应用依赖于框架,则.NET 运行时文件不包含在“发布”文件夹中,因为应用包含了对服务器上安装的.NET 版本的引用。默认部署模型是依赖于框架的模型。

除了“.exe”和“.dll”文件以外,ASP.NET Core 应用的“发布”文件夹通常包含配置文件、静态资产和 MVC 视图。

11.2.2 Visual Studio 图形界面操作

Visual Studio 图形界面操作的步骤是:

① 在“解决方案资源管理器”中右击“JST.TPLMS.Web”项目,在弹出的快捷菜单中选择“发布”菜单项,如图 11.7 所示。

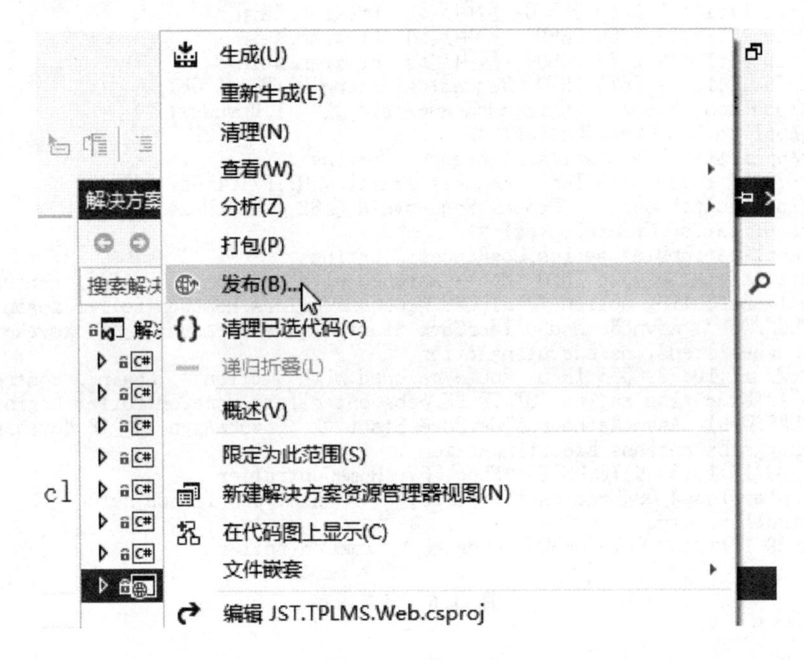

图 11.7 发 布

② 如果是 Visual Studio 2017 的第一次发布,则在发布窗口中单击“发布”标签,并单击“启动”按钮,会弹出一个“选取发布目标”对话框,如图 11.8 所示。在“选取发布目标”对话框中单击“高级”,弹出如图 11.9 所示的“发布”对话框,以进行发布配置。

图 11.8　发布目标

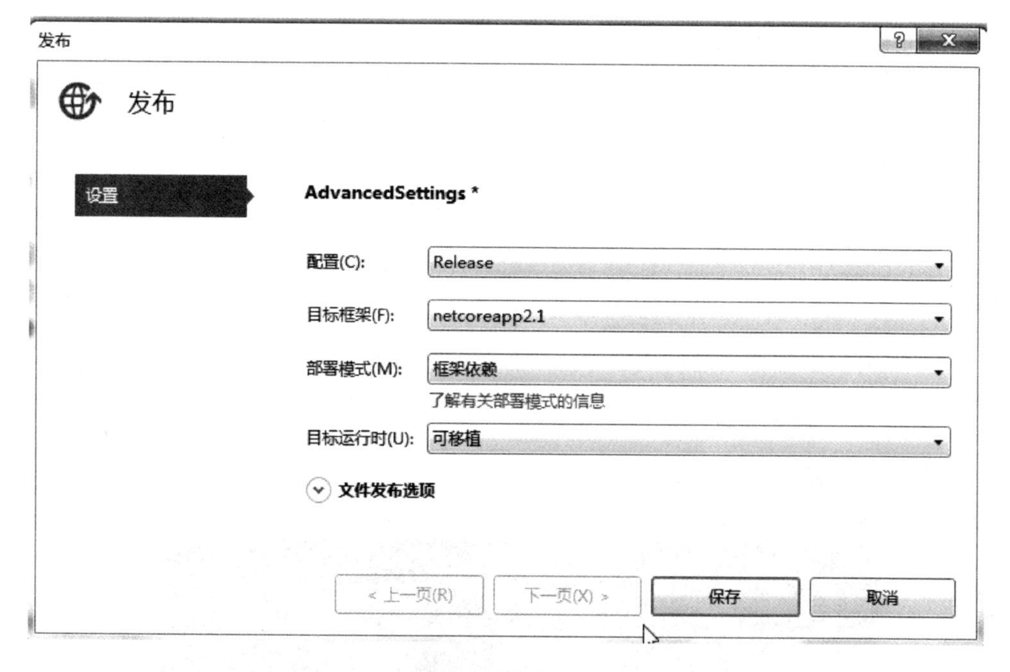

图 11.9　发布配置

③ 如果不是 Visual Studio 2017 的第一次发布，则会出现如图 11.10 所示的发布窗口，可以单击“发布”按钮，也可以单击“配置”对配置信息进行修改，修改完成后可以再次发布。

图 11.10 修改配置

11.2.3 本地运行测试

本地运行测试的步骤是：

① 发布完成后，可以在 E:\My Documents\VisualStudio 2017\Projects\JST.TPLMS\JST.TPLMS.Web\bin\Debug\netcoreapp2.1\publish 目录下查看发布后的文件输出。

② 打开 cmd 命令行窗口，输入以下命令进入发布输出目录：

```
e:\>cd E:\My Documents\Visual Studio 2017\Projects\JST.TPLMS\JST.TPLMS.Web\bin\Debug\netcoreapp2.1\publish
```

③ 输入以下命令启动应用：

```
dotnet JST.TPLMS.Web.dll
```

④ 启动成功后会输出如图 11.11 所示的信息。

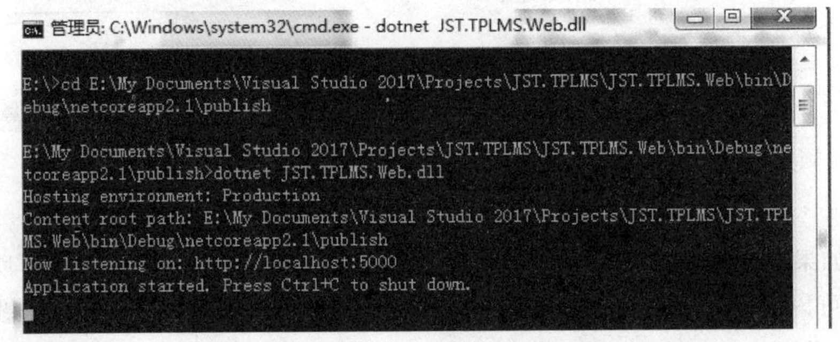

图 11.11 本地发布

⑤ 通过浏览器访问地址“localhost:5000”，显示如图 11.12 所示的页面，接下来就可以登录系统来验证系统功能是否正常。

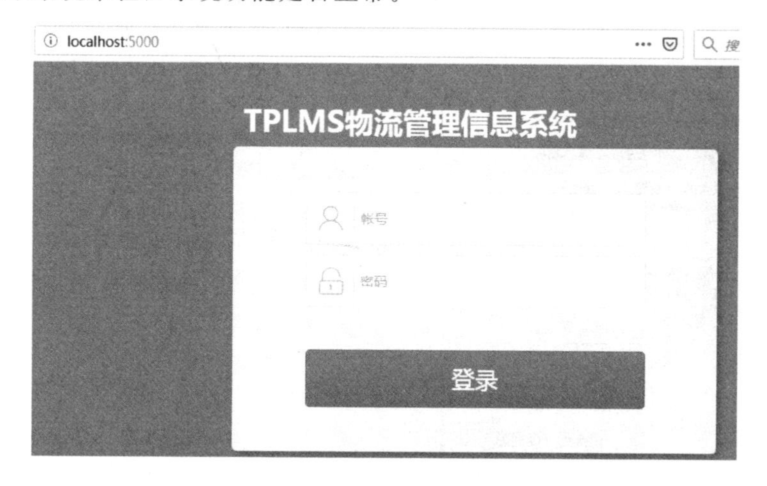

图 11.12 浏览登录页

11.3 IIS 部署

11.3.1 创建 IIS 站点

创建 IIS 站点的步骤是：

① 把发布在 publish 目录下的应用程序复制到 inetpub\wwwroot\tplms 目录下来创建网站目录，如图 11.13 所示。

▸ inetpub ▸ wwwroot ▸ tplms ▸

b(H)

刻录　新建文件夹

名称	修改日期	类型	大小
logs	2019-01-23 13:41	文件夹	
runtimes	2019-01-23 13:41	文件夹	
wwwroot	2019-01-23 13:42	文件夹	
appsettings.Development.json	2018-11-01 16:05	JSON File	1 KB
appsettings.json	2018-11-08 14:30	JSON File	1 KB
Autofac.dll	2018-05-09 11:57	应用程序扩展	216 KB
Autofac.Extensions.DependencyInjecti...	2018-11-06 22:57	应用程序扩展	11 KB
dotnet-aspnet-codegenerator-desig...	2018-06-07 0:27	应用程序扩展	52 KB
ICSharpCode.SharpZipLib.dll	2018-08-15 17:16	应用程序扩展	192 KB
JST.TPLMS.Contract.dll	2019-01-23 11:08	应用程序扩展	8 KB
JST.TPLMS.Core.dll	2019-01-23 11:08	应用程序扩展	4 KB

图 11.13 创建网站目录

② 在 Windows 系统的"管理工具"中打开"Internet 信息服务(IIS)管理器"应用程序,在"Internet 信息服务(IIS)管理器"界面中,展开"连接"面板中的 DEVELOPER 服务器节点,右击"网站"文件夹,在弹出的快捷菜单中选择"添加网站"菜单项,如图 11.14 所示。

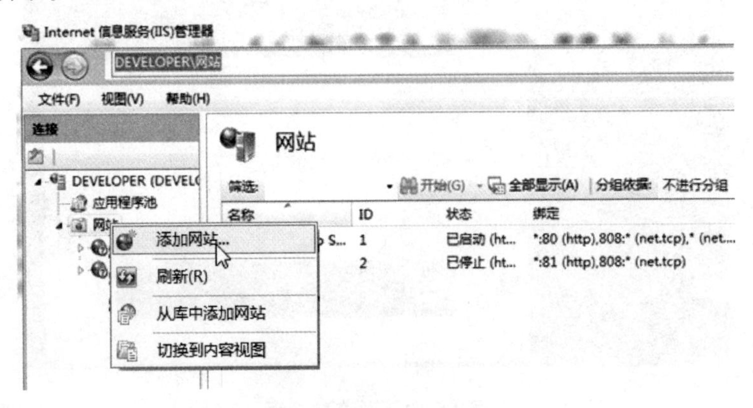

图 11.14　添加网站

③ 输入网站名称,并将"物理路径"设置为应用的部署文件夹。对"绑定"区域的参数进行配置,然后单击"确定"按钮创建网站,如图 11.15 所示。

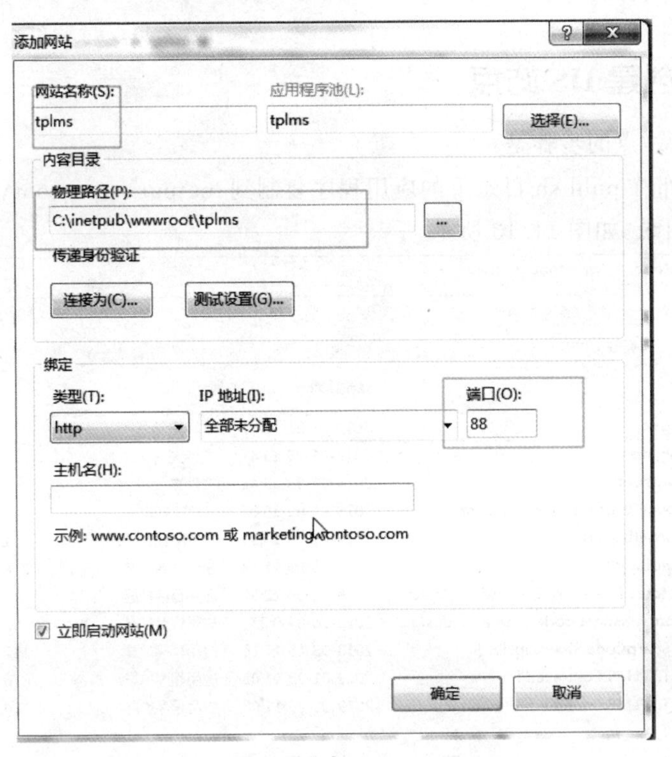

图 11.15　网站配置

④ 在服务器节点下单击“应用程序池”,在右侧的应用程序池列表中右击本站点的应用程序池,在弹出的快捷菜单中选择“基本设置”菜单项,如图 11.16 所示。

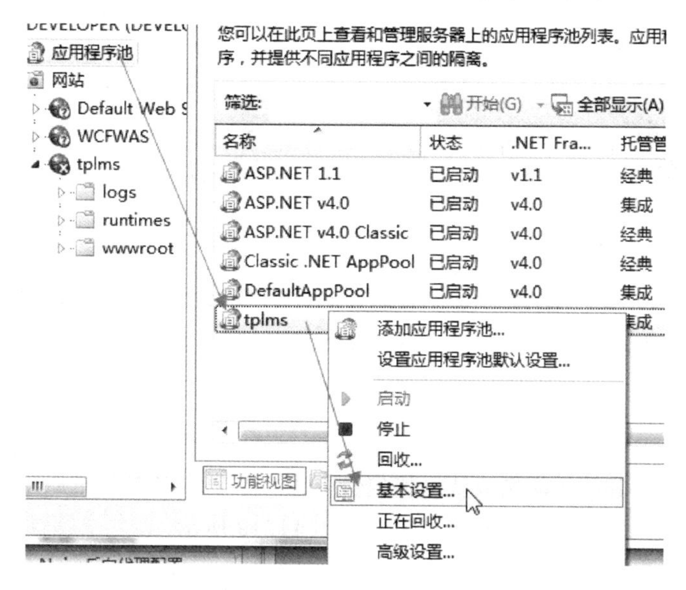

图 11.16 应用程序池“基本设置”菜单项

⑤ 在弹出的“编辑应用程序池”对话框中,将“.NET Framework 版本”设置为“无托管代码”,如图 11.17 所示。

图 11.17 应用程序池设置

⑥ 通过浏览器访问地址“localhost:88”,会提示如图 11.18 所示的错误信息,这

是因为还没有安装运行时 Runtime。

图 11.18　错误信息

⑦ 安装 Runtime。首先确认已经安装了.Net Core SDK。然后从以下地址根据版本下载相应的 Asp.Net Core 运行时，如图 11.19 所示。

```
https://dotnet.microsoft.com/download/dotnet-core/2.1
```

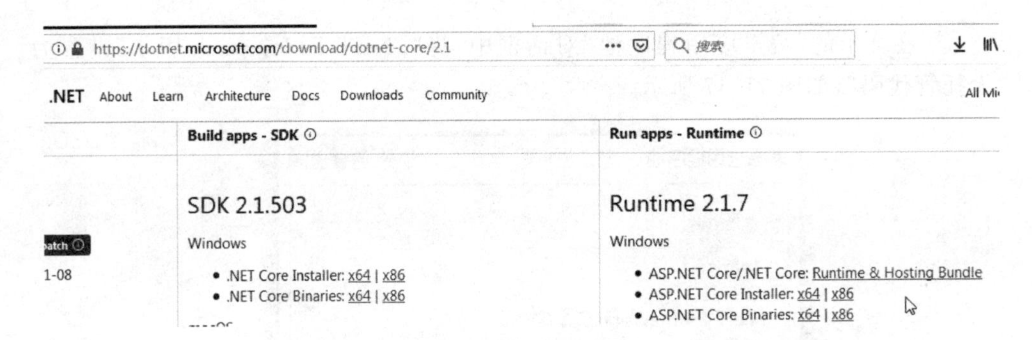

图 11.19　下载运行时

在 IIS 服务器上运行 dotnet-hosting-2.1.7-win.exe 文件，安装过程中显示如图 11.20 和图 11.21 所示的页面。安装成功后重启 IIS 服务器。

⑧ 安装 Runtime 成功之后，再次通过浏览器访问地址“localhost:88”，这时就能正常访问了。接下来可以试着登录系统，但是发现无法登录，查看日志文件可见出现错误，如图 11.22 所示。

⑨ 使用记事本打开 web.config 文件，找到〈aspNetCore〉节点，将 stdoutLogEnabled 的值修改为 true，并在应用程序根目录中添加 logs 文件夹，代码如下：

```
〈aspNetCore processPath = "dotnet" arguments = ".\JST.TPLMS.Web.dll" stdoutLog-
Enabled = "true" stdoutLogFile = ".\logs\stdout" forwardWindowsAuthToken = "false"/〉
```

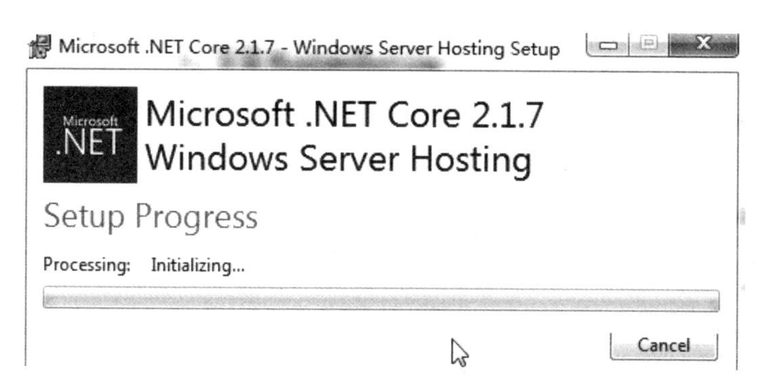

图 11.20 安装 dotnet-hosting

图 11.21 dotnet-hosting 安装成功

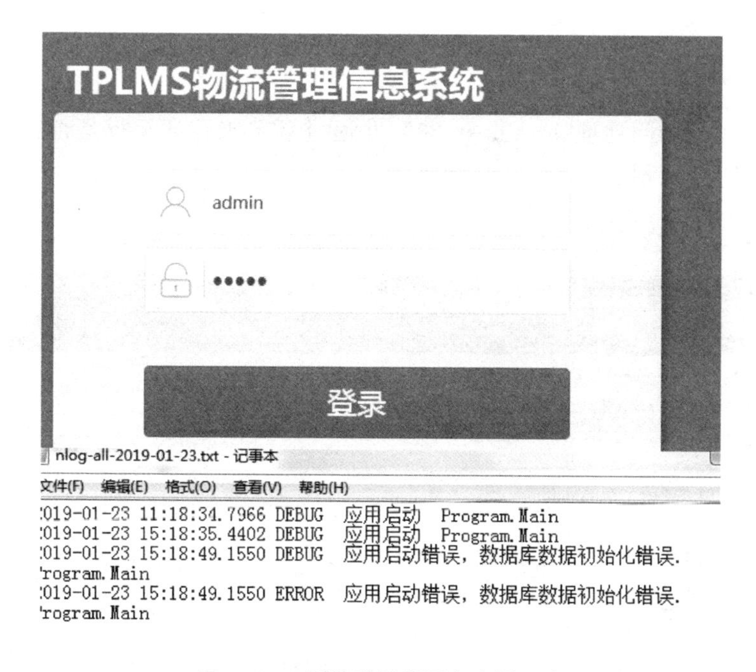

图 11.22 浏览登录页面和查看日志

⑩ 用浏览器再次登录系统，当然还是无法登录，现在到 logs 目录中查看报错的详细信息，如图 11.23 所示。

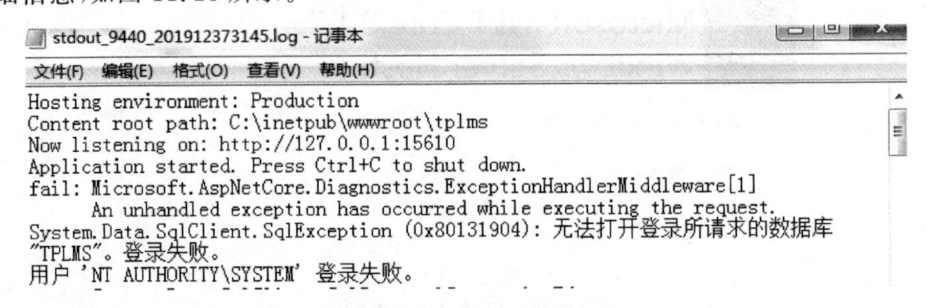

```
stdout_9440_201912373145.log - 记事本
文件(F) 编辑(E) 格式(O) 查看(V) 帮助(H)
Hosting environment: Production
Content root path: C:\inetpub\wwwroot\tplms
Now listening on: http://127.0.0.1:15610
Application started. Press Ctrl+C to shut down.
fail: Microsoft.AspNetCore.Diagnostics.ExceptionHandlerMiddleware[1]
      An unhandled exception has occurred while executing the request.
System.Data.SqlClient.SqlException (0x80131904): 无法打开登录所请求的数据库
"TPLMS"。登录失败。
用户 'NT AUTHORITY\SYSTEM' 登录失败。
```

图 11.23 详细日志

⑪ 很显然这是应用程序权限问题，是由于 System 用户还不具有对数据库的访问权限。现在将数据库的连接字符串改为数据库的用户名和密码，如图 11.24 所示，然后重启应用池和网站浏览。

```
{
  "Logging": {
    "LogLevel": {
      "Default": "Warning"
    }
  },
  "ConnectionStrings": {
    "TPLMSDbContext": "Server=.\\sqlexpress;Database=TPLMS;;User ID=sa;Password=123456;MultipleActiveResultSets=true"
  },
    "AllowedHosts": "*"
  }
```

图 11.24 修改数据库连接

11.3.2 浏览网站

通过浏览器访问地址"localhost:88"，并通过登录来验证运行是否正常，显示的页面如图 11.25 所示。

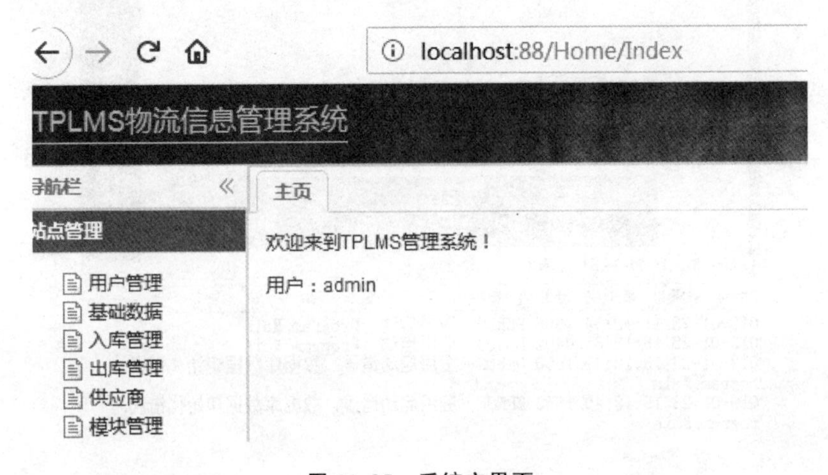

图 11.25 系统主界面

11.4 部署至 Linux

11.4.1 准备工作

在 Visual Studio 2017 中打开 Program.cs 文件，在 CreateWebHostBuilder 方法中手动指定启动的 Url 为“http://*:5000”，代码如下：

```
public class Program
{
    public static IWebHostBuilder CreateWebHostBuilder(string[] args) =>
        WebHost.CreateDefaultBuilder(args)
       .UseStartup<Startup>()
       .UseUrls("http://*:5000")
       .UseNLog(); // NLog: Setup NLog for Dependency injection;
}
```

“http://*:5000”可以兼容“http://localhost:5000”和“http://127.0.0.1:5000”，“http://”所在服务器的 ip:5000 便于在部署到 Linux Server 之后进行测试。

11.4.2 环境配置和启动测试

服务器上安装的 CentOS7 系统，通过 SecureCRT 连接到服务器进行部署操作，步骤是：

1）添加 yum 源，命令是：

```
sudo rpm -Uvh https://packages.microsoft.com/config/rhel/7/packages-microsoft-prod.rpm
```

2）升级所有包，同时也升级软件和系统内核，命令是：

```
sudo yum update
```

3）安装.Net Core，命令是：

```
sudo yum install dotnet-sdk-2.1.7
```

4）创建站点目录并授权，包括：

① 创建站点根目录，命令是：

```
sudo mkdir -p /webroot/tplms
```

② 创建站点应用目录，命令是：

```
sudo mkdir -p /webroot/tplms/app
```

③ 创建站点日志目录，命令是：

```
sudo mkdir -p /webroot/tplms/logs
```

④ 目录授权，命令是：

```
sudo chmod 777 /webroot/tplms/app
sudo chmod 777 /webroot/tplms/logs
```

5）开放端口，包括：

① 添加可访问端口，命令是：

```
sudo firewall-cmd --add-port=5000/tcp --permanent
```

② 重新加载防火墙策略，命令是：

```
sudo firewall-cmd  -reload
```

6）启动应用，步骤是：

① 通过 FTP 将应用程序文件传输到/webroot/tplms/app 中。

② 通过命令启动进入 app 目录，并通过 dotnet 命令启动站点，命令是：

```
cd /webroot/tplms/app/
dotnet JST.TPLMS.Web.dll
```

③ 启动成功后，将会输出如下信息：

```
Hosting environment: Production
Content root path: /webroot
Now listening on: http://[::]:5000
Application started. Press Ctrl + C to shut down.
```

④ 这时，通过浏览器访问地址 http://服务器 IP 地址:5000 即可。

参考文献

[1] Roth Daniel, Anderson Rick, Luttin Shaun. ASP. NET Core 简介. (2019-04-07) [2019-04-11]. https://docs. microsoft. com/zh-cn/aspnet/core.

[2] Smith Steve. ASP. NET Core Mvc 概述. (2018-01-08) [2018-10-04]. https://docs. microsoft. com/zh-cn/aspnet/core/mvc/overview.

[3] Anderson Rick. ASP. NET Core 中的标记帮助程序. (2019-03-18) [2019-03-23]. https://docs. microsoft. com/zh-cn/aspnet/core/mvc/views/tag-helpers/intro.

[4] Latham Luke. 托管和部署 ASP. NET Core. (2018-12-06) [2019-01-19]. https://docs. microsoft. com/zh-cn/aspnet/core/host-and-deploy.

[5] ASP. NET Core 中集成 Autofac. [2018-10-12]. https://autofaccn. readthedocs. io/zh/latest/integration/aspnetcore. html.

[6] Miller Rowan. Entity Framework Core. (2016-10-27) [2018-10-03]. https://docs. microsoft. com/zh-cn/ef/core/index.

[7] EntityFrameworkCore Tutorial. [2018-10-03]. https://www. entityframework-tutorial. net/efcore/entity-framework-core. aspx.

[8] EntityFramework 6 Core-First Tutorial. [2018-10-03]. https://www. entity-frameworktutorial. net/code-first/what-is-code-first. aspx.

[9] Nlog Tutorial. (2019-01-09) [2019-01-26]. https://github. com/NLog/NLog/wiki/Tutorial.

[10] EasyUI Documentation. [2018-10-07]. http://www. jeasyui. com/documentation/index. php.

[11] EasyUI 教程. [2018-10-07]. http://www. jeasyui. net/tutorial.